国家重点研发计划“长距离调水工程闸泵阀系统关键设备与安全运行集成研究及应用”（2016YFC0401808）科研基金资助

引汉济渭工程大型泵阀系统开发与安全运行集成

游超　殷峻暹　张忠东 等　著

·北京·

内 容 提 要

本书以引汉济渭工程为例，阐述了长距离调水工程中广泛使用的大型立式单级离心泵、流量调节阀的开发理论和数值分析方法，全面展示了高扬程大流量离心泵、流量调节阀的技术特性及其试验验证成果，反映了大型离心泵、流量调节阀的研究理论与工程应用领域的前沿动态和最新成就。本书主要内容包括：概述，高扬程大流量水泵关键技术，高压差大口径流量调节阀关键技术，长距离输水系统水力过渡过程，大型水泵和流量调节阀的健康诊断技术，长距离调水工程水锤自适应控制与防护，以及大型泵阀系统安全控制智能平台。

本书可供水泵和阀门科研、设计、制造、试验和长距离调水工程的设计、建设和运行等方面的技术人员参考，也可供大中专院校相关专业的师生阅读、参考。

图书在版编目（CIP）数据

引汉济渭工程大型泵阀系统开发与安全运行集成 / 游超等著. -- 北京 : 中国水利水电出版社, 2020.9
ISBN 978-7-5170-8933-9

Ⅰ. ①引… Ⅱ. ①游… Ⅲ. ①水泵一研究②液压控制阀一研究 Ⅳ. ①TH38②TH137.52

中国版本图书馆CIP数据核字(2020)第186405号

书　　名	**引汉济渭工程大型泵阀系统开发与安全运行集成** YINHAN JIWEI GONGCHENG DAXING BENGFA XITONG KAIFA YU ANQUAN YUNXING JICHENG
作　　者	游　超　殷峻暹　张忠东　等　著
出版发行	中国水利水电出版社 （北京市海淀区玉渊潭南路1号D座　100038） 网址：www.waterpub.com.cn E-mail：sales@waterpub.com.cn 电话：(010) 68367658（营销中心）
经　　售	北京科水图书销售中心（零售） 电话：(010) 88383994、63202643、68545874 全国各地新华书店和相关出版物销售网点
排　　版	中国水利水电出版社微机排版中心
印　　刷	清淞永业（天津）印刷有限公司
规　　格	170mm×240mm　16开本　14印张　274千字
版　　次	2020年9月第1版　2020年9月第1次印刷
印　　数	001—800册
定　　价	**98.00**元

前 言

我国水资源的分布总体上呈现出南方多北方少、东部多西部少的格局，在西部区域，水资源不足已经成为当地社会和经济发展的制约因素。受新的社会和经济发展形势要求，长距离调水工程的建设越来越多，作为调水工程供水、配水的关键设备，大型水泵、大口径流量调节阀的需求增长很快，对其性能的要求也越来越高。国外在大型离心泵、阀门方面的研究起步都较早，在水力开发与性能、设计制造等方面的技术水平高。近年来，我国在中低比转速的大型离心泵领域取得了一些重大突破，但受市场需求等方面的限制，中比转速和高比转速大型离心泵的自主化还未完成；国内在流量调节阀的理论研究方面已取得了一些成果，但在设计、结构、工艺和可靠性方面与国外先进水平差距仍较大。

陕西省引汉济渭工程是破解陕西省水资源瓶颈制约的基础设施建设项目，其黄金峡泵站水泵的设计流量目前是国内立式单级离心泵中最大的，三河口水库的活塞式流量调节阀的口径目前也是国内最大的。相关单位开展了研制工作，对立式单级离心泵、活塞式流量调节阀的关键技术问题进行了深入的研究，以确保这些关键设备的安全、可靠、稳定和长期运行。

目前，信息化水平不足是我国水利基础设施存在的短板之一。水利信息化是充分利用现代信息技术开发和利用水利信息资源，包括对信息的采集、传输、存储、处理和利用，提高其应用水平和共享程度，以全面提高水利工程的运行效率和运用效能。长距离调水工程中大型水泵、大口径流量调节阀等关键设备与整个工程的安全、高效运行息息相关，对这些关键设备的健康状态应进行实时的监测和及时的诊断，建立集成的设备健康管理体系，可以大大提高工程的安全运行水平，降低工程的运行成本。

本书以陕西省引汉济渭工程黄金峡泵站的大流量离心泵、三河口水库的高压差大口径活塞式流量调节阀的研制与安全运行集成研究为基础，系统介绍大型水泵、流量调节阀的水力模型开发和试验研究以及结构设计，以长距离输水系统的水力过渡过程研究为纽带，结合大型水泵和流量调节阀的健康诊断、长距离调水工程水锤自适应控制与防护技术，建立大型泵阀系统的安全控制智能平台，以期进一步提高引汉济渭工程的信息化水平，为其他长距离调水工程大型水泵阀门的研制及其安全运行集成设计奠定良好的基础并起到促进作用。

本书共分7章。第1章介绍陕西省引汉济渭工程概况，以及工程中应用的大型水泵和阀门的技术难点；第2章介绍黄金峡泵站高扬程大流量水泵的关键技术，包括中比转速离心泵的水力开发与优化、模型试验验证结论、结构设计和主要部件的刚强度分析成果；第3章介绍三河口水库的高压差大口径流量调节阀的关键技术，包括活塞式流量调节阀的水力开发与优化、模型试验验证研究和主要结论，以及阀门的结构设计；第4章阐述有压输水系统瞬变流和无压输水系统非恒定流的理论模型、数值求解算法、典型边界条件和防控措施，并给出了明满流、明渠充水等工况的计算方法，以及管道泄漏辨识、明满流以及引汉济渭工程供水等典型暂态过程算例；第5章介绍大型水泵运行在线监测及远程故障诊断技术和流量调节阀的健康诊断技术；第6章主要介绍长距离调水工程水锤自适应控制与防护系统的总体设计、水力模拟和验证、水锤自适应控制与防护（包括机械自适应控制、策略自适应控制、分布式控制、智能终端）和评价指标；第7章介绍大型泵阀系统安全控制智能平台的设计方案。

第1章由张忠东、苏岩、党康宁编写；第2章由游超、吴喜东、张广、杨振彪编写；第3章由游超、刘浩、杨振彪编写；第4章由李甲振、张丽丽、殷峻暹编写；第5章由汪宇、王润鹏、徐秋红、游超编写；第6章由游超、徐秋红、汪宇、张广编写；第7章由张忠东、肖俊、党康宁编写。全书由游超、殷峻暹统稿和审定。

本书的出版，感谢国家重点研发计划“长距离调水工程闸泵阀系统关键设备与安全运行集成研究及应用（2016YFC0401808）”科研基金的资助。在本书出版过程中，得到了哈尔滨电机厂有限责任公司和株洲南方阀门有限公司的支持，中国水利水电出版社给予了精心细致的审定、编辑和大力帮助，在此深表感谢。

由于作者的水平有限，加之时间仓促，疏漏之处在所难免，恳请读者予以指正。

作者

2020年1月

目　　录

第1章 概　　述

1.1 陕西省引汉济渭工程概况

1.1.1 工程任务和规模

陕西省引汉济渭工程是我国“十三五”规划的172项重大水利工程之一，是破解陕西省水资源瓶颈制约、实现水资源配置空间均衡的一项具有全局性、基础性、公益性、战略性的基础设施建设项目。

引汉济渭工程地跨长江、黄河两大流域，是从陕南汉江流域调水至渭河流域关中地区的大型跨流域调水工程，建设任务是向关中地区渭河沿岸重要城市、县城、工业园区供水，逐步退还挤占的农业与生态用水，促进区域经济社会可持续发展和生态环境改善。工程实施后，可实现区域水资源的优化配置，有效缓解关中地区水资源供需矛盾，为陕西省“关中—天水”经济区可持续发展提供保障，还可替代超采地下水和归还超用的生态水量，增加渭河的生态水量，遏制渭河水生态恶化和减轻黄河水环境压力。工程建成后可支撑7000亿元国内生产总值，新增500万人城市人口用水需求；可增加渭河入黄河水量年均6.0亿～7.0亿m^3，通过水权置换，为陕北从黄河干流取水提供用水指标，解决陕北能源化工基地水资源短缺瓶颈，对陕西省“关中协同创新发展、陕北转型持续发展、陕南绿色循环发展”三大战略的实施，对实现陕南、关中、陕北水资源的空间均衡，推动全省经济社会可持续发展，都具有十分重要的意义。

引汉济渭工程采取分期配水建设方案，2025年多年平均调水量10.0亿m^3，在南水北调后续水源工程建成后，2030年多年平均调水量15.0亿m^3；2025年和2030年分别向受水区供水9.3亿m^3和13.95亿m^3（黄池沟节点）。

1.1.2 工程总体布局

引汉济渭工程穿越秦岭屏障，分为调水工程和输配水工程两部分，如图1.1-1所示。

调水工程包括黄金峡水利枢纽、三河口水利枢纽和秦岭输水隧洞，工程在汉江干流兴建黄金峡水库及在其支流子午河兴建三河口水库为水源，由黄金峡

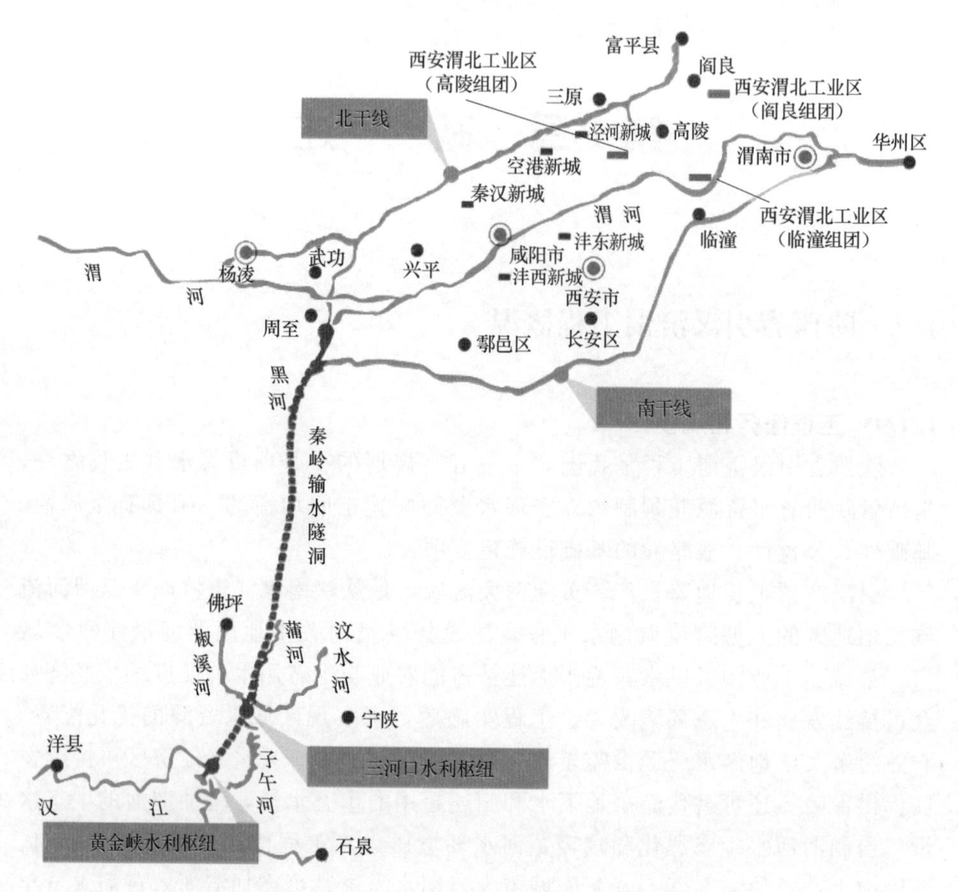

图 1.1-1 引汉济渭工程总体布局示意图

泵站自黄金峡水库提水，经总长 98.3km 的秦岭输水隧洞（含黄三段和越岭段）输水至黑河金盆水库下游黄池沟。当黄金峡泵站抽水流量小于受水区需水要求时，由三河口水库通过连接洞补充供水至秦岭输水隧洞；当黄金峡泵站抽水流量大于受水区需水要求时，富余的水量通过连接洞由三河口水利枢纽的可逆式机组抽水入三河口水库存蓄。

输配水工程分布于渭河南北两岸，供水对象包括西安、咸阳、渭南、杨凌 4 个重点城市，西咸新区 5 座新城，兴平等 11 个中小城市，以及西安渭北工业园区，受益人口 1441 万人。

输配水工程在秦岭隧洞出口新建黄池沟配水枢纽，通过新建南干线、北干线和周至支线、杨武支线等 20 条支线工程，向关中地区渭河两岸的重点城市和西咸新区、县城（区）和工业园区供水。南干线渠首设计流量为 $47m^3/s$，北干线渠首设计流量为 $30m^3/s$。从输配水工程起点黄池沟起，西到杨凌，东到华州，北到富平，南到鄠邑，供水对象为西安市、咸阳市、渭南市、杨凌区4个重点城市和11个中小城市，1个工业园以及西咸新区5座新城。

1.1.3 黄金峡水利枢纽

黄金峡水利枢纽位于汉江干流上游峡谷段，地处陕西南部汉中盆地以东的洋县境内，是引汉济渭调水工程主要组成部分和水源之一，也是汉江上游干流河段规划中的第一个开发梯级，坝址下游55km处为石泉水电站。该工程的建设任务是以供水为主，兼顾发电，改善水运条件。

黄金峡水利枢纽多年平均设计供水量为9.69亿m^3。水库正常蓄水位为450.00m，死水位为440.00m，水库总库容为2.21亿m^3，调节库容为0.98亿m^3。泵站设计流量为70.0m^3/s，设计净扬程为106.45m，泵站装机容量为126MW；电站装机容量为135MW，多年平均年发电量为3.51亿kW·h。通航建筑物为规模300t的垂直升船机（缓建）。

黄金峡水利枢纽由挡水建筑物、泄水建筑物、泵站和电站建筑物、通航建筑物和过鱼建筑物等组成，如图1.1-2所示。大坝采用碾压混凝土重力坝，坝顶高程为455.00m，最大坝高为63.00m，坝轴线长为349.00m。在河床中部布置5个泄洪表孔和2个泄洪冲沙底孔，表孔采用宽尾墩戽式池消能，底孔采用底流消能。通航建筑物采用钢丝绳卷扬提升移动式垂直升船机，布置于右岸，主要由上游引航道、上游提升段、水平过坝段、下游提升段和下游引航道组成，其中水平过坝段与右岸泄洪边表孔结合布置。过鱼建筑物采用鱼道，鱼道布置在左岸边坡上，主要由厂房集鱼系统、鱼道进口、过鱼池、鱼道出口及补水系统等组成，全长约为1970m。

图1.1-2 黄金峡水利枢纽三维效果图

泵站、电站布置在左侧河床，采用河床式泵站、坝后电站顺流向前后布置，电站布置于泵站下游。泵站安装7台18MW立式单吸单级离心泵机组，电站安装3台45MW立轴轴流转桨式水轮发电机组。整个泵站、电站建筑物包括引水渠、泵站厂房、泵站扬水管道和出水池、电站厂房、尾水渠、进厂道路等。

河床式泵站厂房挡水前缘总长97.00m，分为4个坝段，分别为1个25.00m长的安装场段、3个24.00m长的机组段（每个机组段安装2台水泵机组，共安装1～6号水泵机组），7号水泵机组安装在厂坝导墙坝段。安装场段布置于泵站厂房左侧。泵站厂房顺流向宽63.10m，最大高度为61.50m。

水泵蜗壳出口后顺流向依次布置*DN*2200缓闭式液控球阀和*DN*2200检修蝶阀，检修蝶阀后接水泵扬水支管，扬水支管汇入泵站下游侧扬水总管引至左侧山体内的出水池。扬水总管长为392.47m，内径为6.00m，在距出口14.50m处内径扩大为8.00m。出水池底板高程为542.73m，池宽为10.00m，总长为51.00m，包括10.00m长收缩段和10.00m长渐变段，收缩段和渐变段底板高程为549.23m，渐变段末端接黄三隧洞。

电站厂房布置于泵站下游，厂房长为93.00m，顺流向宽为48.00m，最大高度为69.30m，分为安装场段和3个机组段，安装场段布置于左侧，长为28.00m，2个标准机组段长为21.00m，右侧边机组段长为23.00m。

进厂道路布置于尾水渠边坡上，上游连接电站尾水平台和泵站、电站厂房左侧厂前区，下游通向戴母鸡沟与对外公路连接，路面高程为429.70～440.00m，最大纵坡为7.5%，道路长度约为150m。泵站、电站厂房左侧、左非坝段下游布置了宽约26m、长约70m的厂前区，地面高程为429.70m。

黄金峡水利枢纽泵站、电站三维布置如图1.1-3所示。

1.1.4 三河口水利枢纽

三河口水利枢纽位于佛坪县与宁陕县境交界、汉江一级支流子午河中游峡谷段，坝址位于椒溪河、蒲河、汶水河交汇口下游约2km处，北距西安市约170km、佛坪县城约36km，南距安康市石泉县城约53km、汉中市约120km，东距宁陕县城约55km、安康市约140km，西距洋县县城约60km。

三河口水利枢纽坝址以上控制流域面积为2186km^2，坝址断面多年平均径流量为8.7亿m^3。水库总库容为7.1亿m^3，调节库容为6.62亿m^3，死库容为0.22亿m^3；设计抽水流量为18m^3/s，设计净扬程为91.08m，抽水采用2台可逆式机组；发电装机容量为60MW，年平均发电量为1.325亿kW·h；引水（送入输水洞）设计流量为70m^3/s，下游生态放水设计流量为2.71m^3/s。

三河口水利枢纽工程由挡水建筑物、泄洪消能建筑物、供水系统以及连接秦岭输水隧洞控制闸的坝后连接洞组成，如图1.1-4所示，其主要任务是调

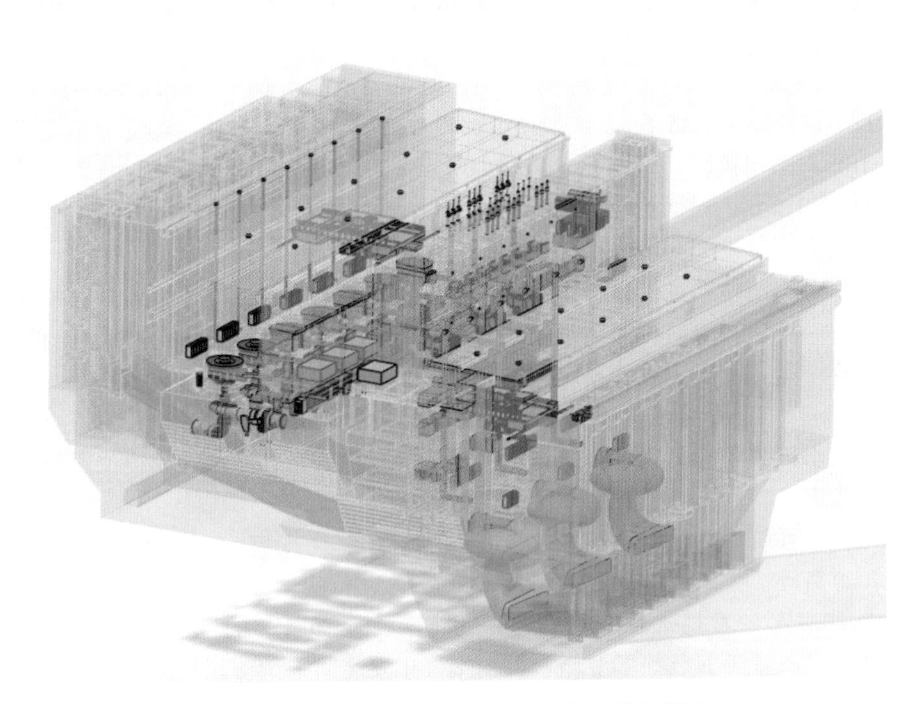

图 1.1-3 黄金峡水利枢纽泵站、电站三维布置图

图 1.1-4 三河口水利枢纽三维效果图

蓄支流子午河来水及一部分抽水入库的汉江干流来水，向关中地区供水，兼顾发电。枢纽位于整个引汉济渭工程调水线路的中间位置，是调水工程的调蓄中枢。

枢纽大坝为碾压混凝土拱坝，坝顶高程为646.00m，坝底高程为501.00m，最大坝高145m。坝顶中部设3孔开敞式溢流堰，溢流堰每孔净宽为15m，采用挑流消能；在溢流堰中墩下部设2孔泄洪放空底孔，底孔进口高程为550.00m，断面为4m×5m的方形，出口采用带跌坎的窄缝消能工，同时在坝脚下游设200m长的消力塘。

供水系统包括进水口、压力管道、厂房、供水阀室、尾水系统、连接洞等六部分，厂房为双向机组与常规机组混合式厂房。系统运行时分抽水、供水、发电3个运行工况。供水系统进水口布置于坝身右侧坝体中，设计引水流量为72.71m^3/s，采用分层取水方式。常规机组、双向机组、供水阀共用一个进水口，进水口高程满足其各自的进水要求，同时也满足供水阀在发电受阻情况下的供水需求。压力管道长270.10m，直径为4.5m。

供水系统厂区建筑物包括主厂房、副厂房、主变室、GIS楼、供水阀室、进厂道路等。主厂房70.24m×18.00m×39.50m（长×宽×高），布置单机容量为20MW的常规水轮发电机组、单机容量为10MW的可逆式机组各2台。供水阀室布置于安装间下游侧。主变室位于安装间上游侧副厂房内，布置2台主变压器，常规机组共用1台主变压器、可逆式机组共用1台主变压器；GIS楼布置于主变室上层。110kV电缆出线通过电缆隧道经出线塔出线。

1.1.5 输配水工程总体设计

输配水工程是引汉济渭工程的重要组成部分。输配水工程从关中配水节点黄池沟起，输水干线西到杨凌、东到华州、北到富平、南到鄠邑，输配水区域范围东西长约163km、南北宽约84km，总面积约为1.4万km^2，受水区直接供水对象为关中地区渭河两岸的西安市、咸阳市、渭南市、杨凌区4个重点城市和所辖的11个县级城市及1个工业园区（渭北工业园高陵、临潼、阎良3个组团），以及西咸新区5座新城。工程由黄池沟配水枢纽、南干线、北干线及相应的输水支线组成。

黄池沟配水枢纽包括分水池、池周进出水闸、泄洪设施和黑河连接洞4部分。分水池体布置在黄池沟沟道内，池体为矩形，池长为105m、宽为35m，深为8.46～10.56m；在池体下游左侧边壁处布置溢流设施，溢流堰宽为16m，堰顶高程为515.00m。在池体下游边壁设置放空钢管。泄洪设施始端接黄池沟渣坝的泄洪河田口消力池，由上游连接段、分水池下泄洪箱涵段、消能工段和沟道砌护段组成，全长为535.2m。分水池在秦岭输水隧洞出口处设置进水闸，与南、北干线的进口隧洞连接处设置分水闸。黑河连接洞始端与原黑河金盆水库引水压力洞在0+460m处相接，末端与黄池沟分水池在左岸桩号0+081m处连接，连接洞为圆形压力洞，全长为1.17km。

南干线西起黄池沟配水枢纽，东至渭南市华州区兴林路东，承担西安、渭南2个重点城市和西咸新区沣西、沣东2座新城，以及鄠邑区、长安、临潼、华州区4个中小城市的输水任务，线路全长为170.2km，始端设计流量为47.0m^3/s。

北干线南起黄池沟配水枢纽，北至富平县城城关街办天堡村，承担渭河以南的周至、渭河以北的咸阳市、杨凌区和西咸新区的秦汉新城、空港新城、泾河新城等3座新城，以及武功、兴平、三原、高陵、阎良、富平6座中小城市和渭北工业区的输水任务，线路全长为130.98km，始端设计流量为30m^3/s。

输水支线共20条，总长112km，其中南干线共布设支线7条、长为16km，北干线布设支线13条、长为96km。

1.2 引汉济渭工程大型水泵和阀门的技术难点

1.2.1 黄金峡泵站水泵

黄金峡泵站水泵最高扬程为116.5m，设计扬程为108.5m的工作流量不小于12.25m^3/s，水泵叶轮出口直径为2.408m，设计扬程下比转速为142.5 $m \cdot m^3/s$，是目前为止国内自主研制的单泵流量最大、叶轮尺寸最大的立式单级离心泵。

黄金峡泵站的水泵是引汉济渭工程的心脏之一，水泵的效率和可靠性与工程的运行成本和经济效益紧密相关。鉴于之前国内的大型离心泵多采用从国外进口的产品，没有自主研制此种比转速大型立式离心泵的经验，因此，业主单位陕西省引汉济渭工程建设有限公司开展了高扬程大流量离心泵选型关键技术研究工作，通过开发合适性能的水泵并验证其特性，以合理选择水泵的主要参数，降低水泵设备的投资，并为工程设计和主要机电设备的招标采购提供依据。

1.2.2 三河口水库大口径流量调节阀

三河口水利枢纽电站厂房内装设有2台*DN*2000、压力等级为1.6MPa的流量调节阀，阀门最大工作压差为96m、最小工作压差为11m。流量调节阀的工作压差变化幅度极大，供水流量调节范围宽，运行条件苛刻。从国内已建成的供水工程流量调节阀的运行情况来看，口径较大的流量调节阀多存在较明显的振动现象。

三河口水利枢纽*DN*2000流量调节阀在工程应用中需消减近百米的水头，

阀门的抗空化性能是其研发的重中之重。作为当前国内口径最大的流量调节阀，无现成的设计、试验标准可资利用。为确保阀门供水符合设计要求、避免阀门振动对工程其他建筑造成破坏，业主单位陕西省引汉济渭工程建设有限公司也开展了高压差大口径流量调节阀的研究工作，通过计算机流体动力学分析（CFD）阀门的内部流场和空化特性，制作 *DN*400 流量调节阀模型进行特性试验，以验证 CFD 分析成果的准确性、预测原型阀门的水力性能，为高压差大口径流量调节阀的安全、稳定和长期运行奠定坚实的基础。

1.2.3 大型泵阀系统的健康诊断和安全控制

黄金峡泵站的水泵和三河口水库的流量调节阀不仅尺寸在同类产品中均为佼佼者，而且水泵的运行功率和流量调节阀削减的能量都是很大的。大尺寸设备的刚度相对低，大功率设备的振动能量等级高，因此，出于引汉济渭工程的安全和长期运行考虑，黄金峡泵站水泵和三河口水库流量调节阀的健康状态监测和诊断不容忽视。

引汉济渭工程的供配水距离长，参与流量控制的设备设施多（包括水泵、水轮发电机组、流量调节阀、闸门、分水阀、干线截断阀和调压阀、调节池），压力管道附属设施多（包括检修阀、空气阀、放空阀、连通阀），工程调度运行的监视量和控制量巨大；供水涉及多水源，自流加压并举，压力流和明流输水并存，流量调配复杂；压力管线和分水口门多，流量调节和控制的影响范围广，压力管线的安全控制难度大。

鉴于引汉济渭工程的供配水特点，立足于输水系统的安全和关键设备的安全，笔者团队开展了引汉济渭工程大型水泵阀门系统关键设备的安全运行集成研究，提出大型闸泵阀系统安全控制智能平台的设计方案，可供工程实践使用。

第2章 高扬程大流量水泵关键技术

2.1 高扬程大流量水泵的技术难点

高扬程大流量水泵主要用于供水工程，多采用离心泵。高扬程大流量离心泵设计需考虑以下技术难题：

（1）效率水平。出于降低运行成本的考虑，水泵应具有较高的效率水平，不仅要求水泵的最高效率要高，而且需要水泵在运行范围内都应具有较高的效率，即水泵的加权平均效率也应较高，在总体上需能显著地降低泵站提水的耗电量。水泵要满足高效率的目标，需在水力设计、制造工艺等方面下工夫。

（2）抗泥沙磨损。水泵的过机水流中含有泥沙，尤其是汛期的水流中泥沙含量较高，对水泵过流部件的磨损不可避免。高扬程大流量水泵的轴功率和电动机的功率大，机组的振动和噪声问题突出，出于水泵机组和泵站厂房的安全、稳定和长期运行考虑，以及改善泵站运行环境等需求，大功率离心泵的出水蜗壳倾向于采用埋设方式，但座环、固定导叶和蜗壳等水泵埋件的抗磨能力、磨损程度和修复措施是确定蜗壳布置方式的决定性因素。因此，提高水泵的抗磨能力，应在水泵的水力设计、结构设计、材料选择和过流面防护等方面采取有效措施。

（3）抗空化性能。与水轮机相比，水泵进口没有可调节的导水机构来改善不同扬程下的来流条件，水泵在最优效率点对应的扬程运行时具有良好的空化性能，但当运行扬程提高或降低偏离最优效率点后空化性能开始恶化，运行扬程偏离越多水泵的空化性能恶化越厉害，水泵在空化条件下运行不仅带来振动、噪声、驼峰等问题，还会加剧泥沙对水泵过流部件的磨蚀。在给定的安装高程下，离心泵的空化性能若能使其在运行范围内实现无空化运行，不仅可改善水泵机组的运行稳定性，还可以降低水泵的磨损强度和磨损量。

（4）驼峰安全裕量。离心泵因其流道扩散度为正、叶片曲率大等问题，在小流量工况运行时易发生旋转失速现象，造成流量扬程曲线产生驼峰、运行工况不稳定，带来低频压力脉动、水力激振、流动噪声等危害。离心泵的驼峰难以消除，目前还不能十分满意地预报到驼峰发生区附近的流动现象，因此，大型离心泵需通过模型试验来确定其驼峰区，确保驼峰区的最低扬程相对于泵站最高扬程有足够的裕度，使水泵规定的运行扬程范围不在驼峰区内。

2.2 高扬程大流量离心泵设计优化要点

2.2.1 能量特性

表征水泵能量特性的主要指标有流量 $Q(m^3/s)$、扬程 H(m)、转速 n(r/min)、轴功率（入力）P(kW) 以及效率 η。反映水泵基本性能的特性曲线有 $H-Q$ 曲线、$\eta-Q$ 曲线和 $P-Q$ 曲线，这三种常用的特性曲线共同揭示了水泵工况的能量特性。出于节能降耗的要求，大型水泵必须具有优良的能量性能，即具有较高的效率水平。影响离心泵特性曲线的因素以及几何参数对泵性能的影响，关醒凡[1]给出了比较详细的论述。

1. 几何参数对泵特性曲线的影响

为了控制泵特性曲线的形状，以获得令人比较满意的结果，就必须研究泵过流部件的几何尺寸对泵内部状态的影响，也就是研究几何参数对泵特性曲线的影响，在分析某一几何参数对特性曲线的影响时，均假定转速 n 和其他几何参数保持不变。

(1) 叶轮出口安放角 β_2。β_2 对泵特性曲线的影响如下：

1) β_2 越大，出口处绝对速度圆周分量越大，则泵的扬程越高。

2) 随着 β_2 增大，叶片间流道弯曲严重（出现 S 形），流道变短。因为叶轮出口面积是一定的，而且一般出口面积都大于进口面积，所以流道变短；流道的扩散角变大，水力损失增加。

3) β_2 增大，叶轮出口绝对速度增加，绝对速度的圆周分量增加，则动扬程增大，液体在叶轮和压力水室中的水力损失增加。

$H-Q$ 曲线的形状与 β_2 的关系表示为

$$H_T=\frac{u_2}{g}\left(u_2h_0-\frac{Q_T}{F_2}\cot\beta_2\right) \tag{2.2-1}$$

式中：u_2 为叶轮出口圆周速度；g 为重力加速度；h_0 为滑移系数；F_2 为叶轮出口面积；H_T、Q_T 分别为理论扬程、理论流量；

由式（2.2-1）可以看出：①$\beta_2<90°$，$\cot\beta_2>0$，Q_T 增加则 H_T 减小，H_T-Q_T 是下降的直线；②$\beta_2=90°$，$\cot\beta_2=0$，H_T-Q_T 是水平直线；③$\beta_2>90°$，$\cot\beta_2<0$，H_T-Q_T 是上升的直线。

由于冲击损失的存在，从 H_T-Q_T 曲线变为 $H-Q$ 曲线时，β_2 越大，$H-Q$曲线中间越易出现极大值，即成为驼峰曲线。

β_2 与 $P-Q$ 曲线的关系为

$$P_h=\rho g Q_T H_T=\rho Q_T u_2\left(u_2 h_0-\frac{Q_T}{F_2}\cot\beta_2\right) \tag{2.2-2}$$

式中：P_h 为水力功率；ρ 为液体密度。

由式（2.2-2）可知：$\beta_2<90°$，P_h-Q_T 是一条有极值的曲线；$\beta_2\geqslant 90°$，P_h-Q_T 是上升的曲线。

由于在泵中一般都采用 $\beta_2<90°$的叶片出口角，所以有必要在 $\beta_2<90°$的范围内，再深入讨论 β_2 的变化对特性曲线的影响。

由式（2.2-1）可知，泵的扬程随 β_2 的减小而降低，扬程曲线变陡。从式（2.2-2）可知，在同一流量下，水力功率随扬程的降低而减小，且轴功率曲线变得平坦，即减小 β_2 能达到降低大流量区轴功率的目的，从而扩大了泵扬程的使用范围。

（2）叶轮直径 D_2。由式（2.2-1）知，当 $Q_T=0$ 时，零流量扬程 H_0（也称关死点扬程）为

$$H_0=\frac{u_2^2}{g}=\frac{\pi^2 D_2^2 n^2}{60^2 g} \tag{2.2-3}$$

可见，H_0 随 D_2 的增加而增加；由式（2.2-2）可知，水力功率 P_h 也是随着 D_2 的增加而增加的。

（3）出口宽度 b_2。由式（2.2-1）和式（2.2-2）可知，减小叶轮出口宽度，即减小出口面积 F_2，可使轴功率曲线变得平坦。

（4）压水室喉部面积 F_8。当减小压水室或导叶喉部面积 F_8 时，在同一流量下，泵喉部流速增加，从而增加了由于压水室液流与从叶轮流出的液流因速度不一致而引起的撞击损失，使泵的流量减小，扬程降低，轴功率减小，高效点向小流量区移动。

2. 叶片数 Z

根据泵有限叶片数理论，减小叶片数 Z 后，叶片间流道增大，由于叶轮内轴向旋涡的影响，叶轮内液流的相对速度向叶轮转动的反方向偏移，使液流绝对速度的圆周分量减小，泵的扬程降低，扬程曲线变徒，轴功率变得平坦。

3. 排挤系数 ψ_2

扬程曲线的斜率为

$$\tan\phi=\frac{u_2^2}{g}\bigg/\frac{u_2 F_2}{\cot\beta_2}=\frac{n}{\log b_2\psi_2}\cot\beta_2 \tag{2.2-4}$$

式中：ϕ 为流量系数、扬程曲线倾角。

由式（2.2-4）可知，排挤系数 ψ_2 越小，ϕ 值大，扬程曲线变陡，功率曲线变得平坦。

2.2.2 空化特性

黄继汤[2]系统地给出空化现象的物理意义，并对空化现象所造成的影响进行了举例说明。在液体流动中，当某一处的压力降低到一定程度时，液体内部将发生相变产生空泡，这一物理现象称为空化。离心泵叶轮的叶片进口部位流速高、压力低，容易发生空化。由于压力降低至初始产生气泡时的空化压力称为初生空化压力；当产生大量气泡，使水处于犹如沸腾状态且水力机械的效率或扬程发生明显降低时的空化压力称为临界空化压力。图2.2-1是水泵水力开发阶段对模型叶轮进行空化试验时发生空化现象的观测结果。

图2.2-1 水泵进口的空化现象

水泵的空化压力值与环境压力有关，环境压力越低越容易发生空化。

对于水泵来说，空化压力值的大小更多的是与水泵叶轮的设计、制造的质量好坏直接相关，其中水泵的水力设计是最重要的因素。在水泵水力设计时要对叶片翼型进行细致优化以改善空化特性，在充分考虑泵站实际的情况下，应留出充足的空化余量，确保水泵运行时不发生空化现象和空蚀破坏。因此，对水泵空化性能的研究是水泵开发和试验的重要内容。

2.2.3 压力脉动特性

压力脉动特性是指在一定运行时间内，各过流部件压力测点的压力值相对于某一基准值发生脉动变化的现象。发生在离心泵叶轮、固定导叶的叶栅绕流会引起较强的水压脉动，由于两相邻叶片间的间隙及其进、出水口的流速和压力的不均匀分布，使水流产生扰动形成压力脉动。压力脉动的幅值随转轮叶片数的减少或过流量的增加而增强；水泵在偏离最优工况后的区域运行时，叶片进、出口的水流冲击和脱流也会引起水压脉动；叶轮叶片的型线设计不当时，叶片出水边可能产生卡门涡现象，当其出现频率接近于转动体的固有频率时，将产生共振并伴有较强的且频率比较单一的噪声和金属共鸣声。

压力脉动是引起水力机械振动的主要原因之一，特别是在大型水泵机组中，水力不稳定性会导致机组产生振动，严重时可导致机组无法运行或构件发生疲劳破坏。近年来，压力脉动特性已成为评价大型水力机组性能的重要参数。

压力脉动通常有两个特征量，分别为压力脉动振幅和压力脉动频率。压力脉动振幅一般用 ΔH 来代表峰谷之间的振幅绝对值，用 $\Delta H/H$ 代表振幅的相对值（H 为工作扬程）。压力脉动频率，通常通过对压力脉动频谱图进行分频分析得到相应的特性频率成分，可以用来分析压力脉动的成因。对于导叶式离心泵而言，其无叶区的压力脉动最为强烈。导叶式离心泵的无叶区是指叶轮出口与导叶进口之间的流动区域，该区域是水泵内部压力脉动最大的部位，这也是导叶与叶轮之间动静干涉的结果。图 2.2-2 所示为水泵模型试验时无叶区压力脉动测点的布置。

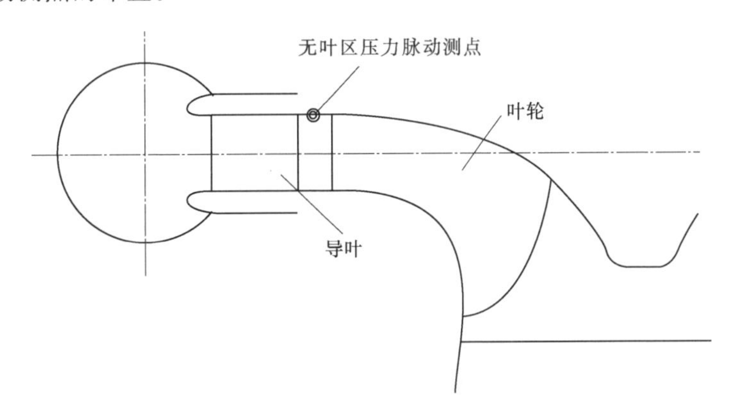

图 2.2-2 水泵模型试验时无叶区压力脉动测点布置示意图

2.2.4 离心泵驼峰特性

驼峰是水力机械中常见的非稳态现象，在水泵 $H-Q$ 曲线的小流量区域中扬程曲线出现正斜率特性，常表现为 S 形特性曲线，如图 2.2-3 所示。从图 2.2-3 可以看出，在驼峰区会出现同一扬程对应多个流量的情况，这种特性会导致水泵在该扬程区域运行时流量的快速变化，造成水泵机组运行状态的不稳定。

离心泵在小流量工况下易产生驼峰，驼峰的出现即意味着运行工况存在严重的不稳定性，会影响机组的运行安全性和稳定性。水泵若选型、设计不当，经常运行在偏离高效区的工况、尤其当泵运行在小流量时，容易引发流动分

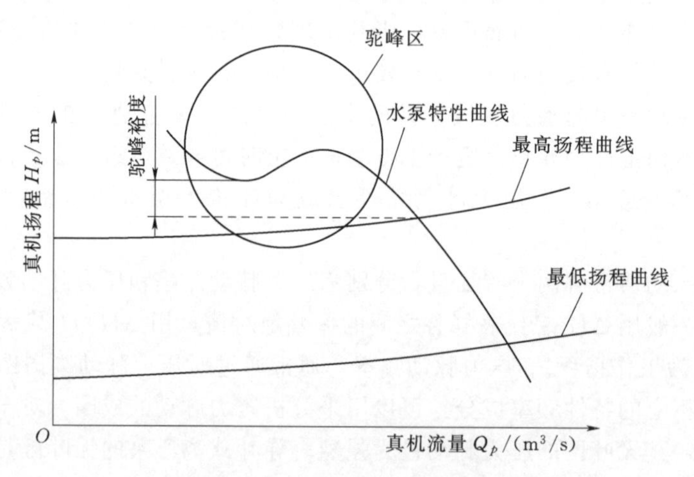

图 2.2-3　水泵驼峰特性示意图

离、进口回流、旋转失速等不稳定现象，造成大量能耗，且存在很大的安全隐患。目前对水泵驼峰现象的研究主要集中在对驼峰现象的预测和判定、探索驼峰机理以及如何在工程应用中避免驼峰等，主要方法是数值模拟、模型试验或原型试验，但是目前仍不能十分满意地预测驼峰发生区附近的流动现象，也没有得到被公认的驼峰机理。

水泵进、出水通道的水力损失随着流量的增加而增加，水泵特性曲线与管路特性的最高扬程曲线的交点对应流量为最小流量，对应扬程为水泵最高扬程。驼峰区内的最低扬程与水泵最高扬程的差值和最高扬程的比值称为驼峰裕度。在水力选型与优化设计时应根据水泵扬程特性曲线留有一定的驼峰裕度，以保证水泵在高扬程运行时不会进入该区域。但驼峰裕度并不是越大越好，过大的驼峰裕度会带来启动扬程过高、运行效率降低、空化性能下降、轴功率增加和电机过载等问题。

2.3　大型离心泵的现代设计方法

2.3.1　水力设计流程

流体机械通常包括泵、水轮机、汽轮机、燃气轮机、风力机、通风机、压缩机和液力耦合器等，是以流体为工作介质并实现能量转换的机械。流体机械的基本功能是能量转换，通过 CFD 流动分析，可以获得流场速度、压力、温度等物理量的分布，发现不同尺度的旋涡结构，找出能量损失的主要部位，从而为优化水力设计、提高水力性能提供依据。

在各种流体动力学实践中，流体机械流动被认为是最复杂的流动之一。流体机械内部流动具有比较强烈的旋转性、瞬态性、脉动性和非线性特点。这些因素显著增加了流体机械流场的分析难度，使得常规流动分析方法很难在流体机械非设计工况下取得符合实际的计算结果，也使得流体机械的流动分析方法具有某些特殊属性。因此，大型离心泵、水轮机和水泵水轮机常采用模型试验来验证水力开发与优化设计成果。大型离心泵的水力设计流程如图 2.3-1 所示。

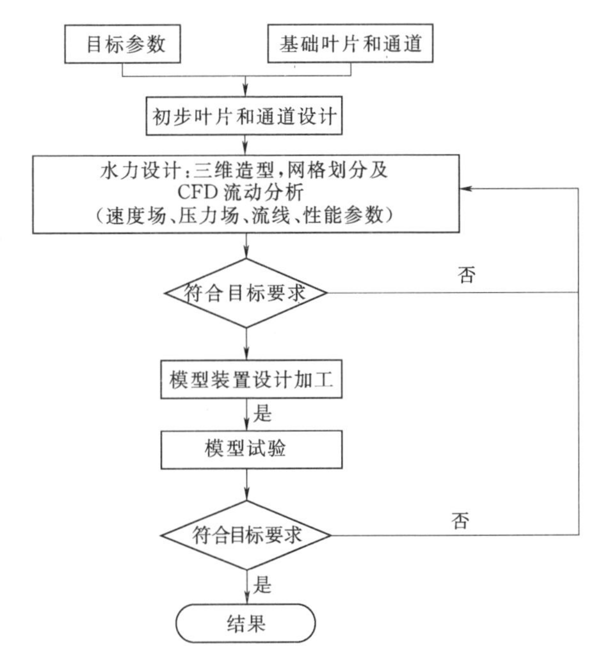

图 2.3-1 大型离心泵的水力设计流程图

2.3.2 数学方程

自然界中一切流体流动都遵循质量、动量和能量守恒定律。在研究流体流动数值模拟之前，首先要研究和分析反应流体流动守恒定律的方程组——连续方程、动量方程和能量方程，通常称这些方程组为流体力学基本方程组。

流体力学基本方程组是在连续介质假设下得到的。所谓连续介质假设是指流体质点连续地充满流体所在空间，流体质点所具有的宏观物理量（质量、速度、压力和温度）应满足一切宏观物理定律及物理性质。

（1）连续方程。Cartesian 坐标系下单位质量流体连续方程为

$$\frac{\partial \rho}{\partial t}+\frac{\partial(\rho u)}{\partial x}+\frac{\partial(\rho v)}{\partial y}+\frac{\partial(\rho w)}{\partial z}=0 \tag{2.3-1}$$

矢量形式：

$$\frac{\partial \rho}{\partial t}+\nabla(\rho \vec{v})=0 \tag{2.3-2}$$

式中：ρ 为流体密度；$\vec{v}$ 为流体流动速度矢量；u、v、w 为流体速度矢量在 Cartesian 坐标系下在 x、y、z 方向上的分量。

（2）运动方程。根据牛顿第二定律，笛卡尔坐标系下流体动量守恒方程为

$$\left.\begin{aligned}
\frac{Du}{Dt}&=\frac{\partial u}{\partial t}+u\frac{\partial u}{\partial x}+v\frac{\partial u}{\partial y}+w\frac{\partial u}{\partial z}=-\frac{1}{\rho}\frac{\partial p}{\partial x}+F_x+\frac{1}{\rho}\left(\frac{\partial \tau_{xx}}{\partial x}+\frac{\partial \tau_{xy}}{\partial y}+\frac{\partial \tau_{xz}}{\partial z}\right)+S_{mx}\\
\frac{Dv}{Dt}&=\frac{\partial v}{\partial t}+u\frac{\partial v}{\partial x}+v\frac{\partial v}{\partial y}+w\frac{\partial v}{\partial z}=-\frac{1}{\rho}\frac{\partial p}{\partial y}+F_y+\frac{1}{\rho}\left(\frac{\partial \tau_{yx}}{\partial x}+\frac{\partial \tau_{yy}}{\partial y}+\frac{\partial \tau_{yz}}{\partial z}\right)+S_{my}\\
\frac{Dw}{Dt}&=\frac{\partial w}{\partial t}+u\frac{\partial w}{\partial x}+v\frac{\partial w}{\partial y}+w\frac{\partial w}{\partial z}=-\frac{1}{\rho}\frac{\partial p}{\partial z}+F_z+\frac{1}{\rho}\left(\frac{\partial \tau_{zx}}{\partial x}+\frac{\partial \tau_{zy}}{\partial y}+\frac{\partial \tau_{zz}}{\partial z}\right)+S_{mz}
\end{aligned}\right\} \tag{2.3-3}$$

$$\left.\begin{aligned}
\tau_{xx}&=2\mu\frac{\partial u}{\partial x}+\left(\mu'-\frac{2}{3}\mu\right)\left(\frac{\partial u}{\partial x}+\frac{\partial v}{\partial y}+\frac{\partial w}{\partial z}\right)\\
\tau_{yy}&=2\mu\frac{\partial v}{\partial y}+\left(\mu'-\frac{2}{3}\mu\right)\left(\frac{\partial u}{\partial x}+\frac{\partial v}{\partial y}+\frac{\partial w}{\partial z}\right)\\
\tau_{zz}&=2\mu\frac{\partial w}{\partial z}+\left(\mu'-\frac{2}{3}\mu\right)\left(\frac{\partial u}{\partial x}+\frac{\partial v}{\partial y}+\frac{\partial w}{\partial z}\right)
\end{aligned}\right\} \tag{2.3-4}$$

$$\left.\begin{aligned}
\tau_{xx}&=2\mu\frac{\partial u}{\partial x}+\left(\mu'-\frac{2}{3}\mu\right)\left(\frac{\partial u}{\partial x}+\frac{\partial v}{\partial y}+\frac{\partial w}{\partial z}\right),\quad \tau_{xy}=\tau_{yx}=\mu\left(\frac{\partial v}{\partial x}+\frac{\partial u}{\partial y}\right)\\
\tau_{yy}&=2\mu\frac{\partial v}{\partial y}+\left(\mu'-\frac{2}{3}\mu\right)\left(\frac{\partial u}{\partial x}+\frac{\partial v}{\partial y}+\frac{\partial w}{\partial z}\right),\quad \tau_{yz}=\tau_{zy}=\mu\left(\frac{\partial w}{\partial y}+\frac{\partial v}{\partial z}\right)\\
\tau_{zz}&=2\mu\frac{\partial w}{\partial z}+\left(\mu'-\frac{2}{3}\mu\right)\left(\frac{\partial u}{\partial x}+\frac{\partial v}{\partial y}+\frac{\partial w}{\partial z}\right),\quad \tau_{zx}=\tau_{xz}=\mu\left(\frac{\partial u}{\partial z}+\frac{\partial w}{\partial x}\right)
\end{aligned}\right\} \tag{2.3-5}$$

矢量形式：

$$\frac{D\vec{v}}{Dt}=\frac{\partial \vec{v}}{\partial t}+u\frac{\partial \vec{v}}{\partial x}+v\frac{\partial \vec{v}}{\partial y}+w\frac{\partial \vec{v}}{\partial z}=-\frac{1}{\rho}\nabla p+\vec{F}+\vec{\tau}+\overrightarrow{S_m} \tag{2.3-6}$$

$$\vec{\tau}=\begin{bmatrix}\tau_{xx} & \tau_{xy} & \tau_{xz}\\ \tau_{yx} & \tau_{yy} & \tau_{yz}\\ \tau_{zx} & \tau_{zy} & \tau_{zz}\end{bmatrix} \tag{2.3-7}$$

式中：p 为流体压力；$\vec{F}$ 为流体所受外部体力；F_x、F_y、F_z 为外部体力矢量在 Cartesian 坐标系下在 x、y、z 方向上的分量；$\vec{\tau}$ 为流体内部耗散力（黏性耗散、摩擦耗散等），称为流体黏性应力；μ 为流体动力黏滞系数；μ' 为膨胀黏性系数，流体黏性系数 μ 和 μ' 的大小是由流体分子的性质和分子之间相互作用决定的，它们主要是温度的函数；$\overrightarrow{S_m}$ 为流体质量源（汇）；S_{mx}、S_{my}、S_{mz} 分别为流体质量源（汇）在 Cartesian 坐标系下在 x、y、z 方向上的分量。

2.3.3 湍流模型

流体机械流动具有3个显著特点：强旋转、大曲率和多壁面。流体机械涉及轮毂比、叶片间距、叶片展弦比、叶片安放角、叶尖间隙等多个复杂几何参数，涉及动静耦合作用、主流-边界层相互作用、逆压梯度、流动分离、尾迹-射流、间隙流动、转捩流动等20种以上的复杂流动现象。随着流体机械流动计算方法从通流计算、准三维计算、三维单流道计算向三维全流道黏性计算的发展，湍流模型发挥着越来越重要的作用。流体机械二次流及其与主流相互作用的预测精度非常依赖于湍流模型，流体机械全流道三维非定常黏性计算的精度在未来很多年内将受到湍流模型局限性的影响。

湍流是一种多尺度不规则复杂流动，它可以反映出流场很多重要的性质。张兆顺等[3]完整地叙述了湍流的基本理论和近代的满流数值模拟方法，包括湍流运动的基本方程、均匀各向同性湍流、简单剪切湍流、标量湍流、湍流直接数值模拟、雷诺平均统计模式、湍流大涡数值模拟等。流体机械旋转湍流计算模型的研究，对于理解流动机理、进行流动预测、开展流动控制进而进行工程设计具有重要意义，但湍流模型的预测精度还未达到复杂流动数值计算的实际需求。湍流模型数值模拟方法如图2.3-2所示。

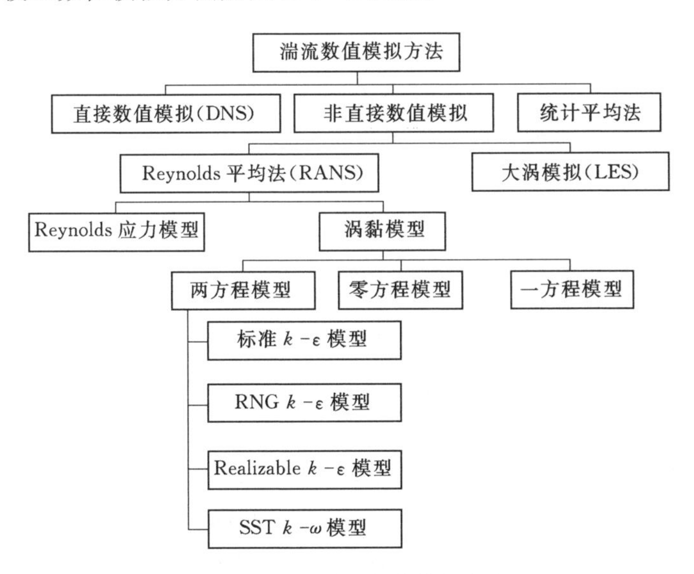

图2.3-2 湍流模型数值模拟方法

王福军[4]针对强旋转和大曲率流动问题，阐述了湍流模型的发展。从湍流核心区的高雷诺数流动、近壁区低雷诺数流动和层流到湍流的转捩流动等不同方面，分析了现有湍流模型在流体机械中的适用性，指出了典型湍流模型在求解旋转湍流时存在的问题，在与试验测量、理论分析相结合的基础上，今后流体机械旋转湍流计算模型的研究与应用主要体现在如下几个方面：①由于考虑了旋转和曲率效应，RNG $k-\varepsilon$ 模型和 Realizable $k-\varepsilon$ 模型相比于标准 $k-\varepsilon$ 模型在旋转湍流计算方面更加具有优势；②SST $k-\omega$ 模型因在壁面处理方面比 $k-\varepsilon$ 系列模型更加自然和方便，将会更多地用于流体机械旋转湍流的工程分析；③各类尺度解析模拟模型（LES、尺度自适应模拟、分离涡模拟、嵌入式大涡模拟等），既能够捕捉更加细小的湍流涡，又具有较高的计算效率，将会更多地用于流体机械复杂流场，如旋转失速和叶尖泄漏流动的分析；④近壁区的求解模式研究正在成为流体机械旋转湍流模型研究的热点；⑤以直接求解近壁区低雷诺数流动为代表的近壁模型，将越来越多用于叶片数较多的复杂流体机械流动计算。

目前，常用的湍流模型总结起来主要有以下3种。

1. 直接数值模拟方法（DNS）

直接数值模拟方法（Direct Numerical Simulation，DNS）是直接用瞬态 Navier－Stokes 方程对湍流进行计算，理论上可以得到准确的计算结果。但是，在高雷诺数的湍流中包含尺度为 10～100μm 的涡，湍流脉动的频率常大于 10kHz，只有在非常微小的空间网格长度和时间步长下，才能分辨出湍流中详细的空间结构及变化剧烈的时间特性。对于这样的计算要求，若采用直接求解，现有的计算机能力还是比较困难的，DNS 方法目前还无法用于真正意义上的工程计算。但是，局部时均化模型为开展 DNS 提供了一种间接方法，该模型是一种桥接模型，通过控制模型参数可以实现从雷诺时均模拟到接近 DNS 的数值计算，是一种有着发展潜力的计算模型。此外，湍流计算还不可避免地涉及近壁面区域的低雷诺数计算。所采用的湍流计算方法不同，相应的近壁区处理模式也不同。目前常用的近壁区处理模式主要包括壁面函数法和近壁模型法。前者计算效率高，后者计算精度好。

2. Reynolds 平均法（RANS）

多数观点认为，虽然瞬时的 Navier－Stokes 方程可以用于描述湍流，但 Navier－Stokes 方程的非线性使得用解析的方法精确描述三维时间相关的全部细节极端困难。从工程应用的观点上看，重要的是湍流所引起的平均流场的变化，是整体的效果，因此，人们很自然地想到求解时均化的 Navier－Stokes 方程，而将瞬态的脉动量通过某种模型在时均化的方程中体现出来，由此产生了 Reynolds 平均法。Reynolds 平均法的核心是不直接求解瞬时的 Navier－Stokes 方程，而是想办法求解时均化的 Reynolds 方程。

时均化的 Reynolds 方程中有关于湍流脉动值的应力项，这属于新的未知量，须对 Reynolds 应力作出某种假定，即建立应力的表达式或引入新的湍流模型方程，通过这些表达式或湍流模型，把湍流的脉动值与时均值等联系起来。由于没有特定的物理定律可以用来建立所需的湍流模型，所以目前的湍流模型只能以大量的试验观测结果为基础。

根据对 Reynolds 应力作出的假定或处理方式不同，目前常用的湍流模型有两大类：Reynolds 应力模型和涡黏模型。

涡黏模型（Eddy Viscosity Turbulence Models）对 Reynolds 应力项不会直接进行求解，涡黏模型中引入湍动黏度（Turbulent Viscosity），或称涡黏系数（eddy viscosity），然后把湍流应力表示成湍动黏度的函数，整个计算的关键在于确定这种湍动黏度，它的求解是湍流计算的主要问题。

Reynolds 应力模型方法直接构建表示 Reynolds 应力的方程，然后联立求解控制方程组及新建立的 Reynolds 应力方程。

3. 大涡模拟方法（LES）

大涡模拟的核心思想是直接对流场中的大尺度脉动进行求解，对于小尺度脉动通过亚格子进行模拟。实现大涡模拟首先要把小尺度脉动过滤掉。

在本节的 CFD 数值计算中使用涡黏模型中的 RNG $k-\varepsilon$ 湍流模型。在涡黏模型中，两方程湍流模型应用十分广泛，在数值计算收敛性和计算结果准确度之间达到了很好的平衡。两方程湍流模型比零方程湍流模型更加复杂，速度和长度都通过离散的输运方程求解。在两方程湍流模型中，使用湍流动能来计算湍流速度，而湍流动能由它自己的输运方程的解而来。湍流长度由湍流场的两个特征估算得到，这两个特征通常是湍流动能及其耗散率。湍流动能耗散率由它自己的输运方程的解而来。

k 是湍流动能，定义为速度脉动的方差，量纲是 L^2T^{-2}；ε 是湍流涡耗散（速度脉动耗散率），量纲是单位时间内的湍流动能 k，即 L^2T^{-3}。$k-\varepsilon$ 模型是基于旋涡黏性概念，该模型假设湍流黏度与湍流动能耗散满足：

$$\mu_t = C_\mu \rho \frac{k^2}{\varepsilon} \tag{2.3-8}$$

式中：μ_t 为湍流黏度；C_μ 为常数。

k 和 ε 的数值由湍流动能和湍流耗散率的差分输运方程组得到，即

$$\frac{\partial(\rho k)}{\partial t} + \frac{\partial}{\partial x_j}(\rho U_j k) = \frac{\partial}{\partial x_j}\left[\left(\mu + \frac{\mu_t}{\sigma_k}\right)\frac{\partial k}{\partial x_j}\right] + P_K - \rho\varepsilon + P_{kb} \tag{2.3-9}$$

$$\frac{\partial(\rho\varepsilon)}{\partial t} + \frac{\partial}{\partial x_j}(\rho U_j \varepsilon) = \frac{\partial}{\partial x_j}\left[\left(\mu + \frac{\mu_t}{\sigma_\varepsilon}\right)\frac{\partial \varepsilon}{\partial x_j}\right] + \frac{\varepsilon}{k}(C_{\varepsilon1} P_k - C_{\varepsilon2}\rho\varepsilon + C_{\varepsilon1} P_{\varepsilon b}) \tag{2.3-10}$$

式中：$C_{\varepsilon1}$、$C_{\varepsilon2}$、σ_k、σ_ε 为常数；P_K、$P_{\varepsilon b}$ 为浮力的影响；P_k 为由黏性力引起的湍流产物。

RNG $k-\varepsilon$ 模型是通过对 Navier-Stokes 方程组进行重归一化得出，其湍

流生成与耗散的输运方程与标准 $k-\varepsilon$ 模型相同，但是模型中的常数不同，常数 $C_{\varepsilon 1}$ 由 $C_{\varepsilon 1\mathrm{RNG}}$ 取代。

湍流耗散输运方程变为

$$\frac{\partial(\rho\varepsilon)}{\partial t}+\frac{\partial}{\partial x_j}(\rho U_j\varepsilon)=\frac{\partial}{\partial x_j}\left[\left(\mu+\frac{\mu_t}{\sigma_{\varepsilon\mathrm{RNG}}}\right)\frac{\partial\varepsilon}{\partial x_j}\right]+\frac{\varepsilon}{k}(C_{\varepsilon 1\mathrm{RNG}}P_k-C_{\varepsilon 2\mathrm{RNG}}\rho\varepsilon+C_{\varepsilon 1\mathrm{RNG}}P_{\varepsilon b}) \tag{2.3-11}$$

其中

$$C_{\varepsilon 1\mathrm{RNG}}=1.42-f_\eta \tag{2.3-12}$$

$$f_\eta=\frac{\eta\left(1-\dfrac{\eta}{4.38}\right)}{1+\beta_{\mathrm{RNG}}\eta^3} \tag{2.3-13}$$

$$\eta=\sqrt{\frac{P_k}{\rho C_{\mu\mathrm{RNG}}\varepsilon}} \tag{2.3-14}$$

2.4　黄金峡泵站离心泵水力优化设计条件和技术要求

2.4.1　黄金峡泵站设计条件

1. 进水池水位（黄金峡水库水位）

最高运行水位（水库正常蓄水位）为450.00m，多年平均运行水位为448.74m，设计水位为448.00m，最低进水池水位（水库死水位）为440.00m。

2. 出水池水位（黄三隧洞明渠）

黄金峡泵站出水池出口水位与流量的关系见表2.4-1。

表2.4-1　黄金峡泵站出水池出口水位-流量关系

出水池出口水位/m	流量/(m^3/s)	出水池出口水位/m	流量/(m^3/s)
549.23	0	552.84	42
550.90	11.67	553.61	56
551.08	14	554.42	70
552.02	28		

3. 特征扬程

最高扬程为116.5m，设计扬程为108.5m，加权平均扬程为104.5m，最低扬程为101.7m。

4. 水泵安装高程

水泵安装高程（固定导叶中心平面高程）为421.00m。

5. 泥沙

(1) 输沙量。黄金峡坝址处无实测泥沙资料，采用洋县水文站泥沙资料按面积比推求黄金峡坝址泥沙特征值。根据洋县站1956—2010年泥沙系列统计，多年平均年输沙量为487万t，相应含沙量为0.846kg/m³。据此推算黄金峡坝址断面多年平均年输沙量为574万t。坝址泥沙年内分配主要集中在6—9月，占全年近94%，坝址汛期泥沙年内分配见表2.4-2。历史最大含沙量发生在1979年，相应最大含沙量为30.3kg/m³，历时803h；1981年相应最大含沙量为25.4kg/m³，历时822h；1960年相应最大含沙量为22.0kg/m³，历时715h。

表2.4-2　黄金峡坝址汛期多年平均（1956—2010年）含沙量

月　份	1	2	3	4	5	6	7	8	9	10	11	12	全年
多年平均含沙量/(kg/m³)	0.021	0.018	0.084	0.367	0.46	1.1	1.48	1.71	0.725	0.211	0.091	0.016	0.845

(2) 悬移质泥沙级配。根据洋县站1972—2008年共37年资料统计，多年平均中数粒径为0.031mm，多年平均粒径为0.063mm。悬移质多年平均颗粒级配见表2.4-3。

表2.4-3　洋县站多年平均悬移质颗粒级配表

粒径级/mm	0.01	0.025	0.05	0.1	0.25	0.5	1
小于某粒径沙重的百分数/%	24.3	44.2	65.2	86.5	95.2	98.3	100

(3) 悬移质泥沙矿物组成。2014年12月初，在黄金峡泵站工程坝址河段实施了悬移质泥沙取样，开展了悬移质泥沙的矿物组成分析，成果见表2.4-4。

表2.4-4　黄金峡泵站坝址河段悬移质泥沙X射线物相分析

样品编号	绿泥石	伊利石	高岭石	长石	石英	方解石	白云石
2014-304	17%	26%	5%	17%	18%	12%	5%

2.4.2 黄金峡泵站水泵开发目标要求

1. 流量

(1) 在额定转速、设计扬程108.5m时，设计流量不小于12.25m³/s；最大扬程116.5m时的流量不小于10.1m³/s。

(2) 水泵在连续或无故障累计运行8000h，受到泥沙磨蚀后的叶轮的扬程和流量仍能满足如下对应关系，即：①在设计扬程108.5m时的流量不小于11.9m³/s；②在最大扬程116.5m时的流量不小于9.9m³/s。

2. 稳定运行扬程范围

水泵在额定转速下连续稳定运行扬程范围为101.7～116.5m。

3. 转速

(1) 额定转速为375r/min。

(2) 反向最大飞逸转速为不大于1.4倍的额定转速。

4. 效率

模型水泵的最优水力效率不低于90.5%。原型水泵在设计扬程、设计流量、额定转速下的效率保证值不低于91.5%，最高效率保证值不低于92.0%；按式（2.4-1）计算的水泵加权平均效率保证值不低于91%。

加权平均效率 η_{ave} 按下式计算：

$$\eta_{ave}=\sum_{j=1}^{n}\omega_j\eta_j/100 \tag{2.4-1}$$

$$\sum_{j=1}^{n}\omega_j=100 \tag{2.4-2}$$

式中：ω_j 为对应于表2.4-5中对应工况的效率加权因子；η_j 为相应扬程下的效率。

表2.4-5　黄金峡水泵加权平均效率计算加权因子

水泵扬程/m	101.7	104.5	106.5	108.5	110	116.5
加权因子	10	31	38	14	3	4

5. 功率

在规定的运行扬程范围101.7～116.5m内，水泵在额定转速下运转时其最大输入轴功率不大于16MW。

6. 空化

在规定的运行扬程范围101.7～116.5m内做到无空化运行，且初生空化安全系数 K_{NPSH_i}、临界空化安全系数 $K_{NPSH_{1.0\%}}$ 应满足如下要求：

$$K_{NPSH_i}=\frac{NPSH_P}{NPSH_i}\geqslant 1.2 \tag{2.4-3}$$

$$K_{NPSH_{1.0\%}}=\frac{NPSH_P}{NPSH_{1.0\%}}\geqslant 1.6 \tag{2.4-4}$$

式中：$NPSH_P$ 为水泵安装高程下所具有的有效装置空化余量NPSH值；$NPSH_i$ 为目测观察到叶轮2个叶片上开始附着稳定气泡时的空化余量NPSH值；$NPSH_{1.0\%}$ 为与无空化条件相比，效率下降1.0%时的空化余量NPSH值。

7. 水力稳定性

水泵水力稳定性指标为水泵在泵站空化系数下的压力脉动保证值，应满足：

（1）弯肘型进水管。进水管距叶轮吸入口 $0.5D_1$（D_1 为水泵叶轮吸入口直径，单位为 m）处管壁压力脉动相对值 $\frac{\Delta H}{H}$（H 为扬程，ΔH 为相应扬程下实测压力脉动按 97% 置信度计算的混频峰峰值)：在设计扬程下不大于 3%；在最高扬程或最低扬程运行时不超过 5%。

（2）叶轮出口后、导叶前区域压力脉动相对值 $\frac{\Delta H}{H}$，在最高效率工况运行时不大于 5%；在整个运行扬程区域内不大于 8%。

2.5 黄金峡泵站离心泵的水力优化设计

2.5.1 水泵叶轮主要参数选择原则

1. 叶片数和包角的选择

叶轮叶片数对水泵的水力性能有一定影响，尤其对水泵的扬程影响明显。水泵叶轮常用的叶片数有 6 叶片、7 叶片和 9 叶片。

近年来一些泵站和抽水蓄能电站机组运行时出现了机组和厂房异常振动且噪声较高的现象，从现场振动测试结果分析，可能的原因有：无叶区动静干涉较强，产生较强的动静干涉；叶轮开发时确定的叶片数、导叶数、机组转速这 3 个机组参数的组合，使激振频率与机组某些部件或厂房结构的固有频率耦合，导致相位共振的发生，造成机组或厂房的强烈振动。因此，在水泵水力设计阶段需要考虑机组转速、叶片数、导叶数之间的耦合关系，避免机组、厂房出现异常振动。

叶片包角的大小与叶片数及叶片角度有关，用大包角可以形成较长的流道而使水流平稳，但伴随而来会有较大的摩擦损失。小包角一般和较大的叶片角度配合使用的，对形成宽阔的流道有利。

2. 叶轮设计

叶轮是水泵的核心部件，叶片是向液体传递能量的主体，叶片设计的好坏是影响水泵性能的关键因素。叶轮水力设计和优化时应特别关注参数的匹配关系，使叶轮在规定的运行条件下达到综合性能最优，关注的参数包括流道控制尺寸、形状、轴面流道面积变化规律和叶片参数（如叶片的数量、进出口边位置及形状、高低压边安放角及包角)。叶轮空化性能优化设计时主要考虑进口直径、流道形状、叶片进口角及进口冲角等参数。

3. 轴面流道面积变化规律

为使水泵具有良好的能量性能和水力稳定性，需要保证水泵叶轮流场内部水流速度的梯度变化均匀。水泵叶轮内部的水流流动呈现为减速过程，叶轮流道断面从进口至出口呈扩散变化，理想的水泵叶轮轴面流道面积变化规律为从进口到出口为一条单调的光滑曲线，如图 2.5－1 所示。

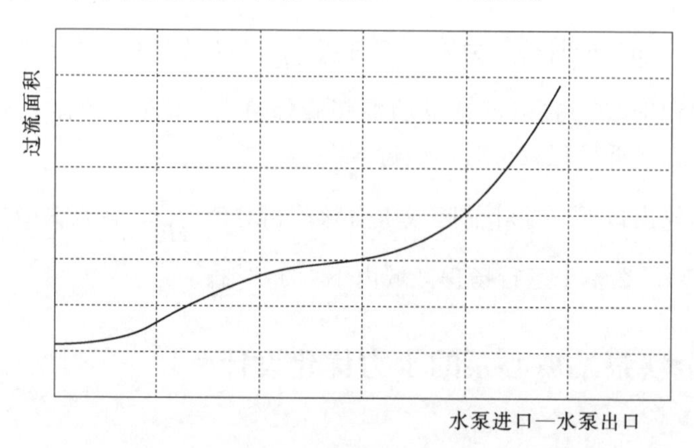

图 2.5－1　水泵叶轮轴面流道面积变化规律

4. 叶片进出口位置选定

水泵叶片进口（低压）边位置的选择对水泵空化性能影响较大。通常，在水泵设计实践中，低压边向吸水口中心方向延伸（图 2.5－2），可以改善水泵的空化性能，但低压边如果延伸过多，叶片进口平均直径必将减小会影响水泵效率，因此应根据具体的装置空化条件来确定。叶片的高压边一般位于圆柱面内，通常做成垂直的，也可做成向后倾斜的。叶片外缘和导叶之间的间隙很小，从叶片出来的水流撞击到导叶上将形成压力振荡，这也是水泵无叶区压力脉动的主要来源。有研究表明，把叶片出口做成倾斜形可以分散水流的撞击，可以在一定程度上降低压力脉动幅值。

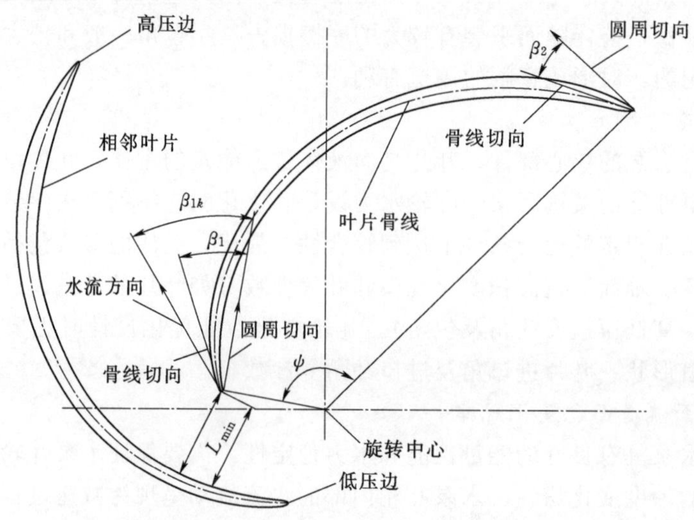

图 2.5－2　叶片进出口角、包角及示意图

5. 叶片进口角的设计

根据水泵设计经验，叶片进水边具有一定量的正冲角对改善水泵的空化特性是有利的。在叶片优化设计时，水流在水泵进水边上冠（后盖板）侧冲角小一些，而在下环（前盖板）侧冲角大一些，这样有助于减小叶片的扭曲、提高水泵的效率。在实际的工程开发中，需要根据不同泵站的实际运行条件，设计时也可以在叶片进水边加等量冲角，或者在上冠侧加大冲角但在下环侧减小冲角。

6. 叶片出口角的设计

水泵叶片出口角对水泵的扬程特性影响很大。如果叶片高压侧角度取的大，则流道较为宽敞，$Q—H$ 曲线将变得平缓；反之，如角度取得小，$Q—H$ 曲线将变得陡。在离心泵水力设计中，为了不使性能曲线产生较大驼峰，普遍采用减小叶轮出口宽度和叶片出口角的方法，改变这两个几何参数的数值，效果比较明显，对改善驼峰有利。

随着出口角的减小（相对于设计角度），水泵高效区范围也在减小且高效区范围偏向小流量区，出口角的增大使水泵效率曲线的高效区范围没有明显增大，其高效区范围开始偏向大流量点。叶片出口角的变化对高比转速离心泵的扬程曲线形状影响最为突出，对效率曲线形状的影响要比对扬程曲线形状的影响更为复杂。

7. 改善空化性能的措施

游超等[5]详细地梳理了离心泵研究理论与工程应用领域的前沿动态和最新成就，全面总结了在科研、设计、制造等方面的实践经验。对于水泵来说，空化首先出现在叶轮进口边附近，因此空化性能主要取决于叶轮进口处的流动状态。由于水泵工况叶片进水边的形状对空化的发生有很大影响，叶片形状上微小的差别可能造成较大的空化特性变化，因此在设计叶轮时都会关注叶片进水边叶型的设计，以取得好的空化性能。

空化性能指标与叶轮的进口面积和相对入流角有着密切的关系。水泵性能参数中，必需空化余量 $NPSH_r$ 是表征水泵的空化特性的参数，叶轮进口直径和几何形状的设计应确保达到 $NPSH_r$ 的要求。

$NPSH_r$ 的基本方程为：

$$NPSH_r=(\lambda_1 C_0^2)/2g+(\lambda W_1^2)/2g \tag{2.5-1}$$

式中：C_0 为叶轮进口绝对速度；W_1 为叶片进口液流相对速度；λ 和 λ_1 为经验损失系数。

根据式（2.5-1）可以看出，$NPSH_r$ 与叶轮进口绝对速度以及叶片进口液流相对速度有关系。影响水泵空化性能的主要因素有两个：一是进口直径大小及流道形状；二是叶片进口翼型的进口角度。因此，确定改善叶轮空化性能的设计原则为：保证叶轮出口特征不变的前提下，改善叶轮进口流道形状、调整叶片进口翼型，增大进口过流面积以减小进口绝对速度 C_0 和叶片进口液流相对速度 W_1。

在保证设计扬程工况点效率达到最高的前提下，改善空化性能的设计采取折中设计的方式，以协调效率和空化性能的相互关系，使叶轮在获得较高效率的同时其 $NPSH_r$ 值尽可能低。

当叶片进口与液流有冲角时，液流会在叶片进口附近的压力面或吸力面上产生分离或涡旋，从而产生气泡、形成空化。一般吸力面上的空泡比较稳定，而压力面上的空泡极不稳定，当来流在有负冲角时，必需空化余量 $NPSH_r$ 会上升，造成吸入性能变坏。因此，将进口冲角设计为正冲角，并适当加大叶片进口头部，可以改善水泵的初生空化性能。

2.5.2　黄金峡泵站水泵开发历程

根据黄金峡泵站水泵的研发要求，笔者团队开展了水泵水力选型以及全通道的优化设计工作。水泵水力设计最关键的部分是叶轮的水力设计，需要首先确定其叶片轴面形状以及主要控制尺寸，然后以叶轮的水力通道为基础进行叶轮前、后连接部件的水力方案设计，主要包括叶轮之前的进水管、叶轮之后的固定导叶以及蜗壳的设计。

水泵水力模型的开发研制中进行了叶轮 7 叶片和 9 叶片设计方案的对比，最终选择 9 叶片作为选定方案，先后开发了 4 个水泵模型叶轮和 1 套模型试验装置，如图 2.5-3 和图 2.5-4 所示，每个水力模型均进行了详细的 CFD 数值分析和模型试验研究。

2.5.3　水泵水力开发计算软件简介

水泵水力开发数值仿真计算采用 ANSYS-CFX 流体计算软件。该软件可以通过计算得到比较准确的过流部件内部的流动情况，不但可以预估水泵性能、用数值计算方法对水泵性能进行初步判别，还能快速了解水泵的水力性能指标、减少开发周期、节省模型试验费用。使用 ANSYS-CFX 软件针对不同的目标参数（如扬程、流量、效率或空化参数）可以得到不同的结果，也可以兼顾多项目标参数达到综合最优的目的。

数值仿真利用三维建模软件 UG 进行水泵实体造型，如图 2.5-5 所示；计算域划分为 3 个主要部分，分别是进水管、叶轮和导叶与蜗壳，如图 2.5-6～图 2.5-8 所示；之后使用 ANSYS-TurboGrid 和 ANSYS-ICEM 软件进行网格划分。进水管、蜗壳部分网格采用四面体非结构化网格，其中引水管计算的域网格单元数约为 150 万个，蜗壳及导叶计算的域网格单元数约为 200 万个。叶轮部分的网格采用六面体结构化网格，网格单元数约为 300 万个。

(a) 1 号叶轮

(b) 2 号叶轮

(c) 3 号叶轮

(d) 4 号叶轮

图 2.5-3 黄金峡泵站开发的水泵模型叶轮

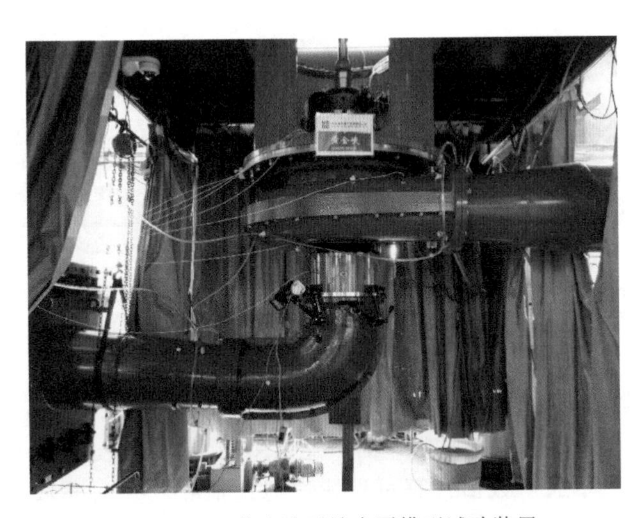

图 2.5-4 黄金峡泵站水泵模型试验装置

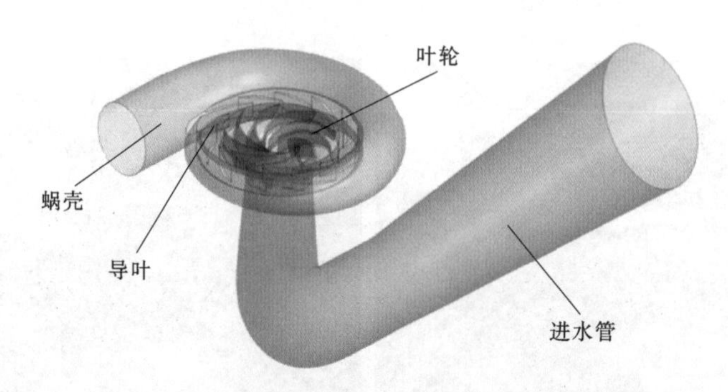

图 2.5-5　黄金峡泵站水泵数值计算域整体造型

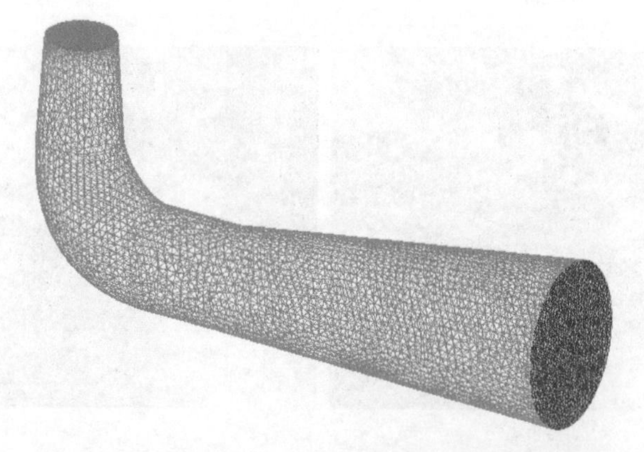

图 2.5-6　黄金峡泵站水泵数值计算进水管网格划分

图 2.5-7　黄金峡泵站水泵数值计算叶轮网格划分

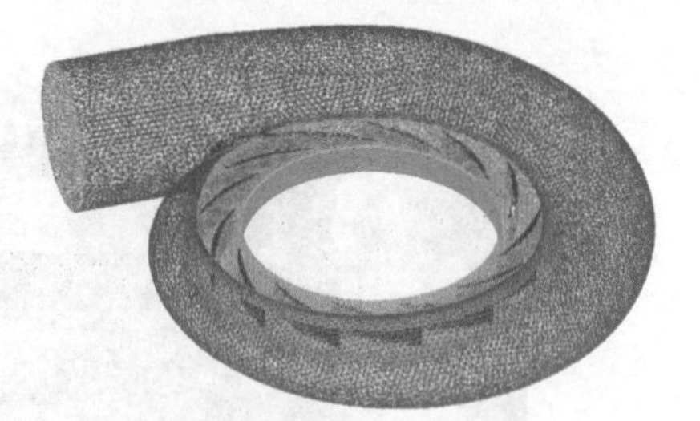

图 2.5-8　黄金峡泵站水泵数值计算蜗壳及固定导叶网格划分

2.5.4　水泵数值计算分析

在优化设计方案的数值计算中时，通常采用水泵单通道和全通道数值计算相结合的方法，单通道数值计算可以快速地预估叶轮几何参数（包括叶轮效率、扬程以及空化性能）的变化对水泵性能的影响；全通道整体计算可以更加准确地预估水泵整体的性能和水泵各个部件之间的匹配关系。

黄金峡泵站水泵设计工况点的比转速 $n_s = 144\text{m}\cdot\text{m}^3/\text{s}$，在离心式水泵中属于中等比转速，通过在水力模型数据库中选择相似比转速的叶轮水力模型进行针对性的水力优化设计，得到的黄金峡泵站水泵模型的基本参数见表 2.5-1。

表 2.5-1　　黄金峡泵站水泵模型的基本参数

叶轮基本参数名称	数值	叶轮基本参数名称	数值
叶片数	9	叶轮高压边直径/mm	512
导叶数	13	叶片平均进口角/(°)	16.5
叶轮低压边直径/mm	307	叶片平均出口角/(°)	16.8

1. 数值计算边界条件设置

引水管进口采用质量流量进口条件，蜗壳出口采用压力出口条件，给定静压为 0Pa。叶轮动域与静域间的交界面（Interface）使用非一致网格连接，采用 stage 界面传递模型进行模拟；叶轮旋转速度为 1000r/min。其他边界如蜗壳、叶轮、引水管壁面均采用无滑移壁面边界条件，所有壁面的近壁面都采用高雷诺数标准壁面对数函数，湍流模型采用 RNG $k-\varepsilon$ 模型，求解控制参数选用 High resolution。

2. 水泵全通道数值计算分析

在 CFD 全通道数值计算中着重分析了水泵运行范围内的工况点，包括最高扬程、设计扬程和最低扬程 3 个工况点，相应运行工况下模型与原型水泵的参数详见表 2.5-2。数值计算中使用模型水泵，模型转速为 1000r/min，CFD 计算后再将性能参数换算到原型水泵参数。

表 2.5-2　　黄金峡泵站水泵数值计算选取的工况点

计算工况	模型流量 $Q/(\text{m}^3/\text{s})$	模型扬程 H/m	原型流量 $Q/(\text{m}^3/\text{s})$	原型扬程 H/m
最高扬程	0.315	39.28	11.5	116.5
设计扬程	0.350	36.58	12.7	108.5
最低扬程	0.380	34.28	13.8	101.7

(1) 最高扬程工况（$H_{max} = 116.5\text{m}$）。最高扬程工况模型水泵全通道 CFD 计算结果如图 2.5-9 所示。

(2) 设计扬程工况（$H_d = 108.5\text{m}$）。设计扬程工况点模型水泵全通道 CFD 计算结果如图 2.5-10 所示。

(3) 最低扬程工况（$H_{min} = 101.7\text{m}$）。最低扬程工况点模型水泵全通道 CFD 计算结果如图 2.5-11 所示。

从典型扬程工况的数值计算结果分析，水泵在整个运行范围均位于高效率区。从叶轮叶片正面和背面的压力分布［图 2.5-9～图 2.5-11 的图 (a)、(b)］

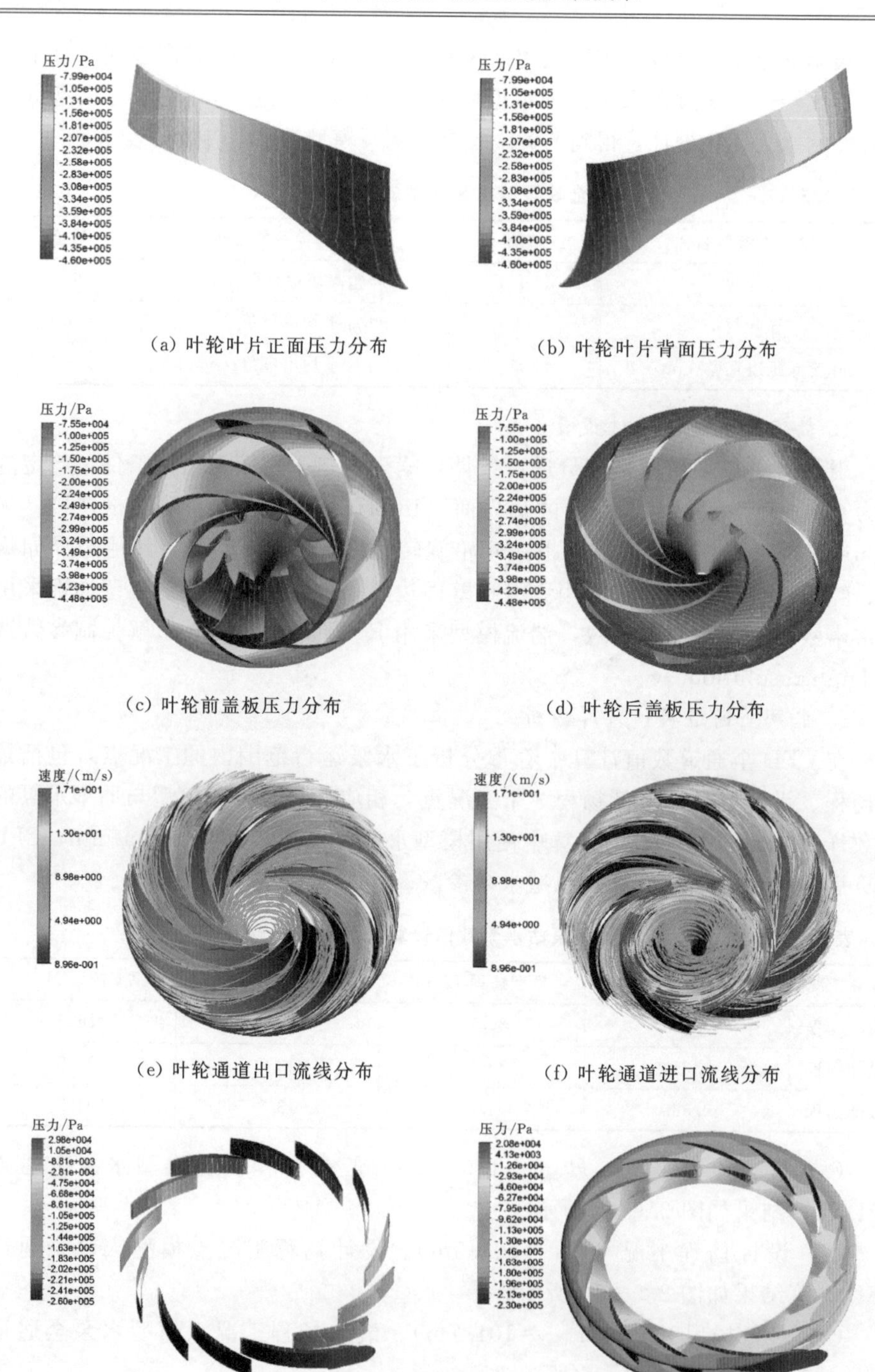

(a) 叶轮叶片正面压力分布　(b) 叶轮叶片背面压力分布

(c) 叶轮前盖板压力分布　(d) 叶轮后盖板压力分布

(e) 叶轮通道出口流线分布　(f) 叶轮通道进口流线分布

(g) 导叶叶片压力分布　(h) 导叶环板通道压力分布

图2.5-9(一)　黄金峡泵站模型水泵最高扬程工况CFD水力计算分析

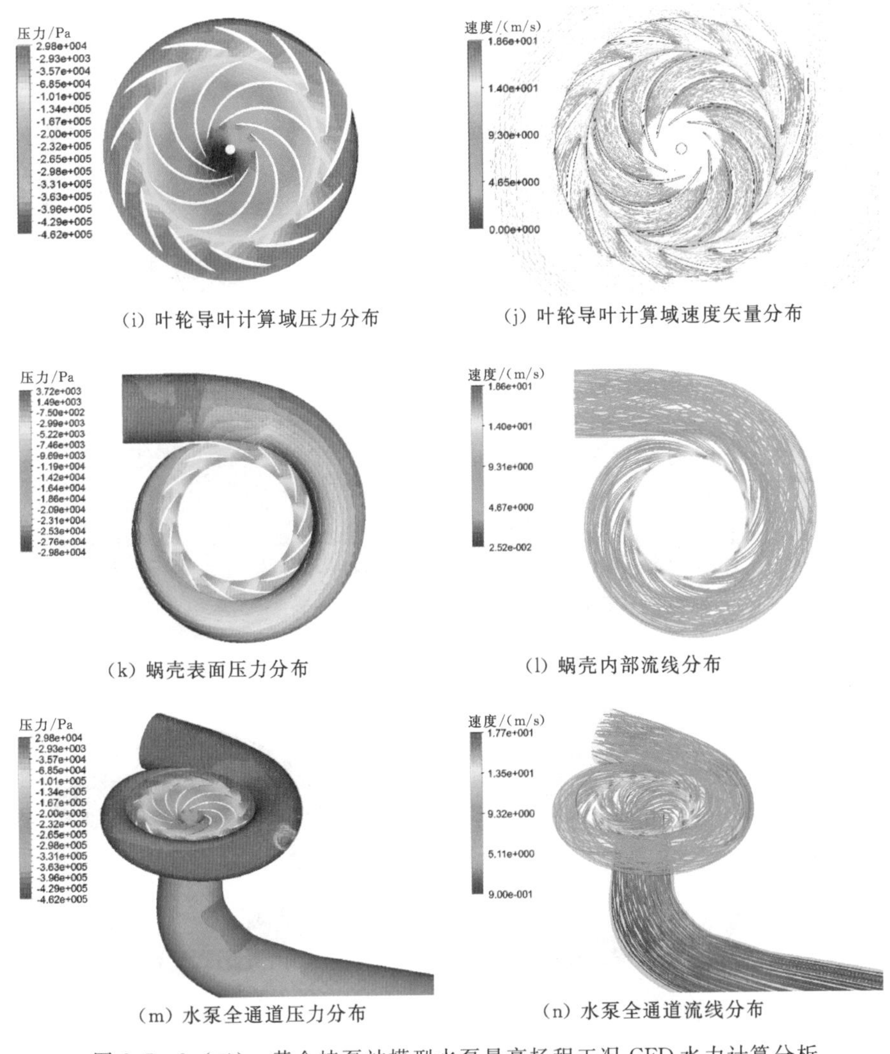

(i) 叶轮导叶计算域压力分布　　(j) 叶轮导叶计算域速度矢量分布

(k) 蜗壳表面压力分布　　(l) 蜗壳内部流线分布

(m) 水泵全通道压力分布　　(n) 水泵全通道流线分布

图 2.5-9（二）　黄金峡泵站模型水泵最高扬程工况 CFD 水力计算分析

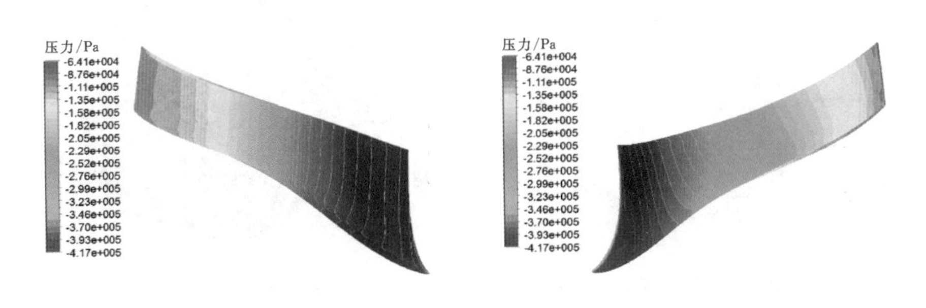

(a) 叶轮叶片正面压力分布　　(b) 叶轮叶片背面压力分布

图 2.5-10（一）　黄金峡泵站模型水泵设计扬程工况 CFD 水力计算分析

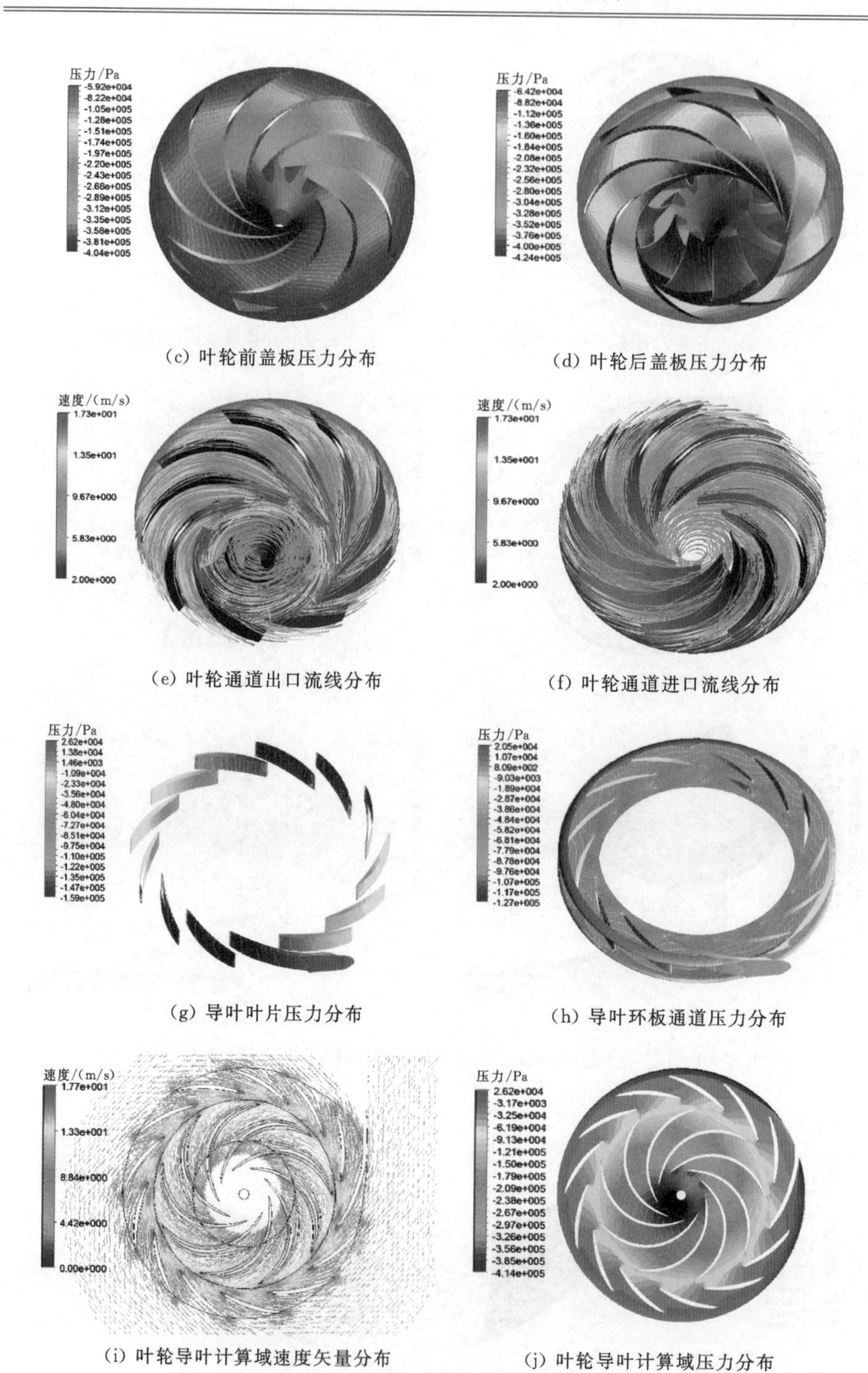

(c) 叶轮前盖板压力分布　　(d) 叶轮后盖板压力分布

(e) 叶轮通道出口流线分布　　(f) 叶轮通道进口流线分布

(g) 导叶叶片压力分布　　(h) 导叶环板通道压力分布

(i) 叶轮导叶计算域速度矢量分布　　(j) 叶轮导叶计算域压力分布

图 2.5-10（二）　黄金峡泵站模型水泵设计扬程工况 CFD 水力计算分析

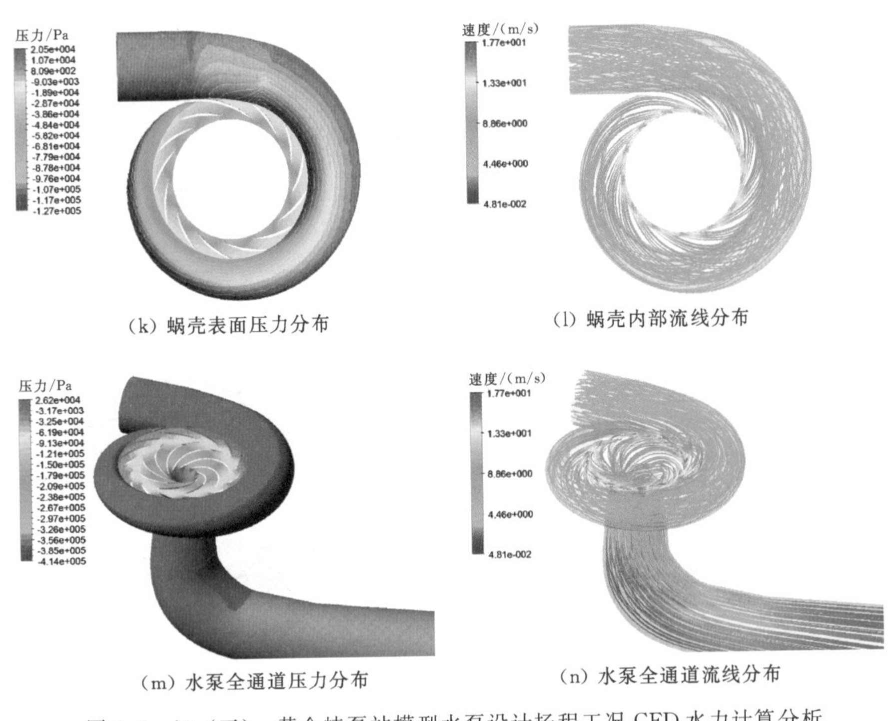

(k) 蜗壳表面压力分布　　(l) 蜗壳内部流线分布

(m) 水泵全通道压力分布　　(n) 水泵全通道流线分布

图 2.5-10（三）　黄金峡泵站模型水泵设计扬程工况 CFD 水力计算分析

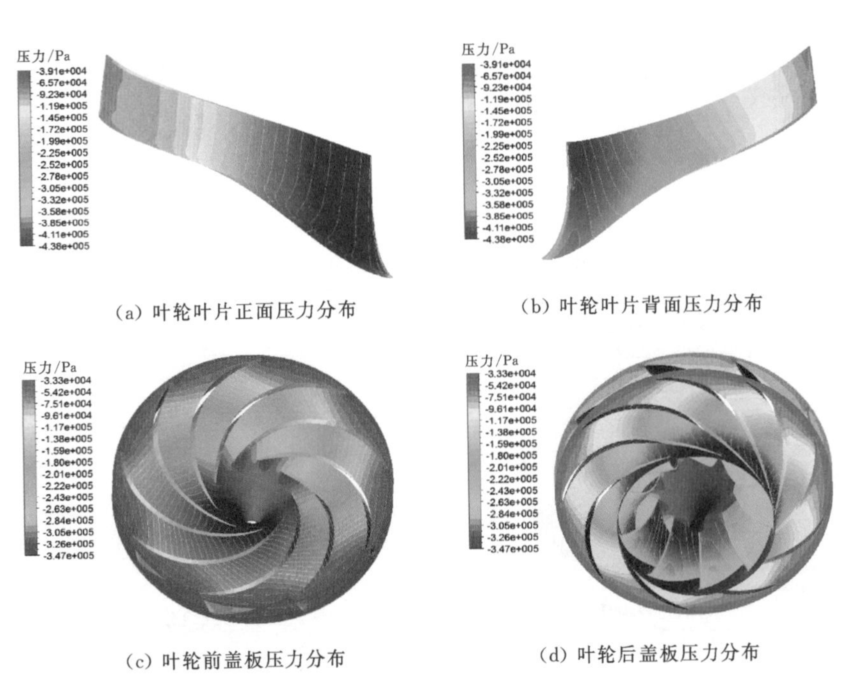

(a) 叶轮叶片正面压力分布　　(b) 叶轮叶片背面压力分布

(c) 叶轮前盖板压力分布　　(d) 叶轮后盖板压力分布

图 2.5-11（一）　黄金峡泵站模型水泵最低扬程工况 CFD 水力计算分析

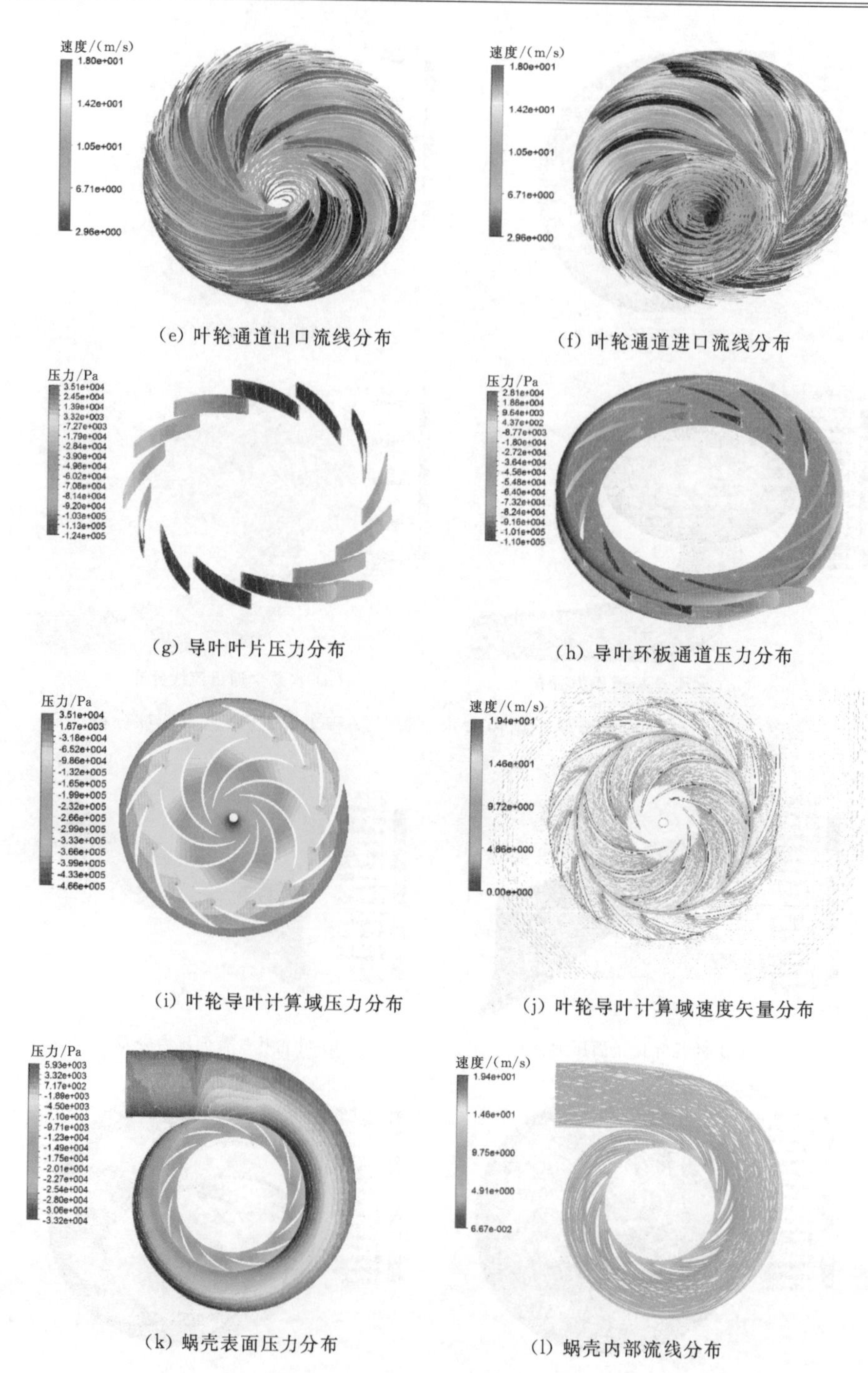

(e) 叶轮通道出口流线分布

(f) 叶轮通道进口流线分布

(g) 导叶叶片压力分布

(h) 导叶环板通道压力分布

(i) 叶轮导叶计算域压力分布

(j) 叶轮导叶计算域速度矢量分布

(k) 蜗壳表面压力分布

(l) 蜗壳内部流线分布

图 2.5-11（二）　黄金峡泵站模型水泵最低扬程工况 CFD 水力计算分析

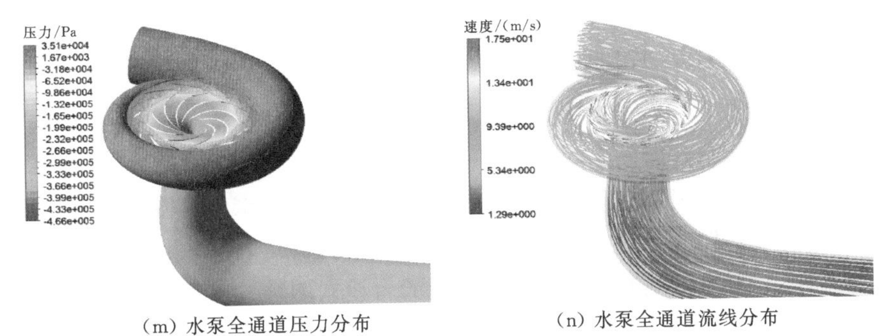

(m) 水泵全通道压力分布　　(n) 水泵全通道流线分布

图 2.5-11（三） 黄金峡泵站模型水泵最低扬程工况 CFD 水力计算分析

可以看到叶片表面压力从进口到出口均匀增大，没有出现明显的局部压力突变，叶片正、背面的压力分布成均匀的梯度变化，说明叶片上各处能量转化均匀，叶片受力均匀，叶轮内部流动状态良好。

从叶轮内部流线分布的计算结果［图 2.5-9～图 2.5-11 的（e）、（f）］可以看到叶轮内部流线分布均匀，没有出现局部的脱流和旋涡流动，流体在叶轮的作用下速度逐渐增大，能量增加。从叶轮出口和导叶进口区域的速度矢量图及压力分布可以看到叶轮与导叶匹配关系良好，无叶区内没有出现流动分离。

导叶和蜗壳通道压力和流线的分布，可以看到蜗壳压力从内侧到外侧，从进口到出口逐渐增大，水流速度逐渐减小，蜗壳内部流动较为平顺。

黄金峡泵站模型水泵在典型扬程工况数值计算的主要结果见表 2.5-3 和表 2.5-4。

表 2.5-3　黄金峡泵站模型水泵各过流部件水头损失 CFD 计算结果

计算工况	蜗壳导叶损失/m	蜗壳导叶相对损失/%	进水管损失/m	进水管相对损失/%
最高扬程	1.210	3.08	0.010	0.025
设计扬程	0.975	2.66	0.012	0.033
最低扬程	0.955	2.78	0.015	0.043

表 2.5-4　黄金峡泵站水泵主要性能参数 CFD 计算结果

计算工况	$Q_m/(m^3/s)$	H_m/m	$NPSH_{CFD}/m$	$\eta_m/\%$
最高扬程	11.5	116.5	28.8	94.4
设计扬程	12.7	108.5	17.5	94.8
最低扬程	13.8	101.7	36.2	94.2

2.6　黄金峡泵站水泵模型试验

2.6.1　模型试验台简介

黄金峡泵站水泵模型在哈尔滨大电机研究所高水头水力机械模型试验Ⅱ台上完成了清水条件下的全部试验。高水头水力机械模型试验Ⅱ台是一座高参数、高精度的水力机械通用试验装置，试验台设有两个试验工位，可以对贯流式、轴流式、混流式水轮机及各类水泵进行模型试验。试验台可按IEC60193、IEC60609等有关规程的规定进行效率、空化及飞逸转速等项目的验收试验，也可在试验台上进行压力脉动、力特性、四象限、补气及模型叶轮叶片应力测量等项目的试验和科研工作。

1. 高水头水力机械模型试验Ⅱ台主要参数

最高试验水头（扬程）：150mH_2O

最大流量：2.0m^3/s

叶轮直径：300～500mm

测功机功率：500kW

测功机转速：0～2500r/min

供水泵电机功率：600kW×2

流量校正筒容积：120m^3×2

水库容积：750m^3

试验台综合效率误差：≤±0.20%

2. 高水头水力机械模型试验Ⅱ台系统构成

高水头水力机械模型试验Ⅱ台是一个封闭式循环系统，如图2.6-1和图2.6-2所示。

试验系统可双向运行。系统中各主要组成部件及功能如下：

(1) 液流切换器。流量率定时用以切换水流，一个行程的动作时间为0.03s，由压缩空气驱动接力器使其动作。

(2) 压力水箱。高压水箱为卧式安装、直径为ϕ2500mm的柱式结构，是模型机组的高压侧。

(3) 推力平衡器。由不锈钢制造。试验时可对机组受到的水平推力进行自动平衡，安装时作为活动伸缩节。

(4) 模型装置。试验用的水力机械模型装置。

(5) 测功电机。型号为ZC49.3/34-4的直流测功机，功率为500kW。试验时可按电动机或发电机方式运行。最高转速为2500r/min。

图 2.6-1 哈尔滨大电机研究所高水头水力机械模型试验Ⅱ台实景图

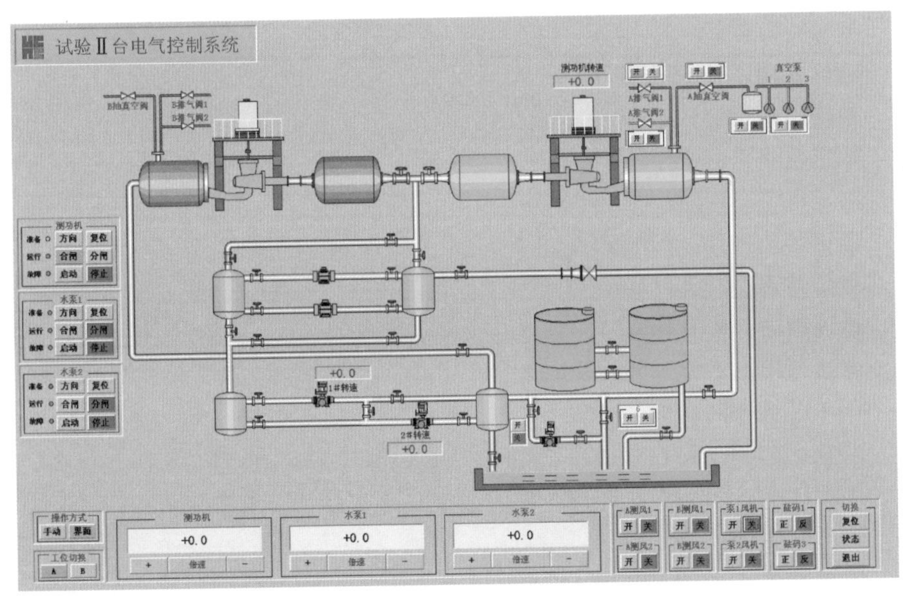

图 2.6-2 哈尔滨大电机研究所高水头水力机械模型试验Ⅱ台系统图

(6) 尾水箱。为内径 ϕ3500mm 柱形罐，卧式安装，为模型机组的低压侧。

(7) 油压装置。8 台 JG80/10 静压供油装置，其中 2 台备用。供油压力 3.0MPa，供油量为 12.0L/min 及 16.0L/min。

(8) 真空罐。形成真空压力的装置。

(9) 真空泵。选用 3 台型号为 VC300 的旋片式真空泵。

(10) 供水泵。选用 2 台 24SA-10 双吸式离心泵。两台供水泵可根据试验要求，按串联、并联及单泵的方式运行。

（11）电动阀门。采用公称直径为 $DN300$、$DN500$ 的对夹式蝴蝶阀，用以切换系统各管道，以满足试验台各种运行方式的要求。

（12）电磁流量计。电磁流量计有 ϕ300mm 和 ϕ500mm 两种，分别率定大小流量。电磁流量计可通过管路、阀门切换，流量计在任何工况下使用都能保证单向运行。流量计选用德国 ABB 公司生产制造，型号为 PROMAG33，其精度为±0.15%，可双向测量，输入量程为 0～2m^3/s。

（13）流量校正筒。校正筒共 2 个，筒体直径为 4.5m、高 7.0m，有效容积合计为 120m^3。校正筒内壁作防锈处理。

（14）水库。系统循环水由水库供给，水库容量为 750m^3。

3. 试验台电气传动控制系统主要参数

（1）测功机。

型号：ZC49.3/34-4

轴输入功率：570kW

轴输出功率：500kW

额定电压：660V

额定电流：810A

额定转速：1300r/min

最高转速：2500r/min

稳速精度：±1r/min

调速范围：100～2500r/min

（2）供水泵电动机。

型号：Z450-3

额定功率：600kW

额定电压：660V

额定电流：975A

额定转速：970r/min

稳速精度：±1r/min

调速范围：100～970r/min

4. 试验台电气传动控制系统

在试验台中，两台供水泵电机及测功机，均采用无级变速的直流电机。测功电机选择了 ZC49 系列、定子悬浮立式结构，Ⅰ号供水泵电机和Ⅱ号供水泵电机选择了 Z450 系列产品。测功机、水泵电机的电枢和励磁回路均采用晶闸管变流装置供电，由变流直流传动装置来完成测功电机、水泵电机的转速控制。

调速系统采用ABB公司生产的DCS500系列产品；具有高性能的转速和转矩控制功能，能满足快速响应和控制精度的要求；具有电枢电流和磁场电流控制环节的自动调谐功能；具有完善的过流、过压、故障接地等自诊断功能。

5. 集中控制与显示操作系统

在集中控制系统中，变流调速装置主要完成两个水泵电机和测功机的速度调节控制，是高水头水力试验台的重要前端控制执行部件。系统在操作上有两种方式，即手动方式和计算机方式。系统运行时，工控机与PLC进行实时通信，在WINCC软件支持下，对试验台运行情况进行动态监测。在整个操作控制中，PLC作为整个控制系统的控制核心，控制整个系统的运行状态，同时PLC还将有关数据和诊断信息送给它的上位机IPC，IPC又通过WINCC软件提供各种可视界面、信息。

6. 试验台参数测量设备及校准方法

（1）流量。流量是试验台最重要参数之一，它的测量及校准的准确性直接影响到试验台的综合精度。采用电磁流量计来测量双向流量。电磁流量计参数如下：

型号：PROMAG33－DN500，PROMAG33－DN300

量程：0～2m^3/s和0～0.8m^3/s

精度：±0.15%

制造厂家：美国Rosemount公司

校准设备：自制校准筒，可单罐校准或双罐校准

校准筒单罐尺寸：直径4.5m，高7.0m

校准桶精度：±0.05%

校准方法：采用容积法进行校准。标定曲线的斜率和截距根据流量计电压值和标准流量值拟合得到。标准流量Q_s按下面公式计算：

$$Q_s=\frac{(H_2-H_1)k}{T} \tag{2.6-1}$$

式中：H_1为标定罐的初始液位；H_2为标定罐的终止液位；T为标定罐从初始液位到终止液位的注水时间；k为标定罐的分度值，由检定证书提供。

流量计的本地误差E_{rr}按以下公式计算：

$$E_{rr}=\frac{Q_m-Q_s}{Q_s}\times100\% \tag{2.6-2}$$

式中：Q_m为流量计的测量值，根据拟合曲线的斜率和截距计算得到。

（2）水头。

1）水头采用差压传感器进行测量。传感器参数如下：

型号：3051CD4A22A1A

量程：0～0.8MPa

精度：±0.075%

制造厂家：美国 Rosemount 公司

校准设备：智能数字压力校验仪

2）校准设备。其参数如下：

型号：CST2003

量程：0～1MPa

精度：0.02%

制造厂家：北京康斯特科技有限责任公司

3）校准方法。

传感器和智能数字压力校验仪与气泵相连，由气泵提供不同压力。智能数字压力校验仪的读数为标准值，对应的传感器电压值与标准值拟合得到该传感器的斜率和截距。差压传感器的本地误差 E_{rr} 按以下公式计算：

$$E_{rr}=\frac{P_m-P_s}{P_s}\times 100\% \tag{2.6-3}$$

式中：P_m 为压力测量值，根据拟合曲线的斜率和截距计算得到；P_s 为压力标准值，由智能数字压力校验仪得到。

（3）力矩。模型力矩测量采用间接测量法，即在长度为 $L=1.210196$m 的支臂上安装负荷传感器，由该传感器测量的力乘以力臂得出力矩。其传感器性能如下：

型号：1110-A0-1K

量程：0～1000lb（1lb=0.4536kg）

精度：±0.02%

生产厂家：美国 Interface 公司

校准设备：标准砝码。其精度为±0.0025%

力矩传感器采用标准砝码进行校准，标准砝码由权威检定机构进行检定。标定的斜率“K”和零点“Offset”由标准砝码与传感器的电压输出拟合得到。

（4）转速。转速用磁电式转速传感器测量。其参数如下：

型号：MP-981

量程：0～20kHz

精度：±1个齿（测速齿数为120个）

生产厂家：日本

转速传感器由权威检测部门检定并提供检定证书。

（5）尾水压力。尾水压力测量采用绝压传感器。其参数如下：

型号：3051TA1A2B21A

量程：0～200kPa

精度：±0.075%

生产厂家：美国 Rosemount 公司

校准设备：智能数字压力校验仪

校准方法：尾水传感器的标定方法与水头传感器相同，但标定范围不同。由于尾水传感器是绝压传感器，因此要考虑大气压的影响。

(6) 温度。温度（水温、气温）采用铂电阻温度传感器测量。水温测点布置在压力管道，气温测点放在试验层。两种温度都可在控制室读出，从而根据水温修正水的密度。其性能如下：

量程：－20～100℃

分辨率：±0.1℃

温度传感器由权威检测部门检定并提供检定证书。

(7) 压力脉动。压力脉动的测量采用动态压力传感器进行测量。其性能如下：

型号：112A22

灵敏度：15mV/kPa

分辨率：0.001Psi

截止频率：250kHz

生产厂家：美国 PCB 公司

测量压力脉动的动态压力传感器采用美国 PCB 公司生产的 903B02 型动态压力校验仪进行率定。

2.6.2　水泵模型试验测点布置

黄金峡泵站水泵模型试验测点的布置如图 2.6－3 所示。

2.6.3　黄金峡泵站水泵模型试验结果

1. 能量试验

(1) 最优点效率。模型水泵最高效率及换算至原型水泵的最高效率见表 2.6－1。

表 2.6－1　　黄金峡泵站水泵最高效率试验结果

参数	模型最优效率 η_{mopt} /%	模型扬程 H_m/m	模型流量 Q_m /(m³/s)	模型转速 n_m /(r/min)	原型最优效率 η_{popt} /%	原型扬程 H_p/m	原型流量 Q_p /(m³/s)	原型转速 n_r /(r/min)
试验值	92.46	37.93	0.3480	1000.13	93.46	110.60	12.29	375

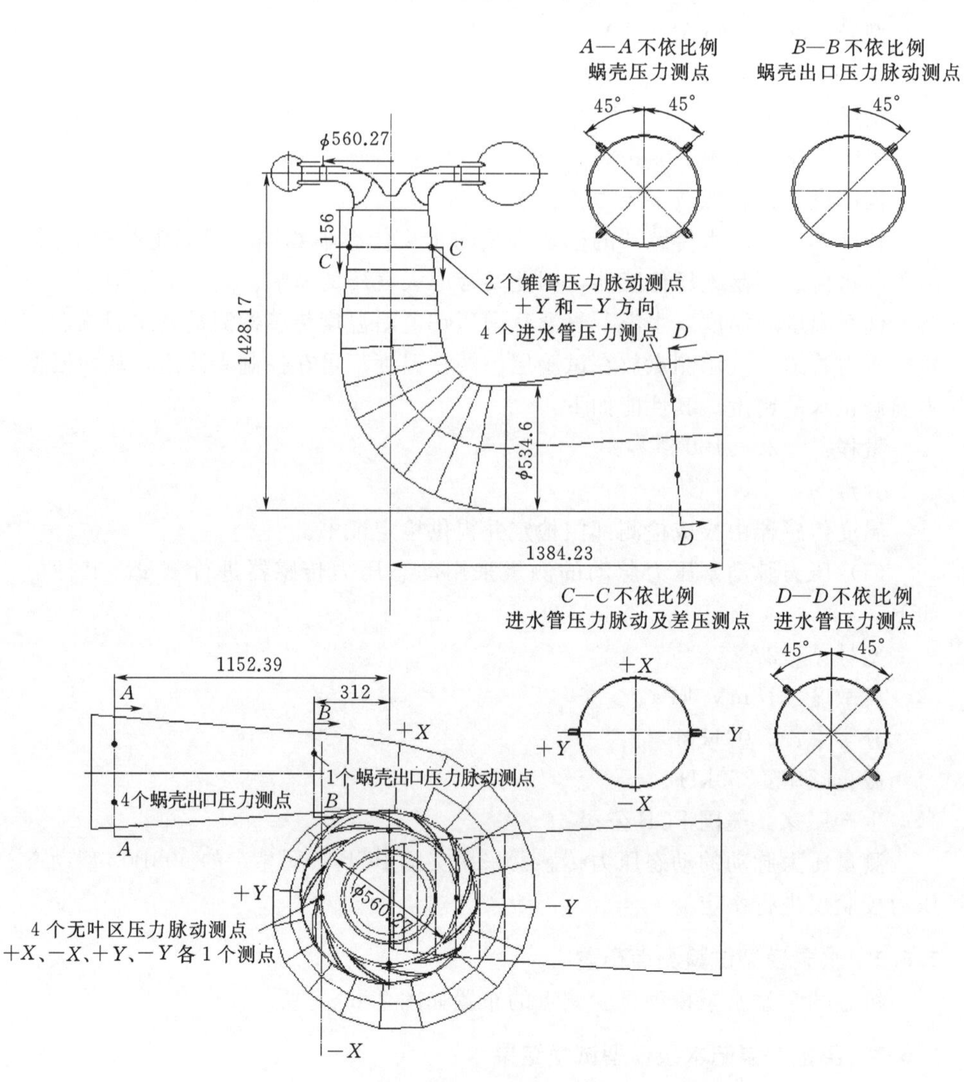

图2.6-3　黄金峡泵站水泵模型试验测点布置图

（2）加权平均效率。电网频率为50Hz时，水泵在各加权平均效率计算扬程下的试验结果见表2.6-2。根据给定的公式和加权因子计算，模型水泵的加权平均效率为92.18%，原型水泵的加权平均效率为93.18%。

表2.6-2　　黄金峡泵站水泵加权平均效率计算扬程下试验结果

水泵扬程/m	101.7	104.5	106.5	108.5	110.0	116.5
加权因子	10	31	38	14	3	4
模型扬程/m	34.90	35.86	36.52	37.26	37.73	39.92

续表

水泵扬程/m	101.7	104.5	106.5	108.5	110.0	116.5
模型流量/(m^3/s)	0.3868	0.3745	0.3658	0.3570	0.3504	0.3214
模型效率/%	91.74	92.08	92.25	92.39	92.44	92.37
原型效率/%	92.74	93.08	93.25	93.39	93.44	93.37
原型扬程/%	101.73	104.57	106.53	108.58	110.01	116.51
原型流量/(m^3/s)	13.66	13.23	12.93	12.61	12.38	11.36
原型输入功率/MW	14.66	14.54	14.45	14.34	14.26	13.87

(3) 设计点效率和流量。电网为50Hz时，水泵在设计扬程108.5m下流量和效率试验结果见表2.6-3。

表2.6-3　　黄金峡泵站水泵设计扬程工况试验结果

模型扬程 H_m/m	模型流量 Q_m/(m^3/s)	模型效率 η_m/%	原型扬程 H_p/m	原型流量 Q_p/(m^3/s)	原型效率 η_p/%
37.26	0.3570	92.39	108.58	12.61	93.39

(4) 最小流量。在额定转速下，水泵最高扬程下的流量试验结果见表2.6-4。

表2.6-4　　黄金峡泵站水泵最小流量试验结果

模型扬程 H_m/m	模型流量 Q_m/(m^3/s)	原型扬程 H_p/m	原型流量 Q_p/(m^3/s)
39.92	0.3214	116.51	11.36

(5) 最大入力。电网为50Hz时，在规定的运行扬程范围内，水泵最大入力试验结果见表2.6-5。

表2.6-5　　黄金峡泵站水泵最大入力试验结果

电网频率 f/Hz	原型流量 Q_p/(m^3/s)	原型扬程 H_p/m	模型效率 η_m/%	原型效率 η_p/%	原型入力 P_p/MW
50	13.66	101.73	91.74	92.74	14.66

根据水泵模型试验结果换算取得的水泵原型特性曲线如图2.6-4～图2.6-6所示。

从能量试验结果可以看出：

(1) 水泵模型最优效率为92.46%，显然满足开发目标的不低于90.5%最高效率要求；换算至原型水泵最高效率为93.46%，明显高于开发目标不低于92.0%的最高效率要求。

(2) 水泵模型加权平均效率为92.18%；换算至原型效率后，原型水泵的加权平均效率为93.18%，明显满足开发目标的原型水泵加权平均效率不低于91%的要求。

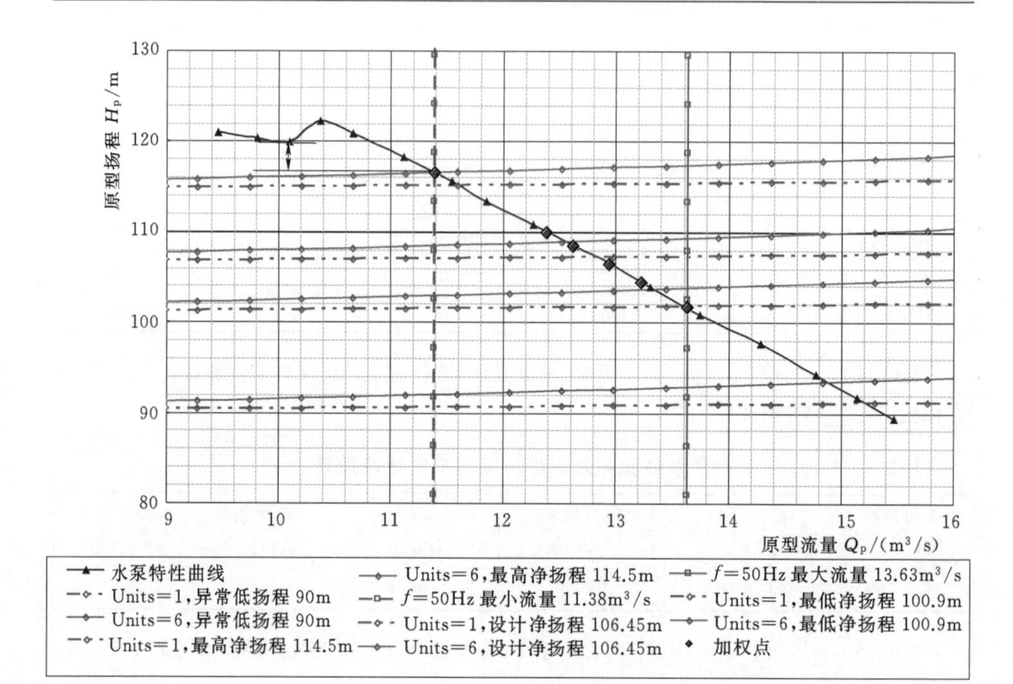

图 2.6-4　黄金峡泵站水泵原型扬程-流量特性曲线

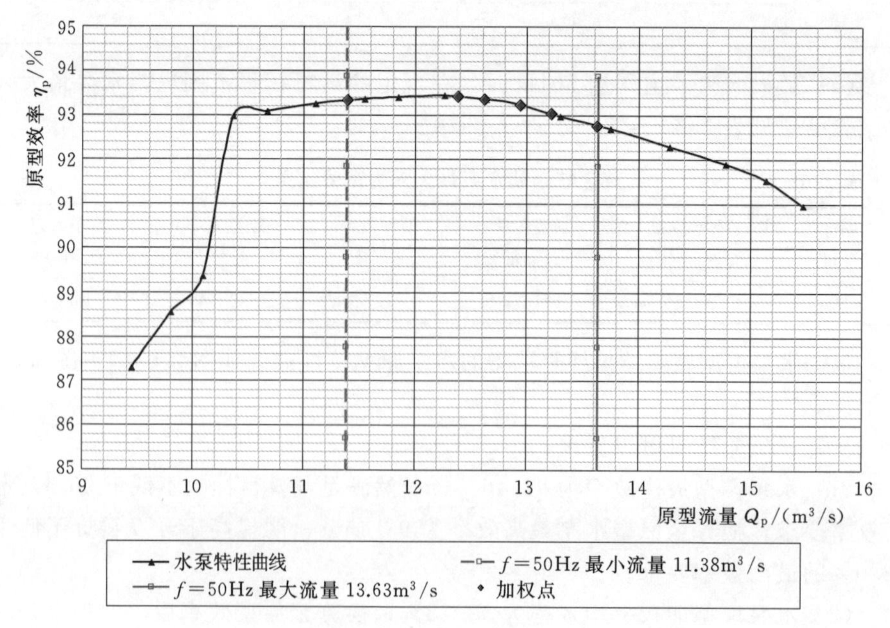

图 2.6-5　黄金峡泵站水泵原型扬程-效率特性曲线

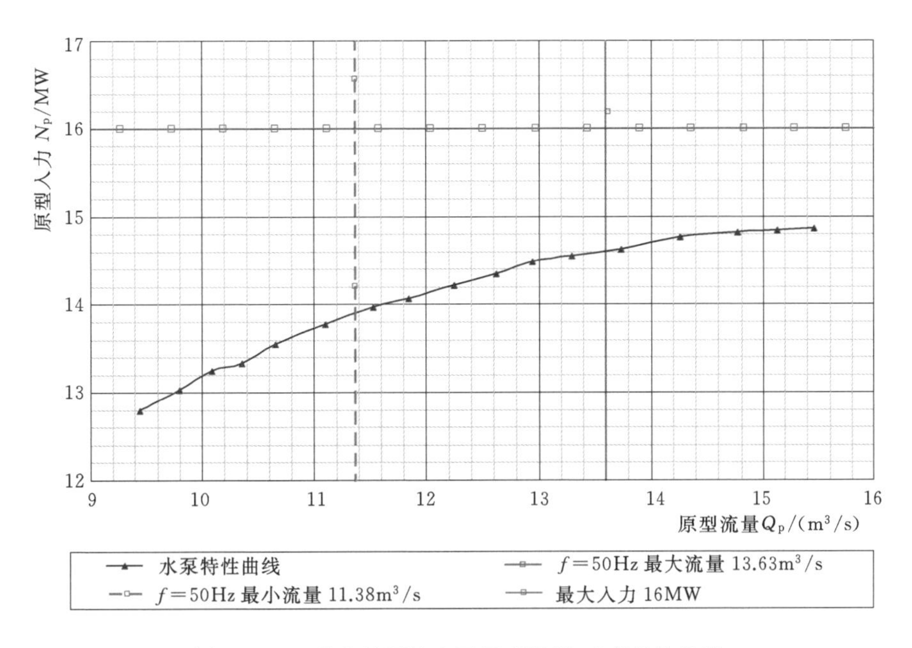

图 2.6-6　黄金峡泵站水泵原型扬程-功率特性曲线

(3) 水泵在设计扬程下的模型效率为 92.39%，换算至原型水泵效率为 93.39%，满足开发目标的设计扬程下原型水泵效率不低于 91.5%的要求；设计扬程下原型水泵流量为 12.61m³/s，满足不小于 11.9m³/s 的流量目标要求。

(4) 在电网频率为 50Hz 时，水泵驼峰裕度为 3.03%。

(5) 在额定转速下，最大扬程 116.5m 时的流量为 11.36 m³/s，满足不小于 9.9m³/s 的目标要求。

(6) 在规定的运行扬程范围内，水泵在额定转速下运行时最大轴功率为 14.66MW，满足不大于 16MW 的目标要求。

2. 空化试验

水泵空化试验在规定的扬程、频率下进行，对特征扬程工况点的初生空化 $NPSH_i$ 和临界空化 $NPSH_{1.0\%}$ 进行了观测，试验结果如图 2.6-7 所示。为便于对比，图 2.6-7 标出了泵站装置空化余量 $NPSH_p$。从图 2.6-7 可以看出，在规定的最高、最低扬程范围内，黄金峡泵站水泵的初生空化安全系数、临界空化安全系数均超过 2.0，显然满足开发预定的分别不小于 1.2、1.6 的目标要求。

3. 压力脉动试验

压力脉动测量在水泵工况全部运行范围内及装置空化余量下进行。压力脉动试验数据采集系统采样频率达到每通道 2kHz 以上，其 A/D 转换器分辨率

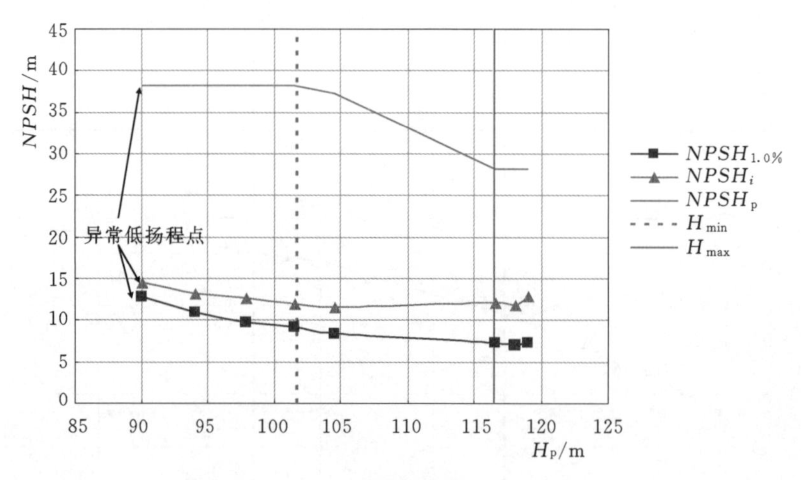

图 2.6-7 黄金峡泵站水泵空化试验结果

不小于16位。压力脉动传感器的频率响应范围能覆盖被测信号的全部有用频率，且不低于5kHz；分辨率小于0.1kPa（0.01mH_2O）。试验测量并记录压力脉动双幅值和频率，利用计算机对采集的数据进行快速傅里叶变换（FFT）处理分析，以确定压力脉动的主频及其振幅。

黄金峡泵站水泵压力脉动相对值试验结果见表2.6-6。可以看出，黄金峡泵站水泵压力脉动相对值试验结果满足目标要求。

表2.6-6　　黄金峡泵站水泵压力脉动试验结果

测点位置	运行工况	$\Delta H/H$ 试验值/%	$\Delta H/H$ 目标值/%
进水管	最高扬程	0.7	≤5
	设计扬程	0.7	≤3
	最低扬程	0.8	≤5
叶轮后导叶前	最优工况附近	3.8	≤5
	整个运行区	4.4	≤8
蜗壳出口	整个运行区	2.0	—

4. 全特性试验

水泵四象限特性测试包括水泵工况、水泵制动工况、水轮机工况及水轮机制动工况、反水泵工况等，以显示四象限中流量、转速、扬程和力矩相对值间的关系。黄金峡泵站水泵全特性试验结果如图2.6-8和图2.6-9所示。

5. 飞逸转速试验

水泵模型倒转飞逸试验结果以及按特征扬程换算至原型水泵的飞逸转速见表2.6-7。

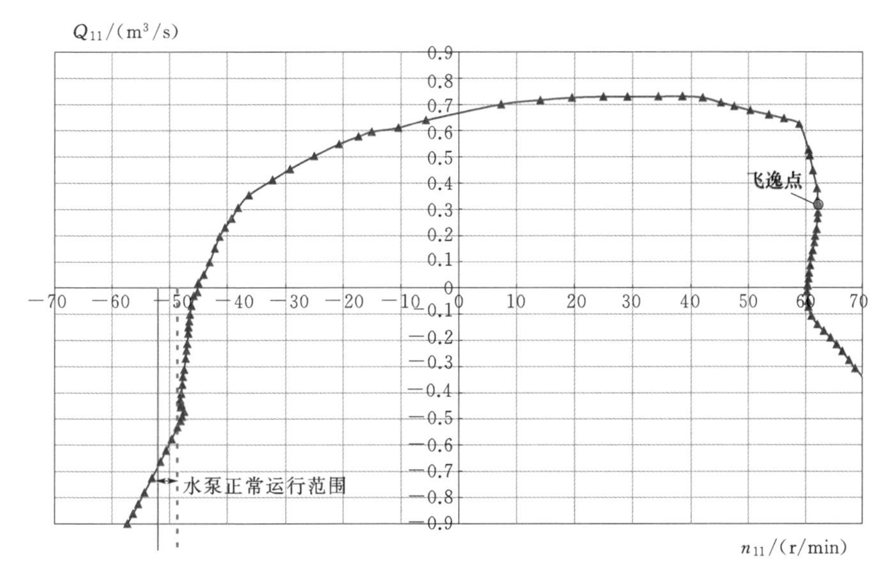

图 2.6-8 黄金峡泵站水泵模型四象限试验曲线（$Q_{11}—n_{11}$）

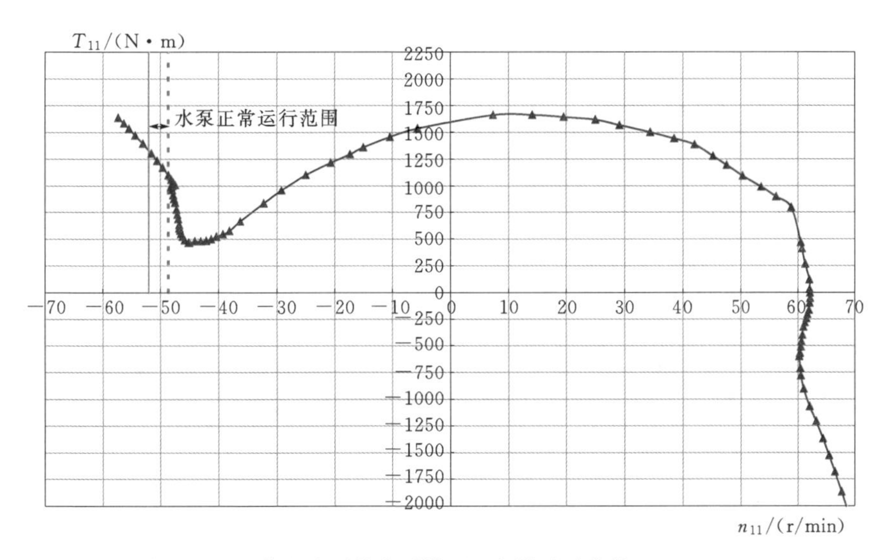

图 2.6-9 黄金峡泵站水泵模型四象限试验曲线（$T_{11}—n_{11}$）

表 2.6-7 黄金峡泵站水泵反向飞逸转速试验结果

H_m/m	n_{11R}/(r/min)	Q_{11R}/(m³/s)	H_p/m	n_R/(r/min)
10.60	62.187	0.3170	116.5	480.39
			108.5	463.60
			101.7	448.84

6. 零流量试验

水泵零流量特性模型试验在 $n_m=700\text{r/min}$、水泵出水阀门关闭、出水流量接近为零的状态下进行，测量水泵的轴功率和出口的压力以及压力脉动。水泵零流量试验结果见表 2.6-8 和表 2.6-9。表 2.6-9 中 f_n 为模型水泵转动频率，f_1 为测得的压力脉动频率。

表 2.6-8　　黄金峡泵站水泵零流量工况扬程和轴功率试验结果

H_m/m	Q_m/(m³/s)	n_m/(r/min)	P_m/kW	H_p/m	P_p/MW
22.77	0.0007	699.71	22.97	135.67	6.92

表 2.6-9　　黄金峡泵站水泵零流量工况压力脉动试验结果

测点位置	f_n/Hz	$\Delta H/H_m$/%	f_1/Hz	f_1/f_n
蜗壳出口	11.66	4.61	104.98	9.00
叶轮后导叶前+Y	11.66	30.97	104.98	9.00
叶轮后导叶前−Y	11.66	36.72	104.98	9.00
叶轮后导叶前+X	11.66	35.66	104.98	9.00
叶轮后导叶前−X	11.66	33.10	104.86	8.99
进水管+Y	11.66	6.73	3.05	0.26
进水管−Y	11.66	6.92	3.05	0.26

2.6.4　水泵模型试验与 CFD 数值分析成果对比

黄金峡泵站模型水泵主要性能的 CFD 分析结果与试验结果对比如图 2.6-10～图 2.6-12 所示。可以看出，CFD 分析的最高效率比试验值高出 1.7%，效率、扬程、轴功率与流量关系曲线相似度较高，表明采用的 CFD 数值分析结果精度较高。

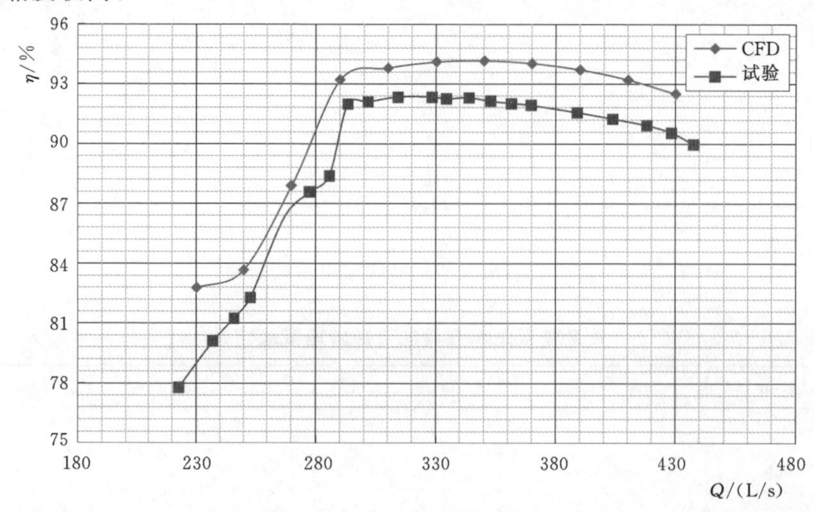

图 2.6-10　黄金峡泵站模型水泵效率—流量特性 CFD 分析与试验结果对比

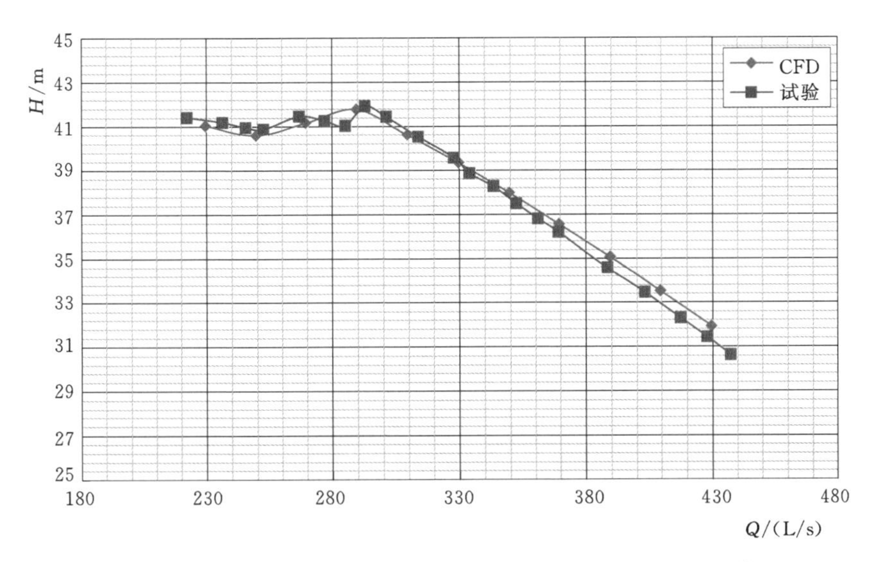

图 2.6-11　黄金峡泵站模型水泵扬程—流量特性 CFD 分析与试验结果对比

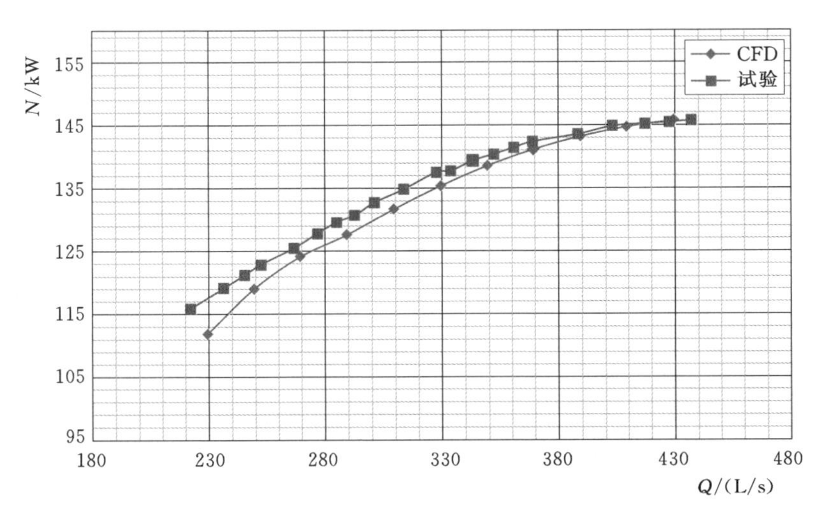

图 2.6-12　黄金峡泵站模型水泵功率—流量特性 CFD 分析与试验结果对比

2.7　黄金峡泵站水泵结构设计

2.7.1　水泵结构总体设计

黄金峡泵站采用立轴、单吸、单级离心式水泵，俯视逆时针方向旋转。水泵进水管、蜗壳座环均埋在混凝土中。水泵采用上拆结构，水泵主轴上端与电动机轴连接，水泵的可拆卸部件均可经由电动机坑拆装。水泵机坑内设进人廊道，机坑上部可满足泵芯包（包括叶轮、泵轴、导轴承和主轴密封等部件）的整体拆装要求。

黄金峡泵站水泵总体结构如图 2.7-1 所示，主要参数见表 2.7-1。

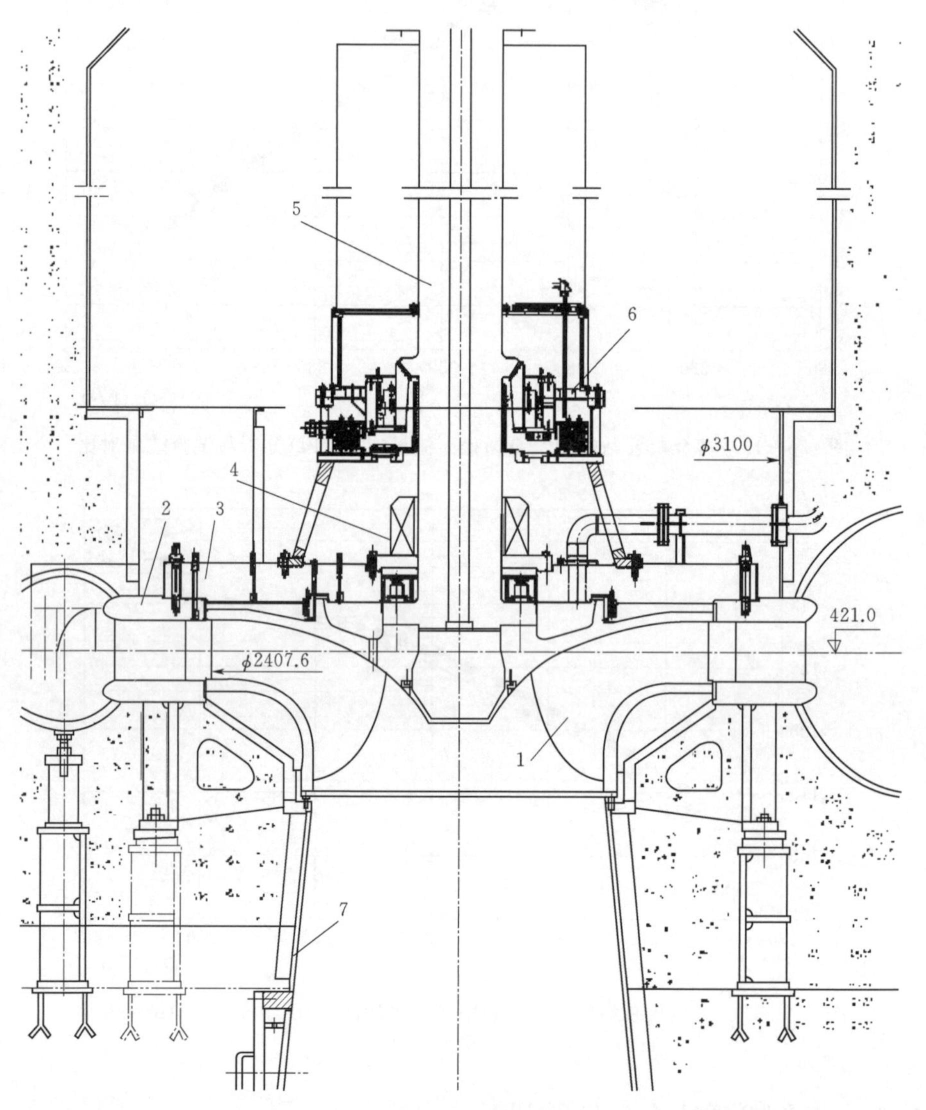

图 2.7-1　黄金峡泵站水泵总装配图（单位：高程为 m，其余为 mm）

1—叶轮；2—蜗壳座环；3—顶盖；4—主轴密封；5—主轴；6—水泵导轴承；7—进水管

2.7.2　水泵结构设计

1. 叶轮

叶轮为整体铸焊结构，前、后盖板采用抗空蚀、抗腐蚀和具有良好焊接性

表 2.7-1　　黄金峡泵站水泵主要参数表

参　　数	单位	参数值
叶轮进口直径	m	1.397
叶轮出口直径	m	2.4076
设计扬程	m	108.5
设计流量	m^3/s	12.61
额定转速	r/min	375
设计扬程点效率	%	93.39
设计扬程点轴功率	MW	14.34
设计扬程点 $NPSH_{ri}$	m	12.2
最高效率	%	93.46
最大轴功率	MW	14.66
零流量下扬程	m	135.5
零流量下轴功率	MW	7.0
最大倒转飞逸转速	r/min	480.39
水泵安装高程	m	421.0
叶轮最小淹没深度	m	19.0

能的马氏体 04Cr16Ni5Mo 不锈钢材料精炼铸造而成。叶片采用 04Cr16Ni5Mo 不锈钢精炼铸造后进行数控加工而成，叶片数为 9 个。叶轮最大外径为 2450mm，高 910mm，重量 6.3t。

叶轮与水泵主轴采用螺栓连接，摩擦传递扭矩，以满足互换性的要求。当叶轮放置在座环上时，能支撑其自身和主轴的重量。叶轮在车间内精加工后进行静平衡试验。

叶轮设有止漏环。为减小轴向水推力，在叶轮上腔止漏环后采取了减压排水措施，在顶盖上设有 4 根减压排水管。

2. 主轴

水泵主轴采用外法兰中空厚壁轴，整体锻造，材料为锻钢 20SiMn。

主轴法兰外径为 720mm，轴身外径为 400mm，长度为 3700mm，重量 4.5t。主轴与轴承瓦配合处设轴领，轴领外径为 620mm。主轴下法兰用螺杆与叶轮连接，上法兰用销螺杆与电动机轴法兰连接，螺杆的预紧均采用液压拉伸器预紧。

3. 顶盖

顶盖为整体平板结构，采用 Q235C 厚钢板制造。最大外圆直径 ϕ2870mm，重约 8t。顶盖用高强度螺栓连接到座环的上法兰，在工地调整合格后与座环同钻铰定位销。由于电动机下部机坑直径满足吊装要求，顶盖安装和检修时采用上拆方式。

顶盖过流表面塞焊一定厚度的不锈钢抗磨板，上部设有测量叶轮上腔压力的测孔、测头及接口。顶盖上设有一个可更换的不锈钢固定止漏环，止漏环材质为0Cr13Ni5Mo。固定止漏环在磨损后、导致间隙变大超出允许值时，需进行更换。

水泵机坑里衬内顶盖上部的积水通过埋设的、穿过座环上法兰和蜗壳尾部上方的*DN*150排水管将水自流引至厂房渗漏集水井。

4. 导轴承

水泵导轴承采用分块瓦结构，共8块瓦。轴瓦采用巴氏合金材料，现场安装时不需研刮。水泵导轴承由轴承体、上油箱、轴承支架、冷却器、油箱盖等部件组成。导轴承能承受任何运行工况（包括最大倒转飞逸转速工况）的径向负荷。导轴承单边径向间隙为0.20～0.24mm。轴瓦采用中间支顶位置，满足机组正常运行时正向旋转和事故停机时反向旋转的要求，能在正常运行且在冷却水中断的情况下运行5min。

轴承润滑油采用L-TSA46号汽轮机油，油循环为自循环方式，冷却采用内置式冷却器。轴瓦最高温度不超过65℃，最高油温不超过60℃。每个轴瓦设置1只RTD铂热电阻，用于监测瓦温；在油箱内设置2只RTD热电阻，用于监测油温，信号传至计算机控制系统，当温度达到或超过规定值时及时发出报警信号。在油箱内设置1只浮子信号器，测量轴承油箱内油位，当油位超过最高油位或低于最低油位时，自动发出报警信号。在油槽底部设油混水信号器，当水的含量超过规定值时，自动发出报警信号。

油冷却器的冷却水管采用不锈钢管，冷却水由泵站技术供水系统供给，进口水温不高于25℃，冷却器的额定工作压力为0.8MPa，通过冷却器的压力降不超过0.05MPa。

5. 主轴密封

（1）工作密封。工作密封设置在导轴承下方、主轴穿过顶盖的部位，采用轴向机械密封。工作密封为自补偿型，严密、便于检修和更换；工作密封采用高分子材料，具有耐磨抗腐蚀能力，漏水量小。在主轴轴向或径向运动时，以及停泵过程水泵反转时，密封性能不受影响。

工作密封润滑水为清洁压力水，供水压力为0.6～0.8MPa，由泵站技术供水系统供给。

（2）检修密封。检修密封在泵组停机后主轴静止时投入。检修密封采用橡胶密封，操作压缩空气压力为0.7MPa。当水泵运行时，该密封与主轴间会有一定的间隙，使密封免受磨损；当泵组停机后，给检修密封充入压缩空气，使之环抱主轴，与主轴紧密接触。

6. 蜗壳、座环

出水蜗壳按上部设置弹性层、单独承受最大内水压（含水锤压力）设计，设计压力为2.0MPa；蜗壳采用钢板Q345R焊接制成，钢板厚度留有不小于5mm的磨损腐蚀余量，出口扩散段设有止推环，出口直径为2200mm。座环与基础环为一体结构，蜗壳与座环的焊接全部在厂内进行，运至工地现场后进行水压试验。

座环采用双平板钢板焊接结构，上、下环板采用优质Q345C－Z35抗撕裂钢板。座环不分瓣，有13个固定导叶，固定导叶材料采用0Cr13Ni5Mo。座环环板内环面及基础环过流表面全部塞焊不锈钢钢板。

座环具有足够的强度和刚度，在蜗壳不充水的情况下，座环能承受压在其上的结构件的重量，亦能可靠地承受泵组运行时内部压力所产生的各种应力。座环的设计可以满足叶轮造压后水流能够经过固定导叶平顺流入蜗壳，并防止卡门涡频率与座环固有频率接近而产生共振破坏。座环过流表面打磨光滑，所有焊缝进行超声波探伤检查。为便于浇筑和填实座环下面的混凝土，在座环基础环上设有灌浆孔和排气孔。

座环内侧设有可更换的不锈钢下固定止漏环，与叶轮下止漏环对应，其材质为0Cr13Ni5Mo。下固定止漏环在磨损后、导致间隙变大超出允许值时，须进行更换。座环安装时采用地脚螺栓与混凝土基础相连接，其支撑和调整靠斜楔完成。

蜗壳与出水球阀伸缩节进口侧的连接短管焊接，进人门设置在球阀连接钢管上。蜗壳出口装有测量水泵出口压力的测头。

7. 进水管

进水管为弯肘形，分为肘管段和锥管段。进水管按承压1.6MPa设计，进口直径为3000mm，采用20mm厚的Q235C钢板焊接而成，外部有肋板适当加固。

锥管段设有1个ϕ600mm密封的外开式进人门，进人门下侧设有检修梁孔和验水阀门。

8. 机坑里衬

机坑里衬采用Q235B钢板焊接而成，里衬钢板厚度12mm。机坑里衬外侧用加强筋补强及环形锚钩将其锚固到周围的混凝土中。机坑里衬自座环上环板一直衬至发电机下机架基础底板，对应进人廊道方向设有开口。机坑里衬内径自上而下分别为发电机基础段ϕ3000mm、观察廊道段ϕ3600mm、座环连接段ϕ3100mm；发电机基础段与观察廊道段采用45°锥面过渡。机坑内环形走道满足检查机坑内情况的要求。

9. 辅助部分

为检修时排空蜗壳和进水管内的积水，在每台水泵进水管旁边设置一个*DN*300盘型排水阀。排水阀采用液压操作，液压操作机构设置在水泵机坑进人共用通道内。

为了保证水泵部件的更换和检修，配备装拆和检修水泵所需的工具和设备，包括转轮与主轴起吊工具，以及叶轮芯包上拆工具，满足叶轮芯包整体快速拆装的要求。

2.7.3　水泵抗泥沙磨损涂层防护

为防止高速含沙水流对水泵过流表面的磨损，对水泵过流部件采取了如下涂层防护措施：

(1) 叶轮在进、出水边和梳齿密封进行硬喷涂。根据施工作业能力，叶轮进、出水边的喷涂面积范围尽可能大。硬喷涂采用高速火焰喷涂（HVOF）热熔碳化钨，由专业的厂家进行喷涂，涂层厚度约0.3mm。叶轮硬喷涂如图2.7-2所示。

(2) 固定导叶迎水面和头部圆角、座环上下环板过流面、基础环过流面亦采用硬喷涂。座环和固定导叶采用的硬喷涂如图2.7-3所示。

(3) 蜗壳内表面及固定导叶背面喷涂改性聚氨酯材料。经反复多层喷涂，涂层厚度达到1mm左右。

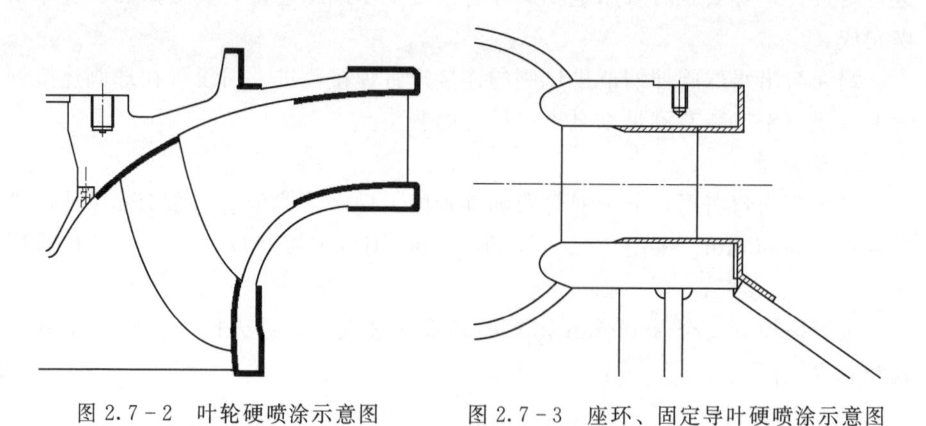

图2.7-2　叶轮硬喷涂示意图　　　图2.7-3　座环、固定导叶硬喷涂示意图

2.8　黄金峡泵站水泵主要部件刚强度分析

2.8.1　叶轮刚强度分析

叶轮是水泵的核心部件，其结构安全性十分重要，采用ANSYS软件对叶

轮强度、动态特性进行有限元分析计算，确保叶轮的刚强度满足要求。

1. 基本参数及材料特性

叶轮刚强度计算所需的水泵主要参数见表 2.8-1，叶轮的材料特性及强度考核标准见表 2.8-2。

表 2.8-1　　黄金峡泵站水泵叶轮强度计算参数表

参　数	参数值	参　数	参数值
最低扬程水泵入力 N_{max}	14.66MW	额定转速 n_r	375r/min
最高扬程水泵入力 N_{min}	13.87MW	叶轮进口直径 D_1	1.397m
最高扬程 H_{max}	116.5m	叶片个数 Z_r	9 个
最低扬程 H_{min}	101.7m	固定导叶个数 Z_g	13 个

表 2.8-2　　黄金峡泵站水泵叶轮材料特性及强度考核标准

叶轮材料	强度极限 UTS /MPa	屈服极限 YS /MPa	正常工况许用应力/MPa	
			准则	数值
04Cr16Ni5Mo	750	550	YS/5	110

2. 计算模型及边界条件

水泵叶轮是典型的周期对称结构，在分析叶轮强度时，根据有限元周期对称边界条件，选取包含一个完整叶片在内的扇形区域作为分析模型（图 2.8-1），采用高阶单元 SOLID186 和 SOLID187 划分网格，有限元网格剖分如图 2.8-2 所示。SOLID186 单元是 3 自由度 20 节点的六面体单元，SOLID187 是 3 自由度 10 节点四面体单元。为保证位移协调一致，在叶轮上冠、下环剖切面施加周期循环对称边界条件；为了防止模型产生刚体位移，在叶轮与主轴把合螺栓处，约束相应节点的自由度。

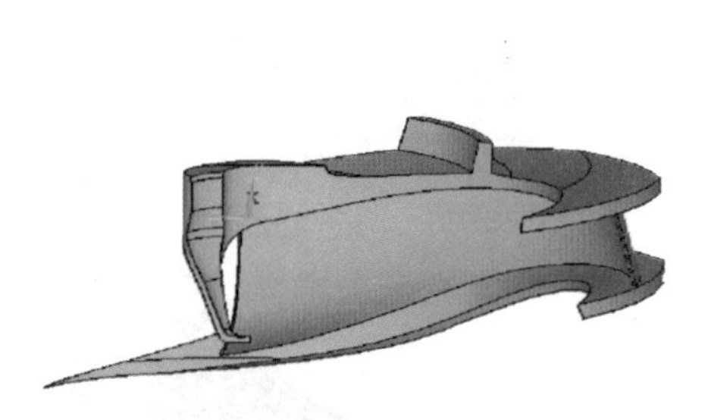

图 2.8-1　叶轮有限元分析计算模型

图 2.8-2　叶轮有限元分析网格剖分

叶轮强度计算主要考虑两种工况，分别是最低扬程工况和最高扬程工况。叶轮的载荷主要是工作过程中的水压力，叶轮叶片上的水压力载荷根据 ANSYS-CFX 计算获得，此外，还需要考虑重力和离心力载荷。

3. 叶轮强度分析

通过有限元分析，叶轮强度有限元分析计算结果见表2.8-3。图2.8-3和图2.8-4分别是各工况下叶轮变形分布，叶轮的综合变形量很小，最大变形为0.139mm；图2.8-5和图2.8-6分别是各工况下叶轮应力分布，叶轮的综合应力很小，最大应力为24.1MPa，相比应力考核标准110MPa低很多，最大应力位置出现在叶片进水边与上冠相交处；图2.8-7～图2.8-10分别是各工况下叶轮叶片与上冠和下环相交面上的应力分布，从各应力分布图可以看出，叶轮的应力水平较低。

表2.8-3　　叶轮强度有限元分析计算结果

工况及考核标准	综合应力/MPa	综合变形/mm	最大应力位置
最低扬程工况	22.5	0.138	叶片进水边与上冠相交处
最高扬程工况	24.1	0.139	叶片进水边与上冠相交处

图2.8-3　最低扬程工况叶轮的变形分布（单位：mm）

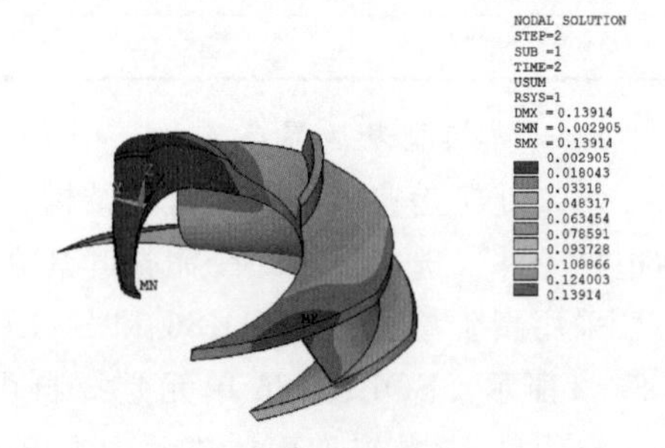

图2.8-4　最高扬程工况的叶轮变形分布（单位：mm）

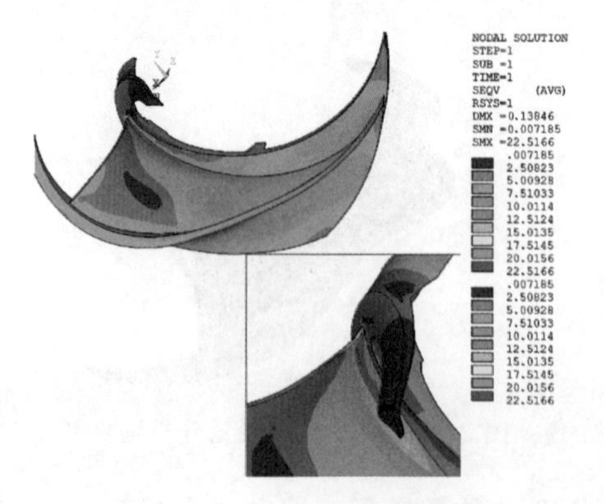

图2.8-5　最低扬程工况的叶轮应力分布（单位：Pa）

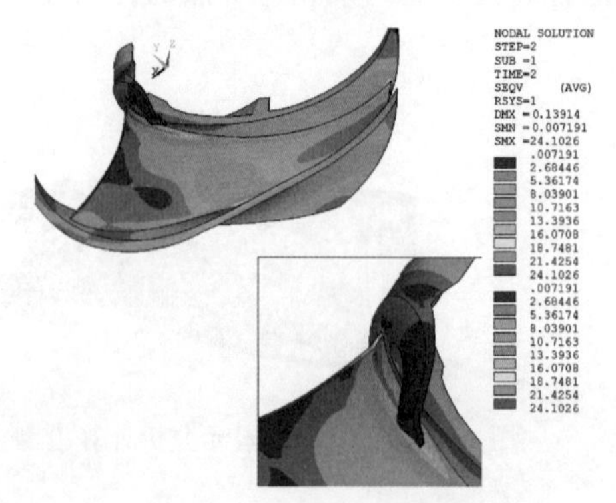

图2.8-6　最高扬程工况的叶轮应力分布（单位：MPa）

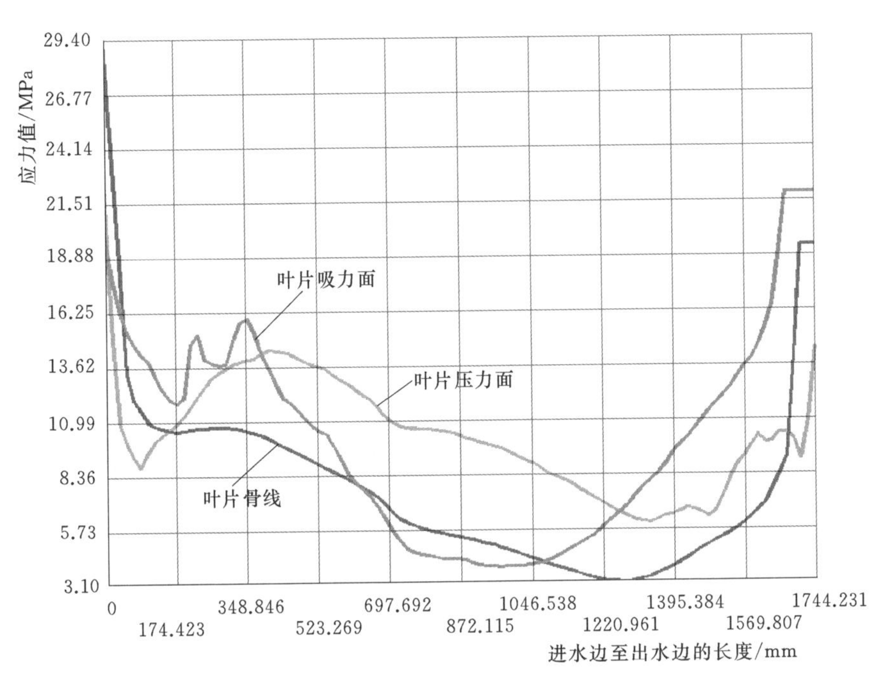

图 2.8-7 最低扬程工况叶片与上冠相交面上的应力分布

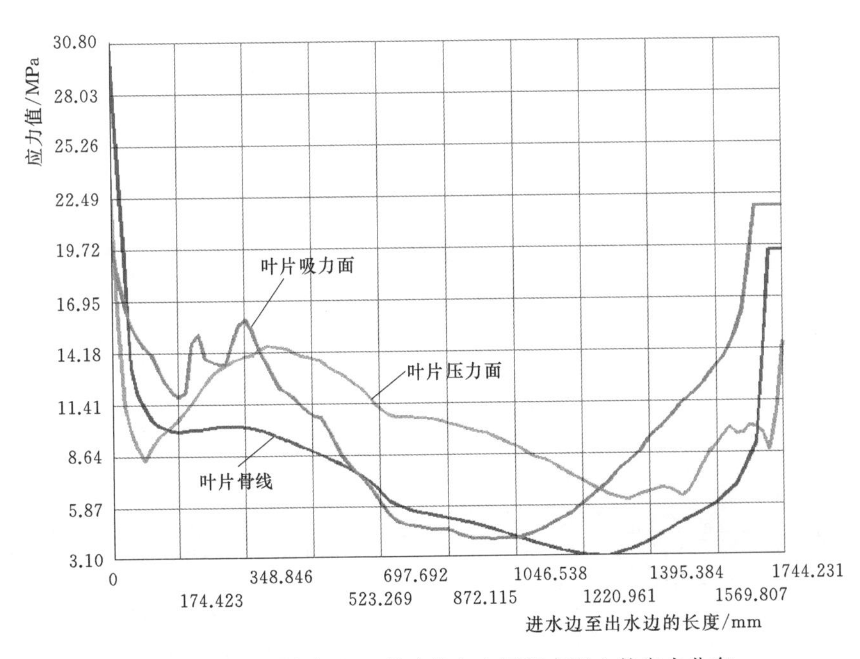

图 2.8-8 最高扬程工况叶片与上冠相交面上的应力分布

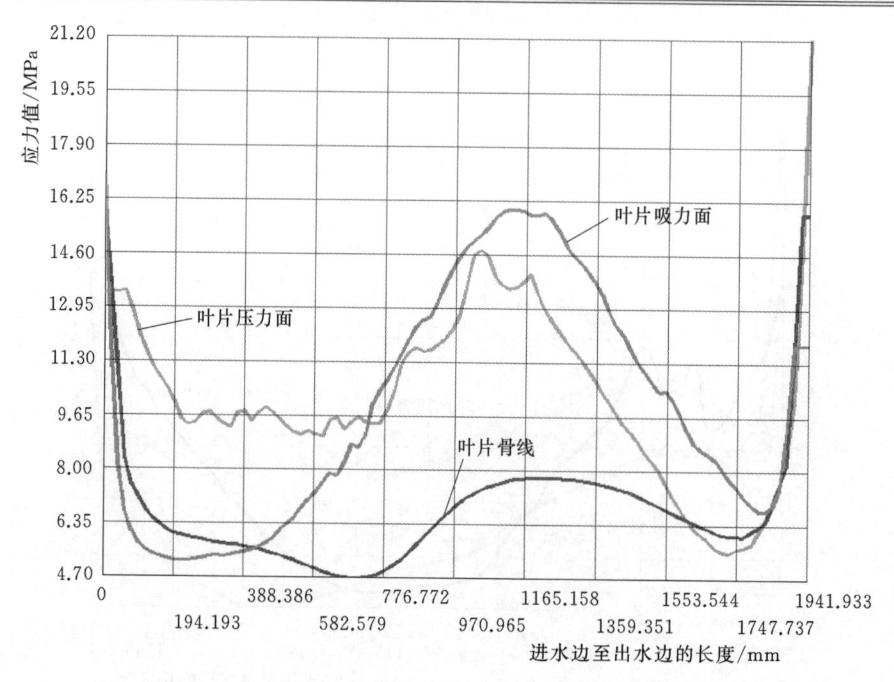

图 2.8-9 最低扬程工况叶片与下环相交面上的应力分布

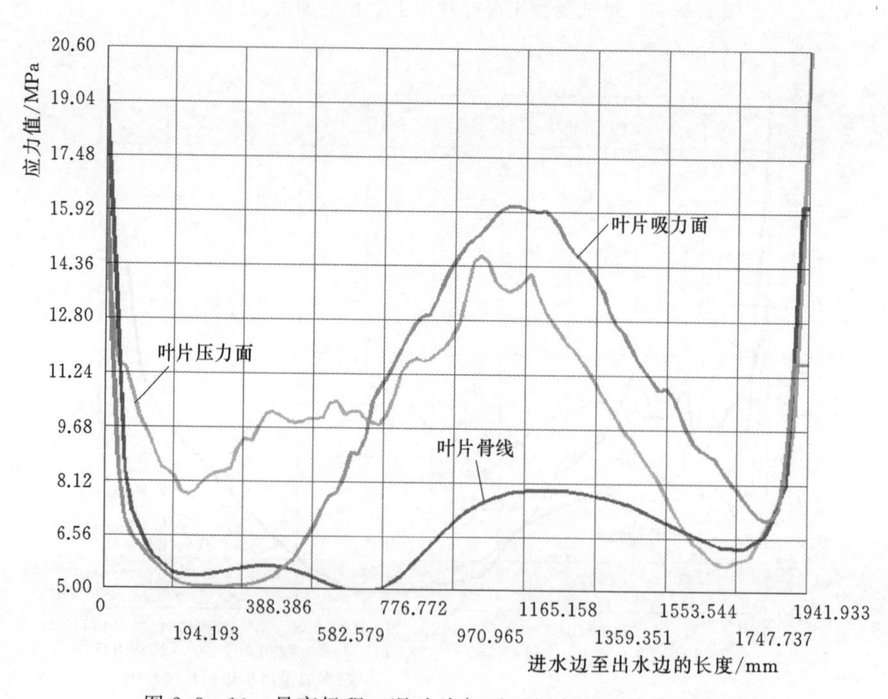

图 2.8-10 最高扬程工况叶片与下环相交面上的应力分布

叶轮强度有限元分析表明：各工况下叶轮变形较小，应力水平较低，满足设计要求。

2.8.2　叶轮子模型强度分析

为了确定叶轮叶片与上冠和下环之间过渡圆角尺寸，并保证其应力水平满足设计要求，在叶轮刚强度计算的基础上，对叶轮叶片与上冠、下环之间过渡区域进行子模型强度分析计算。

1. 子模型选取

ANSYS软件提供的子模型技术是在原有计算模型分析结果的基础上，截取局部区域的模型，重新划分更精细的网格，在切割边界上把原有模型的位移强制施加到局部模型的边界上，重新进行分析求解，从而获取局部区域模型上更精确的应力计算结果。子模型方法也称为切割边界位移法，在子模型与原模型的分析计算中要始终保证切割边界上的位移一致，即原有模型切割边界的计算位移是子模型的边界条件。

对于结构子模型，使用上还有两个限制：一是只对实体单元和壳单元有效；二是子模型的原理要求切割边界应远离应力集中区域。

根据ANSYS软件子模型分析的特点，对叶轮叶片与上冠、下环相交区域进行子模型分析，从而确定叶轮叶片在该区域的真实应力水平。图2.8－11为子模型分析区域，图2.8－12和图2.8－13为子模型计算模型区域。

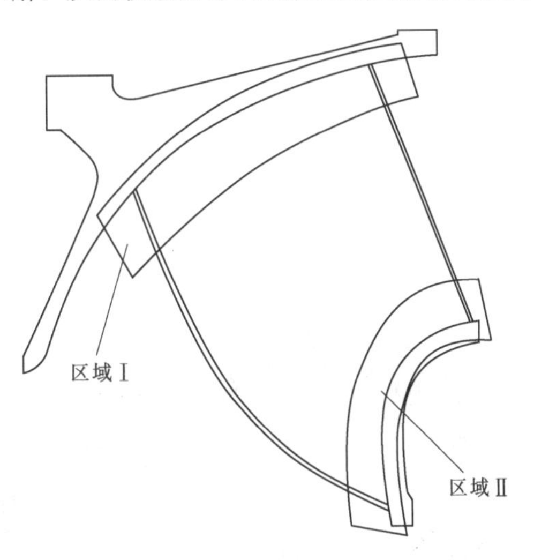

图2.8－11　叶轮子模型强度分析区域

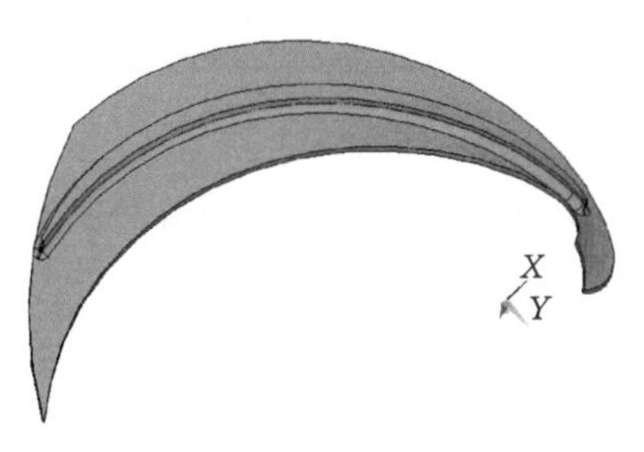

图2.8－12　叶轮子模型强度计算区域Ⅰ

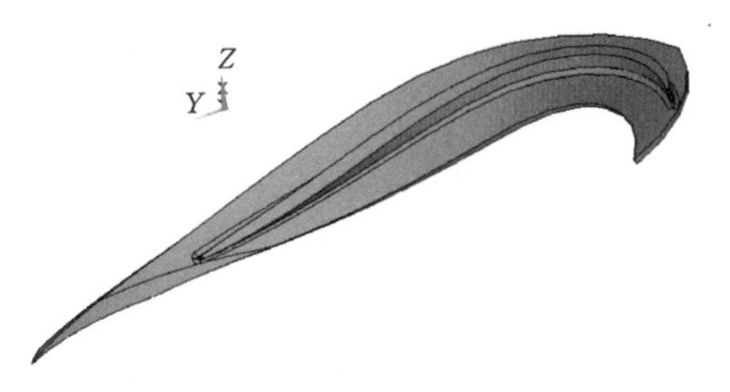

图2.8－13　叶轮子模型强度计算区域Ⅱ

2. 子模型分析

利用 ANSYS 软件子模型分析功能，为保证计算精度，选取高阶单元 SOLID187 划分网格，图 2.8－14 和图 2.8－15 为有限元网格剖分图。

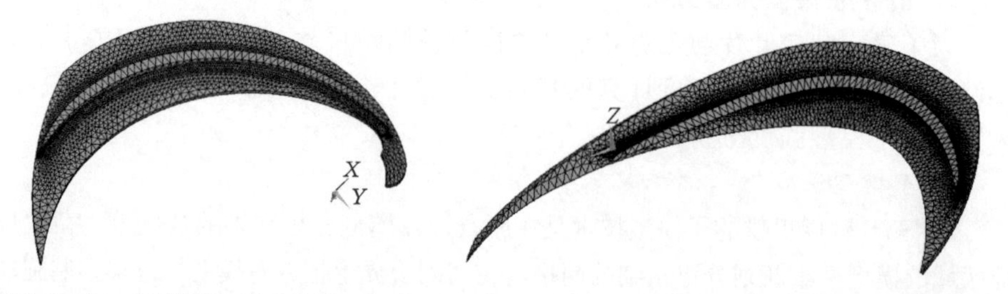

图 2.8－14　子模型区域Ⅰ有限元网格图　　图 2.8－15　子模型区域Ⅱ有限元网格图

叶轮子模型中，叶片与上冠、下环过渡圆角均为 R20mm，叶轮子模型强度分析的工况与叶轮刚强度分析工况相同。通过有限元分析，得到了叶轮工作过程中的过渡圆角高应力区的应力水平。图 2.8－16、图 2.8－17 分别是各计算工况下区域Ⅰ子模型应力分布，子模型分析综合应力较低，最大应力为 64.0MPa。图 2.8－18 和图 2.8－19 分别是各计算工况下，区域Ⅱ子模型应力分布，子模型分析应力较低，最大应力为 37.5MPa。

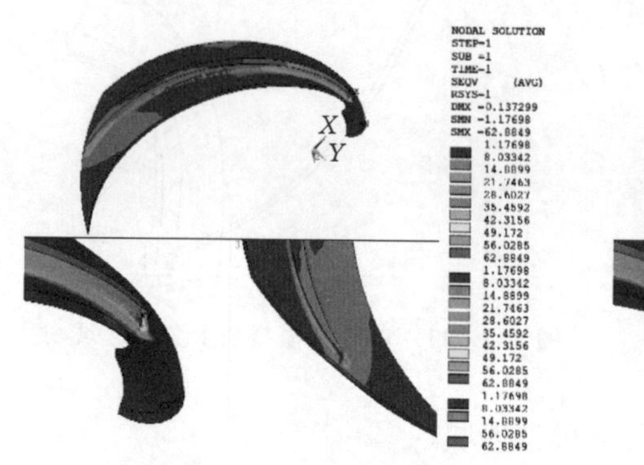

图 2.8－16　最低扬程工况区域Ⅰ子模型应力分布（单位：MPa）

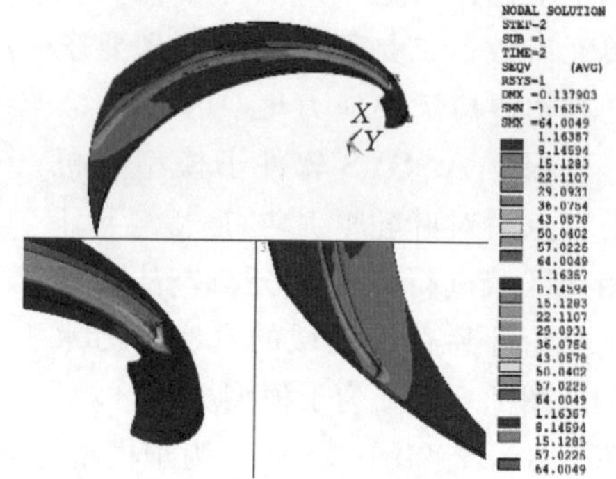

图 2.8－17　最高扬程工况区域Ⅰ子模型应力分布（单位：MPa）

表 2.8－4 为各个工况下子模型强度分析计算结果汇总表，分析结果表明：各工况下叶轮叶片与上冠和下环过渡圆角应力集中处的应力水平较低。

2.8.3　叶轮动态特性分析

叶轮工作过程中承受压力场载荷的周期交变激励，若叶轮在水中固有频率与激振频率接近，会引起共振、造成叶轮破坏。应用 ANSYS 软件可对叶轮进行有限元动态特性分析计算，能够准确得到叶轮的水中固有频率，并通过结构优化避开激振频率，避免共振发生，保证叶轮的动态特性满足设计要求。

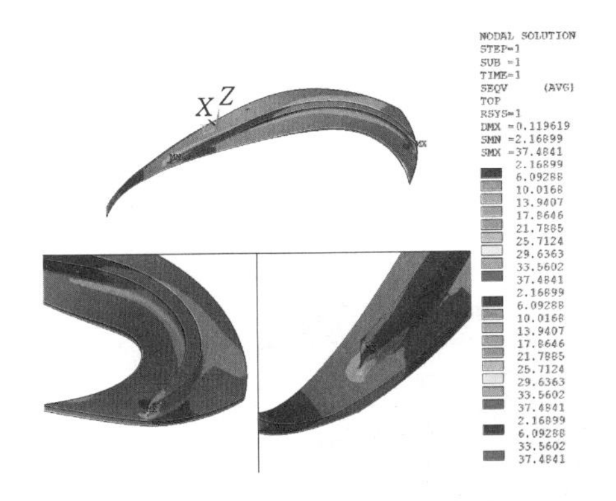

图 2.8-18 最低扬程工况区域Ⅱ子模型应力分布（单位：MPa）

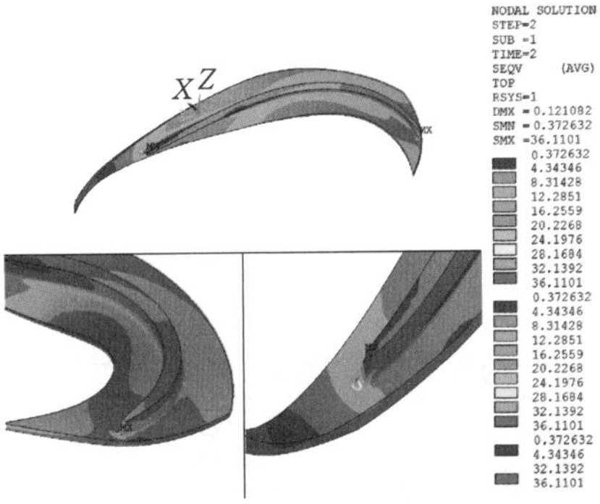

图 2.8-19 最高扬程工况区域Ⅱ子模型应力分布（单位：MPa）

表 2.8-4 转轮子模型强度分析计算结果

区域	工况	应力/MPa		应力集中系数
		整体计算	子模型计算	
区域Ⅰ	最低扬程工况	22.5	62.9	2.80
	最高扬程工况	24.1	64.0	2.66
区域Ⅱ	最低扬程工况	21.2	37.5	1.74
	最高扬程工况	20.6	36.1	1.75

1. 叶轮动态特性分析

叶轮工作在水中，由于水的附加质量影响，叶轮在水中的固有频率小于在空气中的固有频率。建立完整的叶轮动态特性分析几何模型，如图 2.8-20 所示，利用 ANSYS 软件对叶轮进行固有频率分析。计算模型有限元网格划分采用高阶单元 SOLID186 和 SOLID187 完成，有限元网格剖分如图 2.8-21 所示。为了防止模型产生刚体位移，在叶轮与主轴把合螺栓处，约束相应节点的自由度。

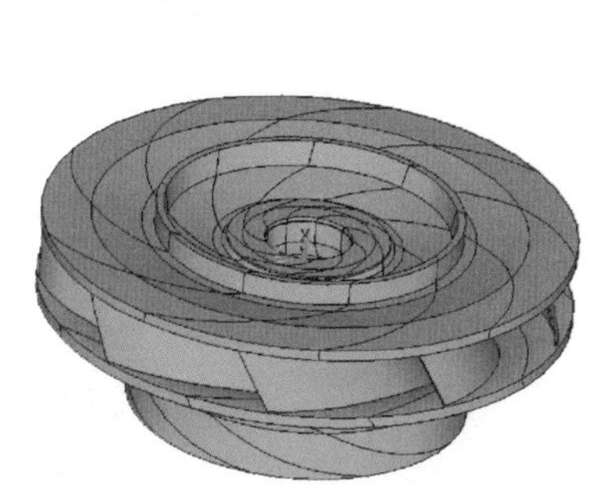

图 2.8-20 叶轮动态特性分析几何模型

图 2.8-21 叶轮动态特性有限元网格剖分

通过求解叶轮在空气中的固有频率，利用经验修正系数进行修正，获得叶轮在水中的固有频率。图2.8-22～图2.8-24分别为空气中叶轮节径数为0、1、2的模态振型。表2.8-5是叶轮动态特性分析计算结果表，包含经验系数修正后的叶轮水中固有频率。

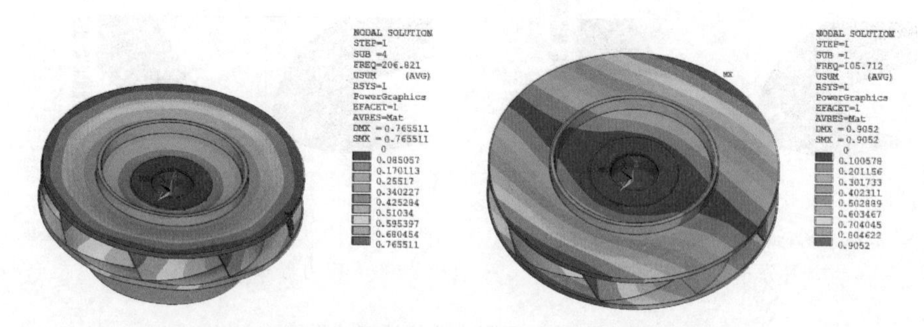

图2.8-22　叶轮振动节径数为0时的振型（单位：mm）

图2.8-23　叶轮振动节径数为1时的振型（单位：mm）

表2.8-5　叶轮动态特性分析计算结果

节径数	固有频率/Hz	
	空气中	水中
0	206.8	117.9
1	105.7	68.2
2	223.3	150.7

叶轮工作过程中主要激振频率是导叶过流频率，即

$$f=Z_g\frac{n_r}{60}=13\times\frac{375}{60}=81.25(\text{Hz}) \tag{2.8-1}$$

通过对比可知，叶轮在水中的固有频率有效地避开了主要激振频率，不会发生共振。

2. 叶片动态特性分析

利用ANSYS软件对叶轮叶片进行固有频率分析时，需建立包含一个完整叶片的扇区作为分析模型，模型有限元网格划分采用高阶单元SOLID186和SOLID187完成，有限元网格剖分如图2.8-25所示。在剖切面上施加周期循环对称边界条件；为了防止模型产生刚体位移，在叶轮与主轴把合螺栓处，约束相应节点的自由度。

图2.8-26和图2.8-27分别为空气中叶轮叶片前2阶模态振型。表2.8-6是叶轮叶片动态特性分析得到的叶片在空气中、水中的前6阶固有频率。

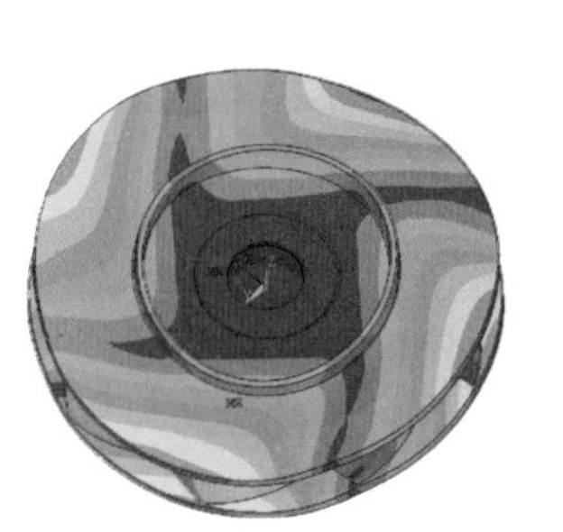

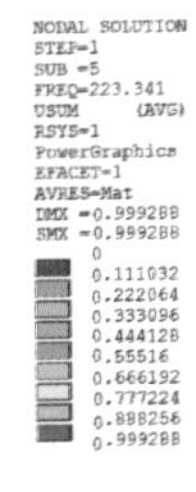

图 2.8-24 叶轮振动节径数为 2 时的振型（单位：mm）

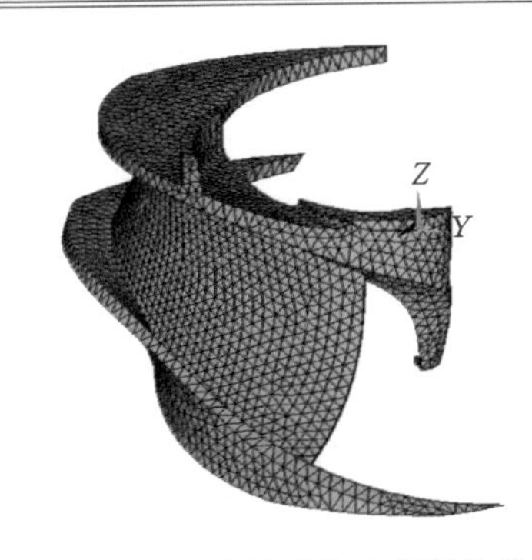

图 2.8-25 叶轮叶片动态特性分析有限元网格剖分图

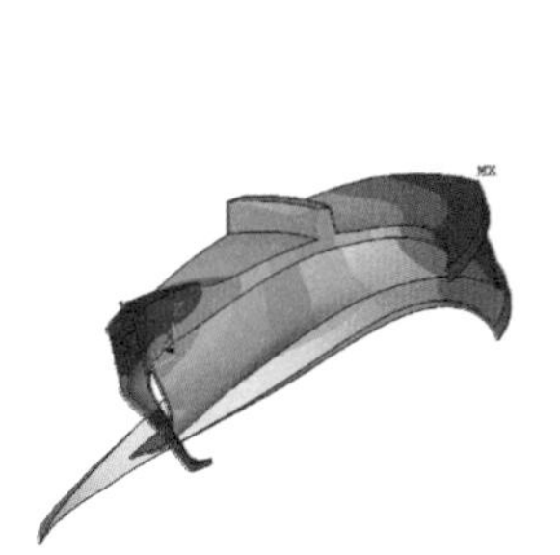

图 2.8-26 转叶片第 1 阶模态振型（单位：mm）

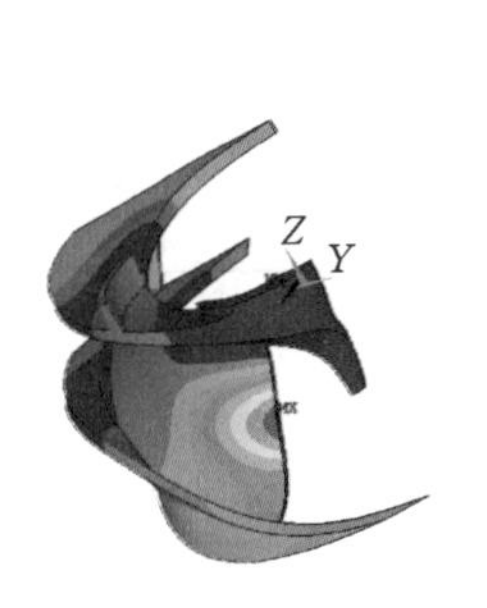

图 2.8-27 叶轮叶片第 2 阶模态振型（单位：mm）

表 2.8-6 叶轮叶片固有频率计算结果

阶次	固有频率/Hz		阶次	固有频率/Hz	
	空气中	水中		空气中	水中
1	242.6	169.8	4	886.8	620.8
2	734.9	514.4	5	905.7	634.0
3	791.9	554.3	6	998.3	698.8

2.8.4 蜗壳和座环刚强度分析

蜗壳和座环是水泵的重要导水部件，承受着机组运行的水压力以及顶盖拉力，其刚强度性能对水泵安全稳定运行十分重要。对蜗壳和座环进行解析法和有限元法强度分析计算，能够准确得到蜗壳和座环的应力水平，确保蜗壳和座环的刚强度满足设计要求。

1. 基本参数及材料特性

蜗壳和座环刚强度计算的输入参数见表 2.8-7，蜗壳和座环材料特性见表 2.8-8。

表 2.8-7 蜗壳和座环刚强度计算的输入参数

参　数	参数值	参　数	参数值
出水池最高运行水位 Z_{up}	554.42m	额定转速 n_r	375r/min
进水池最高运行水位 Z_{down}	450.0m	设计流量 Q	12.61m^3/s
导水机构中心平面高程 Z_{dist}	421.0m	固定导叶数 Z_g	13个
蜗壳设计压力 P_d	2.0MPa	固定导叶高度 b	286mm
水泵零流量扬程 H_p	135.5m		

表 2.8-8 蜗壳和座环材料特性

部件	材料	强度极限 UTS/MPa	屈服极限 YS/MPa
固定导叶	0Cr13Ni5Mo	750	550
座环环板	Q345C-Z35	450	285
蜗壳	Q345R	500	325

蜗壳座环的计算载荷主要考虑水压力和顶盖传递的拉力，不考虑机组、混凝土、蜗壳及水体的重力。表 2.8-9 给出了两种工况下蜗壳座环的计算工况及载荷。

表 2.8-9 蜗壳座环计算工况及载荷

工　况	载　荷	
	水压力/MPa	顶盖拉力/kN
水泵正常运行	1.309	5468
水泵零流量	1.579	6595

2. 蜗壳和座环的许用应力选取

（1）解析法（平均应力）的许用应力选取。

1）合同要求。通常合同规定，正常工况下，最大薄膜应力（即平均应力）应小于：①对主要受力部件的碳钢钢板 UTS/4；②高应力部件的高强度钢板 YS/3；③碳钢锻件 YS/3。通常合同规定，打压试验工况下，所有部件最大薄膜应力（平均应力）不得超过 2YS/3。

2）美国机械工程师学会（American Society of Mechanical Engineer，ASME）标准的规定。ASME 标准第8卷第1册规定，正常工况下，许用应力为 min｛UTS/3.5，2YS/3｝。

合同要求和 ASME 标准规定的解析法许用应力见表 2.8-10。表 2.8-10 中 M 指膜应力、F 指弯曲应力。

表 2.8-10 合同要求和 ASME 标准规定的解析法许用应力要求

部件	ASME section Ⅷ division 1			合同规定许用应力	
	应力形式	准则	数值/MPa	准则	数值/MPa
环板	M	UTS/3.5	128.6	UTS /4	112.5
固定导叶	M	UTS/3.5	214.3	YS /3	183.3
	$M+F$	1.5UTS/3.5	321.5	YS /2	275.0
蜗壳	M	UTS/3.5	142.9	UTS /4	125.0

（2）有限元法（局部应力）的许用应力选取。对于有限元法得到的局部应力，通常根据 ASME 标准进行考核。ASME 标准第 8 卷第 2 册给出了一些用有限元法计算应力的限制应力，并将应力分类如下。

许用应力的参考应力 S_m 按下式确定：

$$S_m=\min\left(\frac{UTS}{3},\frac{2}{3}YS\right) \tag{2.8-2}$$

对于正常工况：

$$\left.\begin{array}{l}P_m<S_m\\P_l+P_b<1.5S_m\\P_l+P_b+Q<3S_m\end{array}\right\} \tag{2.8-3}$$

式中：P_m 为一次总体薄膜应力；P_l 为一次局部薄膜应力（不连续但没有应力集中）；P_b 为一次弯曲应力；Q 为二次薄膜应力+不连续的弯曲应力。

对于特殊工况：

$$\left.\begin{array}{l}P_m<0.9YS\\P_m+P_b<1.35YS\end{array}\right\} \tag{2.8-4}$$

根据 ASME 标准得到的许用应力以及合同规定的解析法许用应力要求见表 2.8-11。

表 2.8-11 ASME 规定的局部许用应力和合同规定的解析法许用应力要求

单位：MPa

部件	ASME 标准					合同规定	
	正常工况			特殊工况		正常工况	特殊工况
	P_m	P_l+P_b	P_l+P_b+Q	P_m	P_m+P_b	平均应力	平均应力
固定导叶	250.0	375.0	750.0	450.0	675.0	183.3	366.7
座环环板	150.0	225.0	450.0	256.5	384.8	112.5	190.0
蜗壳	166.7	250.0	500.0	292.5	438.8	125.0	216.7

3. 解析法强度计算

解析法计算得到的是蜗壳和座环各部件的平均应力，采用解析法计算时，选用膜应力（平均应力）为考核依据，应满足合同要求。蜗壳座环刚强度计算采用程序进行计算，计算时蜗壳扣除了 3mm 的钢板厚度余量。

表 2.8－12、表 2.8－13 分别展示了解析法在水泵正常运行工况和零流量工况下的计算结果。从计算结果可看出，各部件的平均应力均满足设计要求。

表 2.8－12　正常运行工况的蜗壳和座环各部件平均应力计算结果　单位：MPa

蜗壳断面号	固定导叶			座环	蜗壳		
	SMSV	SMF1	SMF2	SMA	SMCP	SMV1	SMV2
许用应力	183.3	275.0	275.0	112.5	125.0	125.0	125.0
1	34.0	61.7	－11.2	10.8	40.6	39.7	34.0
2	33.3	60.1	－10.5	10.7	39.2	38.2	33.0
3	32.7	58.6	－9.8	10.6	37.7	36.8	32.0
4	32.0	57.1	－9.0	10.6	36.3	35.4	31.0
5	31.3	55.5	－8.2	10.5	34.8	34.0	29.9
6	30.7	54.5	－8.3	10.4	33.3	32.4	28.8
7	30.0	53.0	－7.7	10.4	31.7	30.9	27.7
8	29.3	52.2	－8.0	10.3	30.1	29.3	26.5
9	28.5	49.3	－5.4	10.2	28.5	27.8	25.3
10	27.6	46.2	－2.7	10.1	26.9	26.2	24.1
11	26.8	43.3	－0.2	10.0	25.2	24.6	22.8
12	25.9	40.3	2.3	9.9	23.4	22.9	21.5
13	24.9	37.0	5.2	9.7	21.6	21.1	20.0
14	24.0	33.9	7.8	9.6	19.8	19.4	18.6
15	22.9	30.2	11.1	9.5	17.8	17.5	17.1
16	21.8	26.2	14.4	9.3	15.7	15.5	15.4
17	20.5	22.1	17.9	9.1	13.3	13.4	13.6

注　表中 SMSV 为固定导叶的薄膜应力；SMF1 为固定导叶进水边的薄膜和弯曲应力；SMF2 为固定导叶出水边的薄膜和弯曲应力；SMA 为上环重心处的应力；SMCP 为蜗壳靠近环板位置的薄膜应力；SMV1 为蜗壳板 1 的薄膜应力；SMV2 为蜗壳板 2 的薄膜应力。

表 2.8－13　零流量工况的蜗壳和座环各部件平均应力计算结果　单位：MPa

蜗壳断面号	固定导叶			座环	蜗壳		
	SMSV	SMF1	SMF2	SMA	SMCP	SMV1	SMV2
许用应力	183.3	275.0	275.0	112.5	125.0	125.0	125.0
1	44.2	97.5	－43.0	16.6	62.1	60.6	52.0
2	43.1	95.1	－41.9	16.5	59.9	58.4	50.4

续表

蜗壳断面号	固定导叶			座环	蜗壳		
	SMSV	SMF1	SMF2	SMA	SMCP	SMV1	SMV2
3	42.1	92.8	−40.7	16.4	57.6	56.2	48.9
4	41.1	90.4	−39.5	16.3	55.4	54.0	47.3
5	40.1	88.1	−38.3	16.1	53.3	51.9	45.7
6	39.1	86.6	−38.5	16.1	50.9	49.6	44.0
7	38.0	84.3	−37.6	15.9	48.4	47.2	42.3
8	37.1	83.0	−38.1	15.9	46.0	44.8	40.5
9	35.8	78.5	−34.1	15.7	43.6	42.5	38.7
10	34.5	73.9	−30.0	15.5	41.1	40.0	36.8
11	33.2	69.4	−26.1	15.4	38.5	37.5	34.9
12	31.8	64.8	−22.2	15.2	35.8	34.9	32.8
13	30.3	59.8	−17.9	15.0	33.0	32.3	30.6
14	28.9	55.0	−13.8	14.8	30.3	29.6	28.5
15	27.2	49.3	−8.9	14.5	27.3	26.8	26.1
16	25.5	43.4	−3.8	14.3	24.0	23.7	23.5
17	23.6	37.1	1.5	13.9	20.4	20.5	20.8

4. *有限元法计算模型及边界条件*

通常，蜗壳出口段的应力最大，以该扇形区域作为计算对象，计算不考虑混凝土联合受力的影响，截取包含 1 个完整固定导叶在内的扇形区域为一个分析模型，采用高阶单元 SOLID186 和 SOLID187 划分网格，有限元网格剖分如图 2.8 - 28 所示。在切开断面处，施加周期对称约束。在座环基础把合螺栓分布圆处，约束其相应节点的轴向（Z 向）位移，此外在上、下环板上各取一节点约束 θ 向自由度，以防止产生刚体位移。

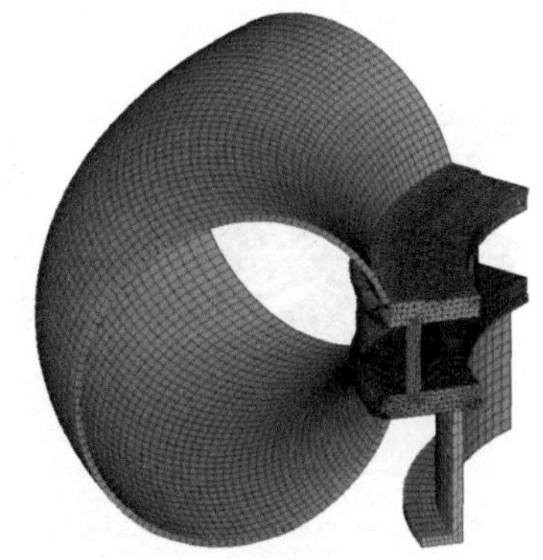

图 2.8 - 28　蜗壳和座环有限元法计算模型及网格划分图

5. *蜗壳座环刚强度有限元分析*

通过有限元分析，得到了蜗壳座环工作过程中的应力水平。蜗壳座环的有限元分析应重点检查蜗壳本体、上下环板、固定导叶等的平均应力和局部应力。图 2.8 - 29、图 2.8 - 30 是蜗壳座环整体应力分布；图 2.8 - 31、图 2.8 - 32 是蜗壳应力分布；图 2.8 - 33、图 2.8 - 34 是座环环板应力分布，最大应力

177MPa；图2.8-35、图2.8-36是固定导叶中间截面平均应力分布，最大应力80.6MPa；图2.8-37、图2.8-38是蜗壳座环整体变形分布，变形量较小。

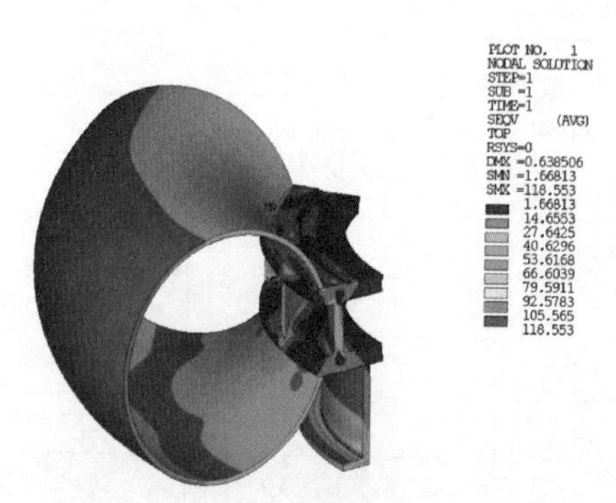

图2.8-29　正常运行工况蜗壳座环整体应力分布/MPa

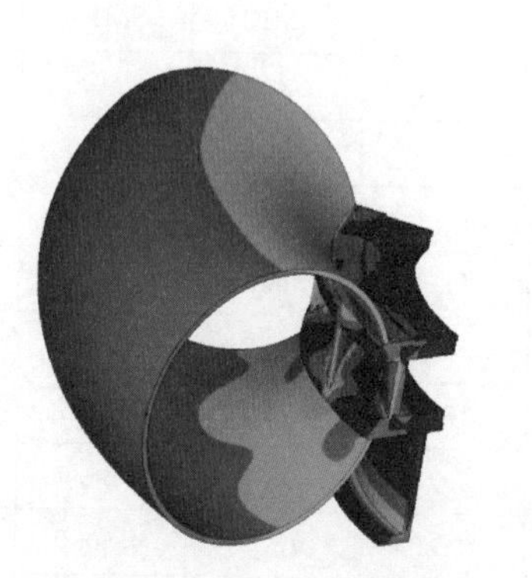

图2.8-30　零流量工况蜗壳座环整体应力分布/MPa

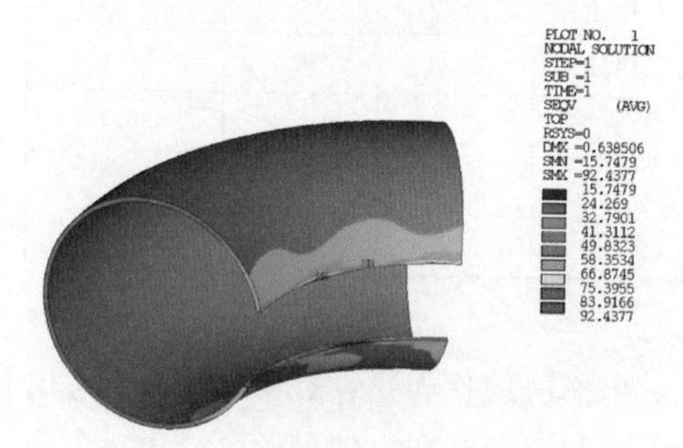

图2.8-31　正常运行工况蜗壳应力分布/MPa

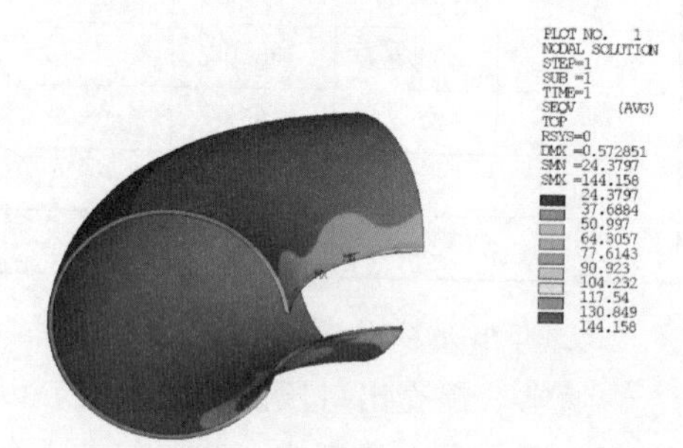

图2.8-32　零流量工况蜗壳应力分布/MPa

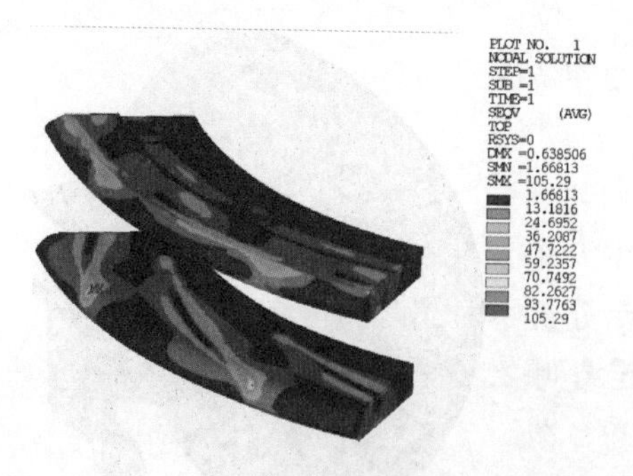

图2.8-33　正常运行工况座环应力分布/MPa

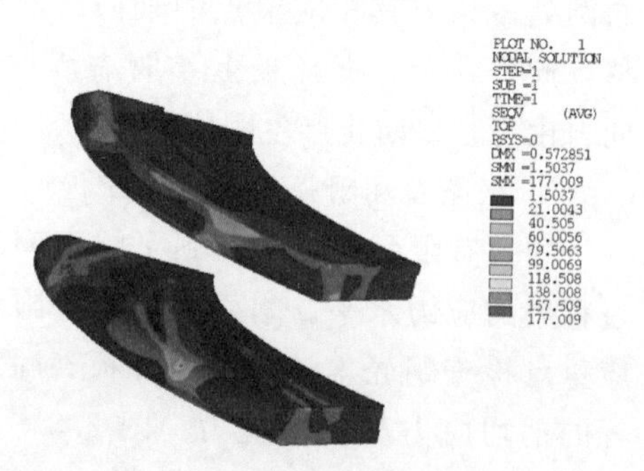

图2.8-34　零流量工况座环应力分布/MPa

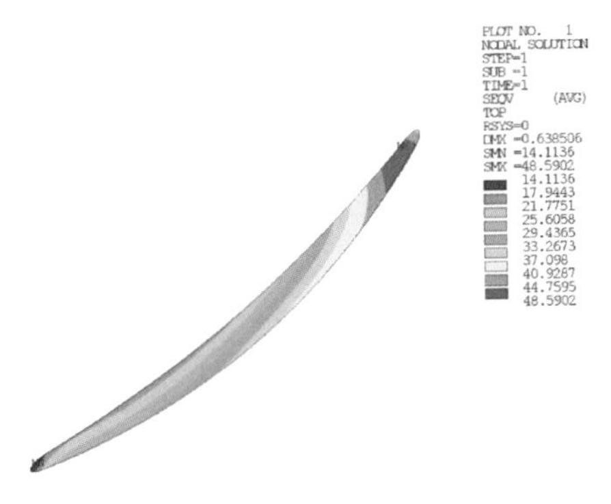

图 2.8-35 正常运行工况固定导叶中间截面应力分布/MPa

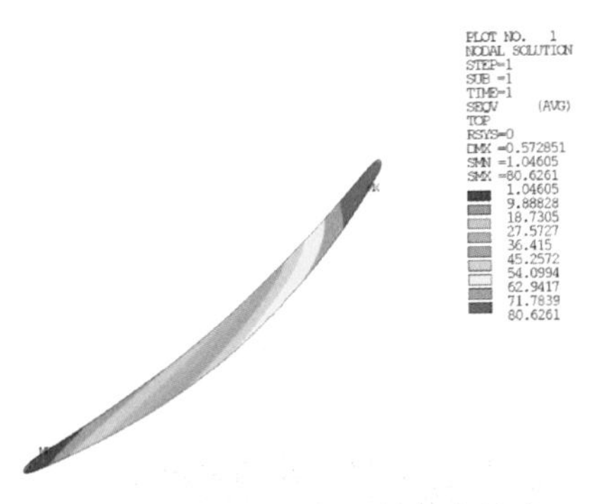

图 2.8-36 零流量工况固定导叶中间截面应力分布/MPa

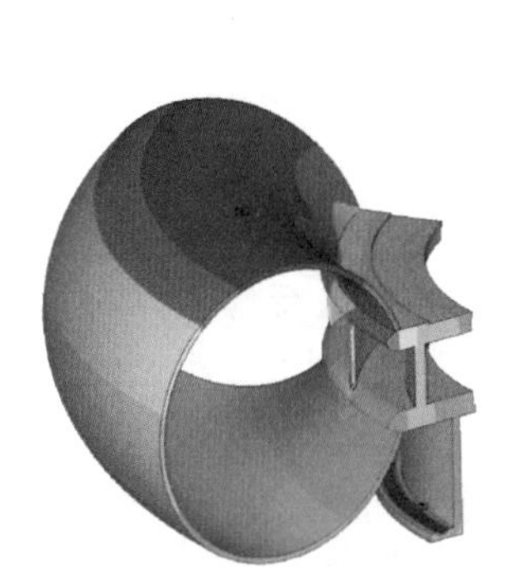

图 2.8-37 正常运行工况蜗壳座环综合变形分布/mm

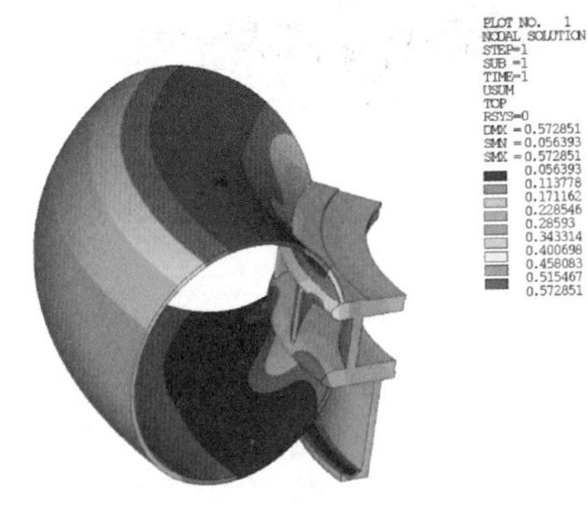

图 2.8-38 零流量工况蜗壳座环综合变形分布/mm

表 2.8-14 汇总了蜗壳和座环各部件刚强度有限元分析计算结果。有限元分析计算表明：各工况下蜗壳座环变形较小，应力水平较低，满足设计要求。

表 2.8-14　蜗壳和座环各部件的刚强度有限元计算结果

名　称	总　体		环　板		蜗　壳		导叶中部	
	最大位移/mm	峰值应力/MPa	平均应力/MPa	局部应力/MPa	平均应力/MPa	局部应力/MPa	平均应力/MPa	局部应力/MPa
正常运行工况	0.64	118.6	47.7	105.3	49.8	92.4	37.1	48.6
零流量工况	0.57	199.4	60.0	177.0	64.3	144.2	45.3	80.6
ASME 规定的许用应力	—	285.0	150.0	225.0	166.7	250.0	250.0	375.0
合同规定的许用应力	—	—	112.5	—	125.0	—	166.7	—

2.8.5　固定导叶的动态特性

固定导叶工作过程中承受压力场载荷的周期交变激励，如果固定导叶水中固有频率与激振频率接近，会引起共振，造成结构破坏。采用 ANSYS 软件对固定导叶进行有限元动态特性分析，能够得到固定导叶在水中的固有频率，并通过结构优化避开激振频率，避免共振发生。

1. 计算模型及边界条件

利用 ANSYS 软件对固定导叶进行固有频率分析时，需建立包含一个完整固定导叶的扇区作为分析模型，模型有限元网格划分采用高阶单元 SOLID187 完成，有限元网格剖分如图 2.8-39 所示。为了防止模型产生刚体位移，在座环上下环板表面，约束相应节点的自由度。

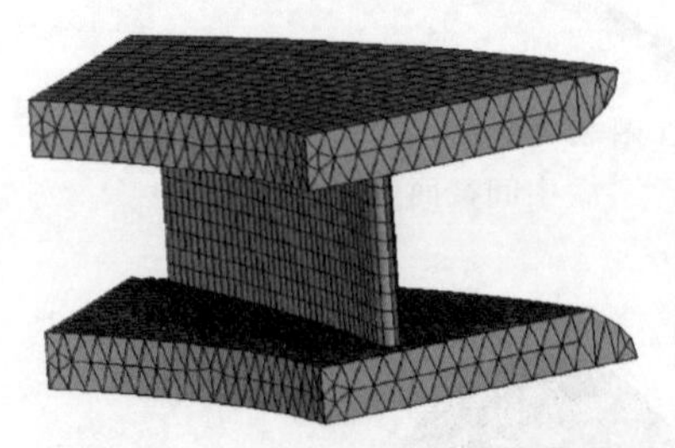

图 2.8-39　固定导叶固有频率有限元计算模型图

2. 固定导叶动态特性分析

通过求解固定导叶在空气中的固有频率，利用经验修正系数进行修正，修正系数取 0.75，获得固定导叶在水中的固有频率。图 2.8-40、图 2.8-41 分别是空气中固定导叶前 2 阶模态振型，表 2.8-15 是固定导叶动态特性分析计算结果表，包含经验系数修正后的固定导叶前 2 阶的水中固有频率。

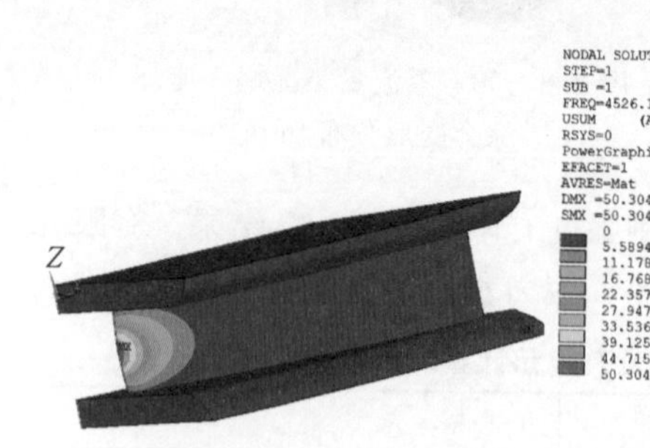

图 2.8-40　固定导叶在空气中的第 1 阶频率图（单位：mm）

图 2.8-41　固定导叶在空气中的第 2 阶频率图（单位：mm）

表 2.8-15　固定导叶固有频率计算结果

振型	固有频率/Hz	
	空气中	水中
1 阶	4526.1	3394.6
2 阶	5909.1	4431.8

固定导叶工作过程中主要激振频率是叶轮叶片过流频率和卡门涡频率。

叶轮叶片过流频率为

$$f=Z_r\frac{n_r}{60}=9\times\frac{375}{60}=56.25(\mathrm{Hz}) \tag{2.8-5}$$

卡门涡频率按下式计算：

$$f=s\times\frac{u}{t}\quad(s=0.18\sim0.2) \tag{2.8-6}$$

图 2.8-42 为固定导叶卡门涡频率计算结果。从图 2.8-42 中可知在运行范围内固定导叶的卡门涡频率范围为 262.1～366.8Hz。

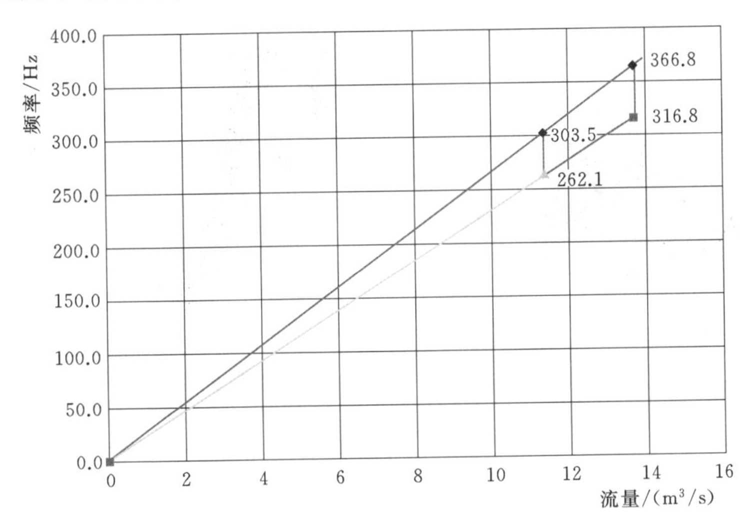

图 2.8-42 固定导叶卡门涡频率计算结果

通过对比可知，固定导叶在水中的固有频率有效地避开了主要激振频率，不会发生共振。

2.8.6 顶盖和轴承支架刚强度分析

1. 顶盖和轴承支架刚强度分析

采用有限元法对顶盖和轴承支架工作过程中的应力和变形进行了分析。图 2.8-43、图 2.8-44 是水泵正常运行工况下顶盖和轴承支架的应力分布，综合应力较低，最大应力 114.3MPa；图 2.3-45 是顶盖轴向变形分布，变形量较小。表 2.8-16 给出了顶盖和轴承支架刚强度有限元分析计算结果，有限元分析表明：各工况下顶盖和轴承支架的应力和变形均较小，满足设计要求。

表 2.8-16　　顶盖和轴承支架刚强度有限元分析计算结果

部件	应力和变形	水泵正常运行工况	水泵零流量工况
顶盖	平均应力/MPa	44.3	48.4
	局部应力/MPa	65.7	71.8
	轴向变形/mm	1.446	1.585
	转角/rad	$1.27e^{-3}$	$1.49e^{-3}$
轴承支架	平均应力/MPa	63.5	73.6
	局部应力/MPa	114.3	132.5
	轴向变形/mm	0.724	0.861
	径向变形/mm	0.185	0.197

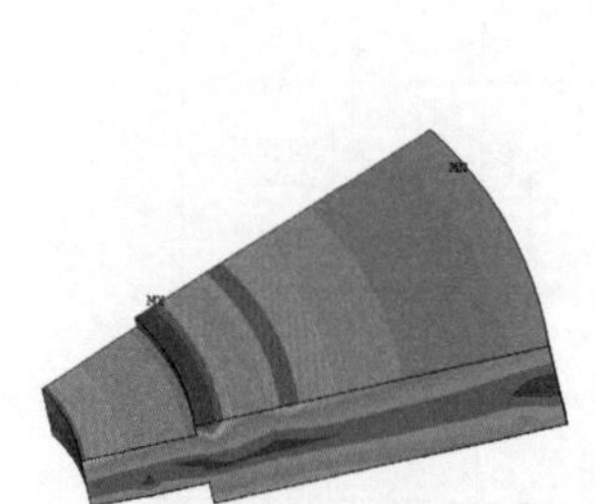

图 2.8-43　水泵正常运行工况
顶盖应力分布（单位：MPa）

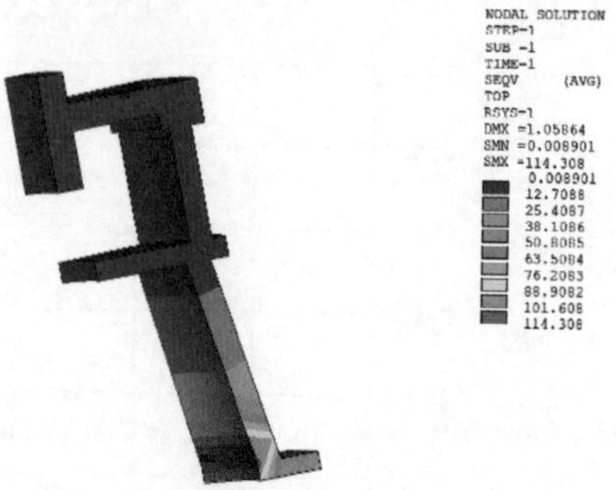

图 2.8-44　水泵正常运行工况
轴承支架应力分布（单位：MPa）

2. 顶盖和轴承支架径向刚度计算

（1）计算模型及边界条件。根据结构对称性，分析顶盖和轴承支架径向刚强度时，选取半个结构作为分析模型，采用高阶单元 SOLID186 和 SOLID187 划分网格，有限元网格剖分如图 2.8-46 所示。在对称面上施加对称边界条件；在顶盖与座环连接螺栓分布圆节点处约束相应自由度；假设总径向力为 F_0=100000N，按余弦分布施加在轴承支撑圆内缘节点上。

图 2.8-45　水泵正常运行工况
顶盖轴向变形分布（单位：mm）

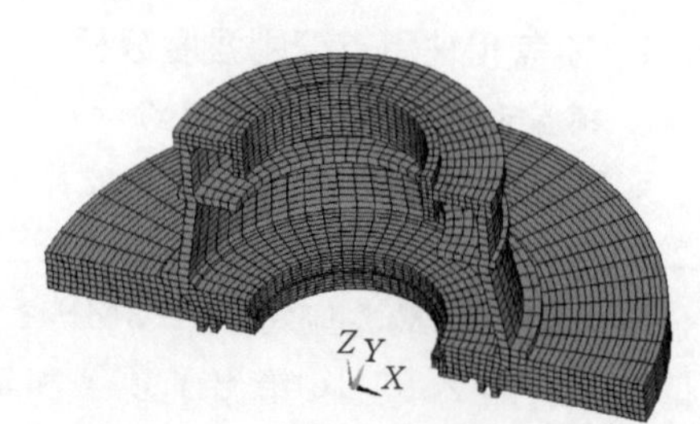

图 2.8-46　顶盖和轴承支架径向
刚度计算模型

(2) 顶盖和轴承支架径向刚度分析。通过有限元分析，得到了顶盖和轴承支架径向变形。图 2.8-47 是顶盖和轴承支架径向变形分布，最大变形 $\delta=0.486$mm。

由式 $K=\dfrac{F_0}{\delta}$ (N/mm) 计算得出顶盖径向刚度为：$K=2.06\times10^6$ (N/mm)，大于 1.66×10^6 (N/mm)，结果表明顶盖和轴承支架具有较好的径向刚度。

2.8.7 顶盖和轴承支架动态特性

顶盖和轴承支架工作过程中承受压力场载荷的周期交变激励，若其固有频率与激振频率接近，会引起共振，造成结构破坏。应用 ANSYS 软件对顶盖和轴承支架进行有限元动态特性分析计算，得到其固有频率，并通过结构优化避开激振频率，避免共振发生。

1. 计算模型及边界条件

利用 ANSYS 软件对顶盖和轴承支架进行固有频率分析时，建立完整的顶盖和轴承支架作为分析模型，模型有限元网格划分采用高阶单元 SOLID186 完成，有限元网格剖分如图 2.8-48 所示。为了防止模型产生刚体位移，在顶盖与座环把合螺栓分布圆处，约束相应节点的自由度。

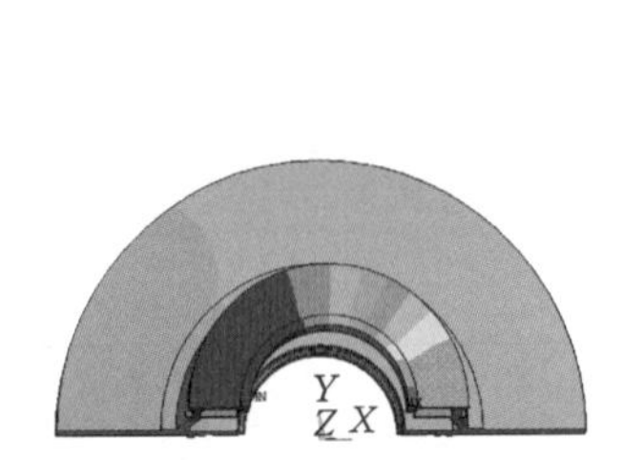

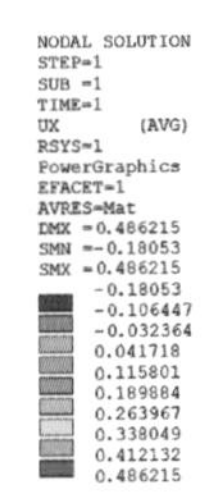

图 2.8-47 顶盖和轴承支架在总力 F_0 作用下的径向变形分布（单位：mm）

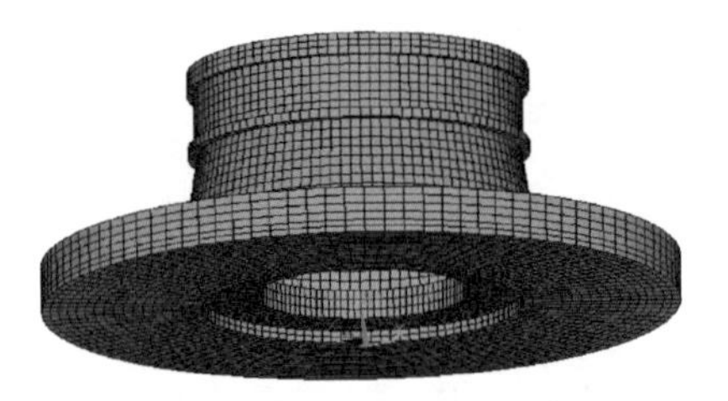

图 2.8-48 顶盖自振频率计算模型图

2. 有限元计算结果

通过有限元分析，得到了顶盖和轴承支架固有频率。图 2.8-49 和图 2.8-50 分别是节径数 $R=0$ 和 $R=1$ 的结构固有频率振型；表 2.8-17 是固有频率汇总表。

顶盖工作过程中主要激振频率是叶轮叶片过流频率：

$$f=Z_r\frac{n_r}{60}=9\times\frac{375}{60}=56.25(\text{Hz}) \tag{2.3-7}$$

通过对比可知，顶盖和轴承支架的固有频率有效地避开了主要激振频率，不会发生共振。

图 2.8-49　顶盖节径数 $K=0$ 振型图（单位：mm）

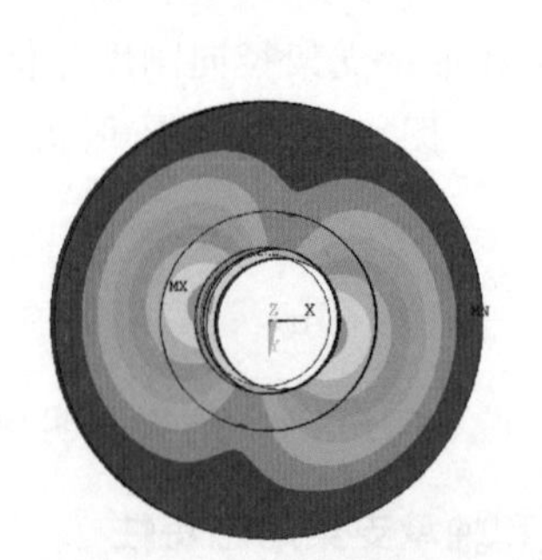

图 2.8-50　顶盖节径数 $K=1$ 振型图（单位：mm）

表 2.8-17　**顶盖和轴承支架固有频率计算结果**

节径数	频率/Hz	节径数	频率/Hz
0	229.6	1	264.3

2.8.8　主轴强度计算

主轴是水泵的重要传动部件，承受着机组运行产生的扭矩、轴向力以及径向力，其强度性能对水泵安全稳定运行十分重要，需对主轴进行解析法和有限元法强度分析计算。

1. 参数和材料特性

主轴强度计算所需参数见表 2.8-18。主轴材料特性及许用应力见表 2.8-19。

表 2.8-18　**主轴强度计算所需参数**

参　数	参数值	参　数	参数值
最大入力 P_{inmax}	14.66MW	主轴内径 d	100mm
额定转速 n_r	375r/min	水力不平衡力 F_r	27440N
叶轮重量 G_{runner}	6.3t	叶轮质量不平衡力 F_u	1500N
主轴重量 G_{shaft}	4.5t	叶轮重心到轴身截面的距离 L_1	1064mm
轴向水推力 F_{thrust}	110t	叶轮中心到轴身截面的距离 L_2	1064mm
主轴外径 D	400mm		

表 2.8-19　**主轴材料特性及许用应力**

材料	强度极限 UTS /MPa	屈服极限 YS /MPa	许用应力/MPa		
			综合应力	剪切应力	考虑应力集中系数的综合应力
锻钢 20SiMn	470	255	63.8	42.5	102

2. 解析法强度计算

(1) 剪应力。扭矩引起的剪应力 τ_{max} 为

$$\tau_{max}=\frac{M_T}{W_n} \tag{2.8-8}$$

其中

$$M_T=\frac{30P}{n_r\pi}$$

$$W_n=\frac{\pi(D^4-d^4)}{16D}$$

式中：M_T 为主轴受到扭矩，N·mm；W_n 为轴的抗扭截面模数，mm^3。

(2) 拉应力。轴向力引起的拉应力 σ_{max} 为

$$\sigma_{max}=\frac{F}{A} \tag{2.8-9}$$

其中

$$F=F_{thrust}+G_{runner}+G_{shaft}$$

$$A=\frac{\pi}{4}(D^2-d^2)$$

式中：F 为主轴轴向拉力，N；A 为轴身截面积，mm^2。

(3) 弯曲应力。水力不平衡力和叶轮不平衡力引起的弯曲应力 σ_w 为

$$\sigma_w=\frac{M_B}{W} \tag{2.8-10}$$

其中

$$M_B=F_rL_1+F_uL_2$$

$$W=\frac{\pi(D^4-d^4)}{32D}$$

式中：M_B 为轴弯矩，N·mm；W 为轴的抗弯模数，mm^3。

(4) 综合应力。轴身综合应力 σ_{emax} 为

$$\sigma_{emax}=\sqrt{(\sigma_{max}+\sigma_w)^2+3\tau_{max}^2} \tag{2.8-11}$$

通过上述解析算法得到主轴应力计算结果见表 2.8-20。从表 2.8-20 中数据可知，主轴应力满足设计要求。

表 2.8-20　　解析法计算的主轴应力　　单位：MPa

工况	部位	剪应力	拉应力	弯曲应力	综合应力
最大入力	轴身	32.6	1.02	4.92	56.7
考核标准		42.5	—	—	63.8

3. 有限元法主轴强度计算

应用 ANSYS 有限元软件，建立主轴分析模型，有限元网格划分采用高阶单元 SOLID186 完成，如图 2.8-51 所示。约束上法兰面节点所有自由度，在下法兰面节点上施加轴向力及扭矩。弯曲应力属于动态应力，并且影响较小，

因此不予考虑。

通过有限元分析，得到了主轴工作过程中的应力水平。表2.8-21是主轴强度的有限元计算结果。图2.8-52是主轴整体应力分布，最大应力101.5MPa；图2.8-53、图2.8-54分别是轴身剪应力和综合应力分布，最大应力分别是32.7MPa和57.4MPa；图2.8-55、图2.8-56、图2.8-57分别是上法兰、下法兰和轴领处综合应力分布，最大应力101.5MPa。主轴强度的有限元分析表明：主轴应力满足设计要求。

表2.8-21　　主轴强度有限元计算结果　　单位：MPa

计算工况	部位及考核标准		剪应力	拉应力	综合应力
最大入力	无应力集中处	轴身	32.7	10.6	57.4
		考核标准	42.5	—	63.8
	应力集中处	上法兰根部	47.5	26.9	87.9
		下法兰根部	47.6	28.8	88.6
		轴领处	54.4	22.0	101.5
		考核标准	—	—	102.0

图2.8-51　主轴有限元分析模型图

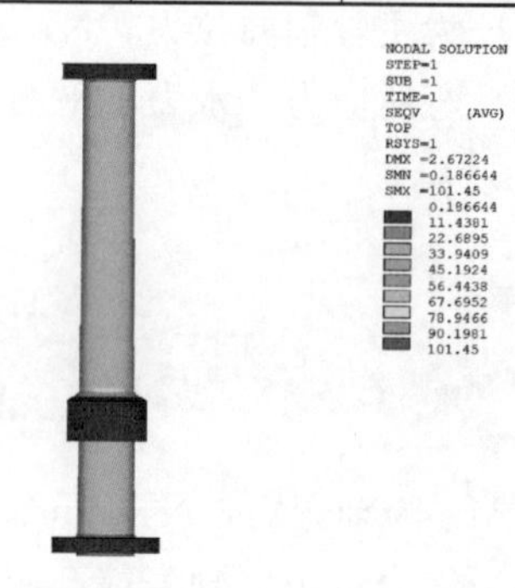

图2.8-52　最大入力工况，主轴整体应力分布（单位：MPa）

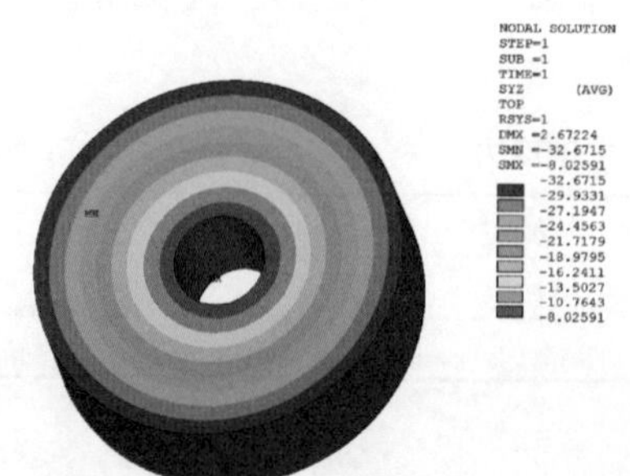

图2.8-53　最大入力工况，轴身剪切应力分布（单位：MPa）

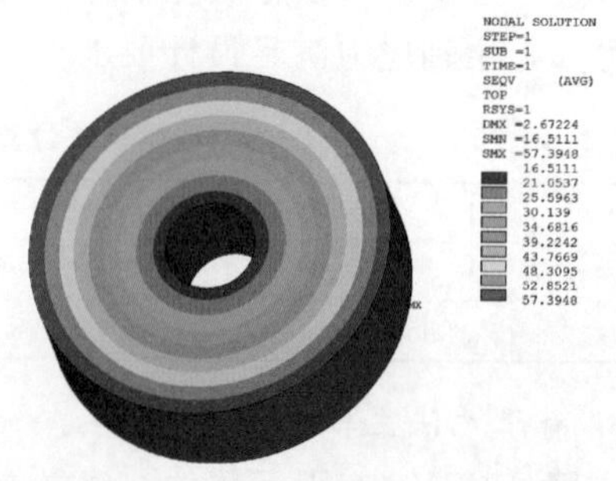

图2.8-54　最大入力工况，轴身综合应力分布（单位：MPa）

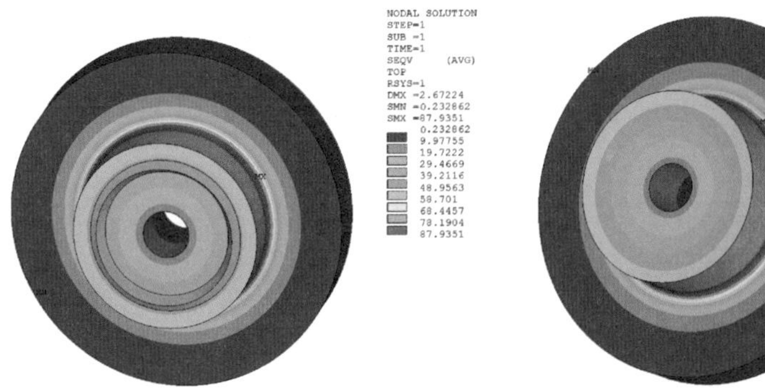

图 2.8-55　最大入力工况，上法兰综合应力分布（单位：MPa）

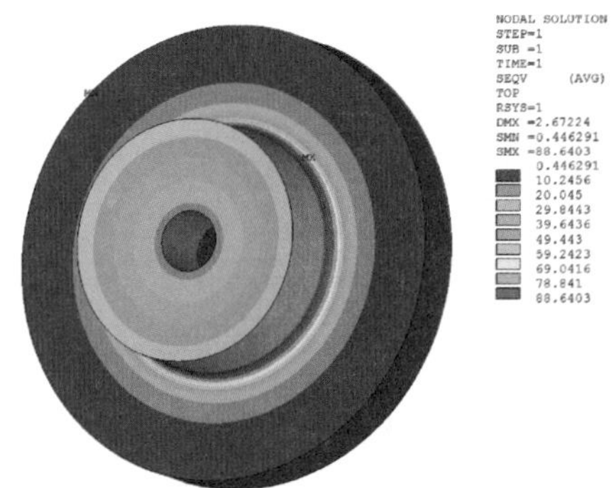

图 2.8-56　最大入力工况，下法兰综合应力分布（单位：MPa）

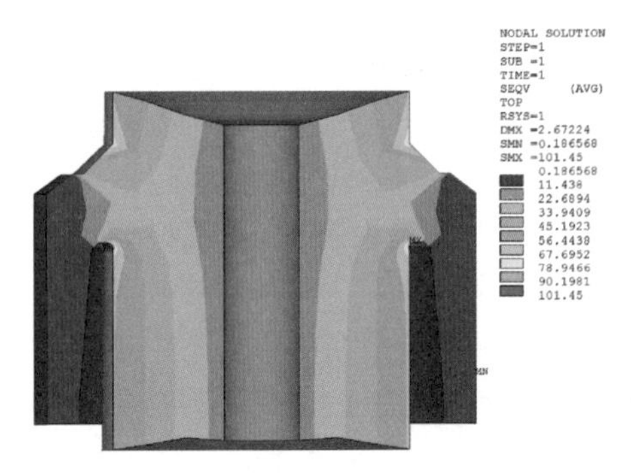

图 2.8-57　最大入力工况，轴领处综合应力分布（单位：MPa）

第3章 高压差大口径流量调节阀关键技术

3.1 高压差大口径流量调节阀研制的难点和重点

我国水资源短缺且时空上分布不均，为满足社会和经济的发展不得不修建许多大型调水工程，输水方式主要有渠道输水和管道（包括隧洞）输水两种。因在水量利用率、水质保证和占地等方面具有明显的优势，管道输水方式被越来越多的调水工程所采用。管道输水需要在管道出口处使用各类调节阀来对水流流量进行较为精确的控制，大口径流量调节阀日渐成为调水工程中的关键设备。

作为压力供水工程分配水关键设备的流量调节阀，调节流量时具有精度高、操作灵活、便于水锤防控等特点，尤其适合较大压力差、大流量、高精度的长距离大型输水管道。流量调节阀在压力管道中连接高压区和低压区，通过改变阀门通道的通流面积、增加流速、造成压力损失，从而达到调整管道内介质的流量和压力。

流量调节阀在工作时流道内存在湍流、漩涡、空化等复杂的流动现象，水力能量大量转化为摩擦耗能、热能、声能等。近年来，随着工程应用的需求不断增加，国内对供水用的大口径流量调节阀的研究逐渐增多，一些高校和科研机构运用CFD技术对大口径流量调节阀的内部流场进行分析，从改变能量损耗分布的角度提出流道优化方案，但对优化流道数值分析进行模型试验验证的则很少。

供水工程中运用的高压差大口径流量调节阀涉及高速水流的水力学问题，设计时需考虑以下主要问题：

(1) 空化。高压差流量调节阀工作时，压差主要作用在控流部件上，以压差50m来说，流速可达到31.3m/s。压差越大，流量调节阀内部的流速越高，阀门的空化性能恶化越厉害，阀门在空化条件下运行不仅带来空蚀、振动、噪声、流量调控困难等问题，还会加剧泥沙对控流部件的磨蚀。

(2) 泥沙磨损。长距离调水工程的原水中不可避免地含有泥沙，尤其是汛期供水的水流中泥沙含量较高。高压差流量调节阀内部的流速高，水中泥沙对阀门控流部件的磨损风险高；加之高速水流造成的空化，空蚀和磨损成为长距离调水工程中高压差流量调节阀设计中应高度关注的问题。因此，提高高压差流量调节阀的抗磨蚀能力，应在阀门的水力设计、结构设计、材料选择等方面采取有效措施。

（3）污物清理。大口径流量调节阀的供水流量大，断流后受影响的范围也大，因而对其可靠性要求更高。但供水工程的原水中也不可避免地含有塑料袋、树枝、树叶等污物，以及供水工程隧洞、管道中施工完毕后未清理干净的钢筋、水泥渣等杂物，都会对流量调节阀的操作构成威胁，影响其流量调节的精度和可靠性，如果塑料袋、树叶等堵塞控流部件的网眼，还会引起压力管道内的水锤、严重的还会造成管道破坏。因此，大口径流量调节阀应在结构上采取措施，方便阀内污物的清理。

目前，国内已建成的大型供水工程中应用的大口径流量调节阀多为进口产品。三河口水库流量调节阀的口径为 $DN2000$，工作的最大压差 96m，该阀门为国内最大公称直径的流量调节阀，也是高压差大口径流量调节阀的典型代表。

本章以陕西省引汉济渭工程三河口水利枢纽选用的口径 $DN2000$、最大压差 96m 的流量调节阀为实例，系统介绍高压差大口径流量调节阀的开发、模型试验的研究成果。研究通过 CFD 数值模拟对阀门内部的流场进行计算，分析其流阻、流量、空化等主要性能系数；为验证其水力设计、评估原型阀门的水力性能，开展了口径为 $DN400$ 的流量调节阀模型试验研究工作，这也是国内首例大口径流量调节阀的模型试验。

3.2 国内外大型流量调节阀的技术发展

3.2.1 国外流量调节阀的技术发展

自从认识到调节阀在流体机械和大型水利工程中的重要作用以及存在的不足之后，国外对其性能特性的研究从未停止。从现代工业革命开始，调节阀的发展先后经历了三个阶段，依次出现了球阀、蝶阀、三通调节阀、套筒阀、活塞式调节阀等，逐步使得调节阀得到发展，取代了传统的结构形式，向现代化、智能化控制迈进。

国外调节阀的发展比较早而且研究比较深入，重视设计与基础理论、新工艺、新材料、标准化和可靠性等方面的研究，新产品的开发与试验研究相结合。由于调节阀在自动化控制中的重要作用得以迅速发展，国外发达国家在调节阀的理论和试验研究方面都取得了很大的进步，低噪声调节阀、旋转类型调节阀等都得到广泛应用。

McCloy等[6]对锥阀阀口的二维模型进行试验，并且通过测量阀座上关键点的压力来估算阀芯寿命，得出阀口流量特性与阀座半径、阀座倒角、下游阀腔容积大小有关。西班牙巴伦西亚大学的研究人员[7]进行了三维几何结构对调节阀水力特性影响的研究，采用 $N-S$ 方程来求解数学模型，借助CFD计算软件对调节阀的复杂结构对其流动特性的影响进行计算，得出数值计算结果较试验结果偏小的原因主要是由于简化仿真模型所致，提出在阀芯出口处用光滑的几何结构来代替原来的结构可以达到减小振动与噪声、空蚀、提高流量系数等改良效果。

日本的大岛等[8]对调节阀的流量特性等问题也做了十分深入的研究，通过采用半切模型并将外流式和内流式两种情况考虑在内，分别采用试验的方法对其研究，得到阀芯形式不同对锥阀内部噪声、气穴和液动力的影响，并深入研究了影响阀门流量特性的因素，包括阀芯行程、流体温度、阀座倒角大小等，还对不同流体气穴现象的异同进行了研究。

法国工业力学技术中心[9]对调节阀的流场进行了大量试验，以空气作为介质，得到了一系列有关流场的特性，结合以往的理论分析得出一些可能导致阀门不能稳定运行的因素，因试验在二维轴对称模型上进行，但实际上调节阀内部气体流动具有三维特性，所以试验结果存在较大偏差。在高压调节阀的设计上，日本东芝和三菱公司则取得了较大的成果，其设计的调节阀阀座结构合理，且其工作稳定性、流动特性等方面都具有良好的效果。

日本和美国的一些高校[10-11]对于阀门的噪声振动及稳定性问题进行了大量的深入研究，通过分析研究，得出调整阀芯的型线是提高阀门的稳定性的主要因素，另外，影响阀门振动和压力损失的根本原因是阀门内部流体的非对称流动，说明加强对阀门内部流场的研究具有重要意义。美国通用电气公司也通过对不同类型的调节阀内部流场与结构的相关性进行了一系列的计算与分析仿真，发现了导致其流量损失的关键因素，从而通过进一步的局部结构改进减小了压力和能量的损失。

国外关于调节阀的理论研究和性能等方面都已达到较高的水平，从理论研究开始，分析各种因素对调节阀性能特性的研究，并借助于计算机仿真分析软件和先进的试验设备，结合工程应用，对影响调节阀性能的敏感因素不断进行分析优化，阀门性能不断提高，大口径流量调节阀也不断应用于工程实践中，我国已建成的供水工程中使用的大口径流量调节阀多为进口产品。

3.2.2 国内流量调节阀的技术发展

我国调节阀的发展相对于发达国家而言起步较晚，与国外的高端阀门还有较大差距。20世纪30年代，V形缺口的单座和双座调节球阀问世。40年代，调节阀品种有了进一步发展，出现了隔膜阀、角型阀、蝶阀、球阀等产品。50

年代，球阀得到了较大的推广，三通阀代替两台单座阀投入使用。到60年代，对上述产品进行了标准化、规范化和系列化的改进设计，国内有了完整的系列产品，现在还在大量使用的单座阀、双座阀、角型阀、三通阀、隔膜阀、蝶阀、球阀7种产品仍相当于60年代水平的产品。60年代，国外开始推出了第八种结构调节阀——套筒阀。直到70年代末，国内联合设计了套筒阀，使我国有了自己的套筒阀系列产品。

20世纪70年代，又一种新结构产品偏心旋转阀出现，偏心旋转阀是由偏心阀瓣旋转调节和切断介质，综合了球阀和蝶阀的优点，其泄露量小，还可兼作切断阀，具有可调比大、体积小、重量轻、流量系数大、动态稳定性高、阀效应不明显、阀瓣不平衡力小（约为单座阀的1/2）、适用温度范围大、通用性好等特点而被使用。

20世纪80年代开始各种精小型调节阀开始诞生，因对执行机构进行改进使调节阀的重量和高度下降、流通能力和性能提高，我国引进日本的精小型阀体，并对结构进行了改进，之后国内也设计研发了精小型调节阀等系列产品。

20世纪90年代以后，通过不断的研究以及计算机技术的发展，具有更高性能的智能控制调节阀诞生，同时调节阀的发展重点也转移到了特殊功能调节阀的改进和研发上。到90年代末，出现了全功能超轻型阀，在可靠性、功能和重量上较之以前的各种调节阀都有很大的突破，其最突出的特点之一是功能上的齐备性，具备全功能的特点，一个阀门可以代替几个功能不同的阀门，大大减少了调节阀的种类，使得阀门选型更加容易，另外，其重量较之以前的单座阀、双座阀等减少很多，密封、定位、动作等方面的可靠性也得到很大的提高，使得调节阀的整体可靠性得到了极大提高，我国调节阀的技术水平也得到突破。

进入21世纪以后，调节阀得到进一步的发展，采用现场总线的调节阀开始出现，如国外典型的智能阀门定位器系列产品逐渐在国内得到应用，这也成为国内调节阀的一个研究重点。

国内高性能调节阀品种较少，在结构上部分产品性能参数水平不高，存在密封材料使用不当、工艺处理达不到要求等问题，使得调节阀的整体寿命和性能受到很大的影响，电动操作控制的精度和可靠性方面与国外先进产品的差距较大，另外，新产品研发能力较低，难以满足各行业的需求。

虽然国内目前的调节阀的技术水平有些方面还相对落后，但是对于其理论研究，国内专家和学者正逐步进行深入的研究，已取得一定研究成果。山东大学的刘文国[12]使用CFD软件对调节阀进行了三维流场的分析，探究了调节阀的调整开启时机和蝶阀选配形式。北京航空航天大学的李君海等[13]对双工况流量调节阀的设计方法和原理进行了研究，分析了飞行用供给系统的关键设计参数并通过实验证明其可行性。辽宁石油化工大学的张月静[14]对调节阀口径的选择进行了研究，通过对口径选择的原则及流量系数的计算进行分析后确定了口径选择的方案。兰州理工大学的张伟政[15]对调节阀内部的流场进行了分析，得到了调节阀的流量特性曲线以及调节阀内部流场的流动情况，并对流场进行了优化分析。西安理工大学的芦绮玲[16]结合万家寨引黄连接段输水工程对压力管道出口多喷孔射流消能的复杂流动进行了数值模拟和试验研究，提出了断面余能比概念，探讨了多喷孔射流进入阀室后的水流结构与消能机理。中阀科技（长沙）阀门有限公司的方鑫、童成彪[17]运用CFD数值计算的方法，对一种聚流式调节阀的流通能力、消能效果和抗空化性能进行了分析探究。

目前，国内生产的调节阀在流量控制精度、振动及噪声控制等方面还存在一些问题，调节阀的结构设计复杂、整体笨重、有效利用区间小、寿命短且维修成本较高，本章将对高压差大口径调节阀的性能特性进行深入研究，从各个方面对其进行模拟分析和试验，从而得到其流量系数、振动及噪声等特性，这将具有十分重要的工程意义，同时对于进一步开发新产品也具有十分重要的指导意义。

水力设计水平的提升对调节阀的性能改善有着重要意义，同时结合机械加工工艺的进步，将为我国大口径流量调节阀的技术进步提供有力的支撑。

3.3　高压差大口径流量调节阀水力开发

3.3.1　三河口水库流量调节阀研发技术要求

三河口水利枢纽为引汉济渭工程的两个水源工程之一，枢纽位于子午河佛坪县大河坝乡上游约3.8km处的子午河峡谷下游段，枢纽水库总库容为7.1亿m^3，调节库容6.5亿m^3。枢纽主要由大坝、坝身泄洪放空系统、坝后引水系统和连接洞等组成。水库大坝采用碾压混凝土拱坝，最大坝高145.0m；大坝泄洪采用坝身表、底孔相结合的泄洪方式，并在大坝下游设200m长的消力塘消能，以保证大坝泄洪安全；坝后厂房设置在大坝下游右岸，进水口设置于坝身上，通过压力钢管连接；在电站尾水洞和秦岭隧洞控制闸之间设置连接洞，以满足枢纽和秦岭隧洞之间引抽水的要求；同时在满足水库功能的基础上，为便于水库检修和河道生态环境的要求，在下游消力塘、电站尾水洞内设有排沙闸和生态放水管等建筑物。

三河口水利枢纽水库正常蓄水位643.00m，汛期限制水位为642.00m，死水位为558.00m，最低运用死水位为544.00m。电站设计尾水位548.10m，最低尾水位547.0m。电站装机容量为60MW，装设单机容量为20MW的常规发电机组和单机容量为10 MW的可逆式机组各2台。电站引水发电钢管管径

ϕ4.5m，自电站引水发电钢管接出2根直径为ϕ2.0m的供水支管，每根供水支管分别设有1台公称直径为2.0m、公称压力为1.6MPa的流量调节阀，其上游设蝶阀、下游设偏心半球阀作检修用。阀前支管长约38.8m，阀后支管长约18.5m。阀门中心安装高程均为531.00m，阀室地面高程529.00m。

三河口水利枢纽工程主要依靠电站发电后的尾水向下游供水，当三河口水库蓄水初期或机组供水受限时，需通过流量调节阀供水，对供水流量进行调节。

由于河流径流量小、水库库容大，水库建成后蓄水过程较长，蓄水初期电站上网受限，需通过阀门供水，其供水时间约为3年。水库正常运行后，阀门平均每年运行时间约3个月以上。三河口水库水位在643.00～608.00m时，发电流量不足，通过流量调节阀补水，两台阀门补水流量合计2.0～12.0m^3/s；水库水位在608.00～563.00m时，发电受阻，也需通过流量调节阀供水，两台阀门补水流量合计2.0～31.0m^3/s；水库水位在563.00～558.00m时，发电受阻，也需通过流量调节阀供水，两台阀门补水流量合计2.0～28.0m^3/s；水库水位在558.00～544.00m时，阀门全开过流。

根据供水调度要求，在三河口水库蓄水初期或电站机组运行受限时，需通过2台流量调节阀进行供水或补水。流量调节阀具有线性调节特性，能在要求的流量变化范围内实现连续、稳定、精确调节；最大或最小压差下，在10%～100%开度范围内稳定运行、不发生空化破坏，不允许阀后管道中出现危险的压力脉动；供水流量应满足设计流量要求并留有不小于5%的余量。三河口水库流量调节阀的运行要求见表3.3-1。

表3.3-1　三河口水库流量调节阀供水运行要求

工况	水库水位/m	阀后水位/m	阀后流速/(m/s)	供水流量/(m^3/s)
1	643.00～608.00	547.00	≤5.0	2.0～6.0
2	608.00～563.00	547.00	≤5.0	2.0～15.5
3	563.00～558.00	547.00	≤5.0	2.0～14.0
4	558.00～544.00	547.00	≤5.0	无要求

从表3.3-1可以看出，在有明确要求的供水流量范围内，三河口水库流量调节阀最大工作压差为96m、最小工作压差为11m，压差变幅巨大；相对于低压差时的供水流量要求，高压差时要求的供水流量明显减小。可见，三河口水库流量调节阀的运行要求高、设计难度大。

3.3.2 流量调节阀水力设计软件和计算模型

1. 水力设计计算软件

流量调节阀水力开发采用Ansys Fluent 14.5流体计算软件，使用SST

$k-\omega$湍流模型进行单相流CFD分析。单相流和两相流预测空化是否发生以及发生的区域基本上是一致的，采用单相流计算是因为其收敛速度更快，有利于方案比选阶段对多方案的快速筛选。

2. 计算模型

计算模型为阀门流体域的1/64的扇形段，并在阀门前后延伸一段管路，见图3.3-1。

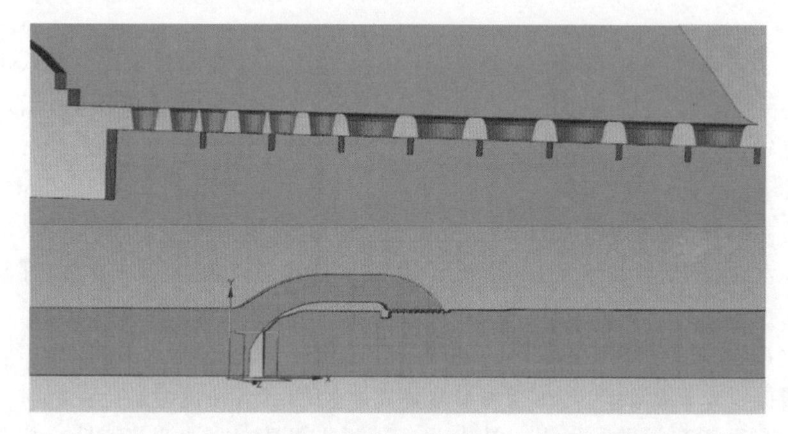

图3.3-1　三河口水库流量调节阀水力设计计算模型

（1）计算网格。流量调节阀套筒上有数量非常多的小孔和槽，它们是消能的关键角色。小孔附近射流的流速和压力变化的梯度很大，因此小孔附近需要精细的网格。但由于小孔数目非常多、阀体空间巨大，采用四面体网格容易导致网格数量巨大，会导致计算难以收敛或者计算误差大。为了解决这个问题，计算时全部采用了疏密合理、数量合理、质量好的六面体网格。小孔数目越多，网格数目越大，网格数量为500万～760万。为了模拟壁面对流动的影响，小孔和槽的壁面附近网格均进行了加密，第一层网格厚度只有0.1mm，见图3.3-2和图3.3-3。

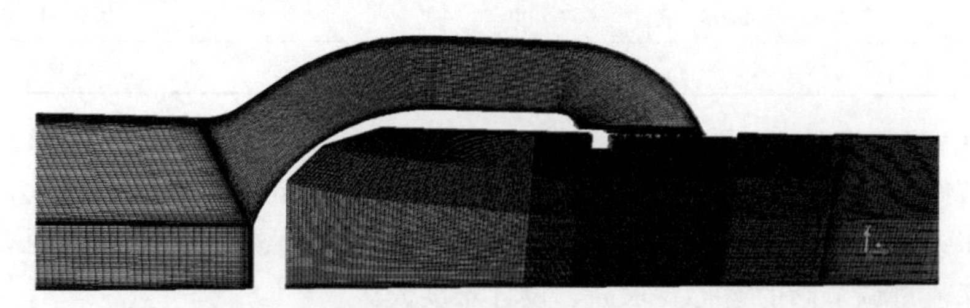

图3.3-2　三河口水库流量调节阀水力设计网格划分示意

（2）水力设计原则。水力设计按照下列原则开展：

1）尽量减小阀门空化发生的概率和强度。

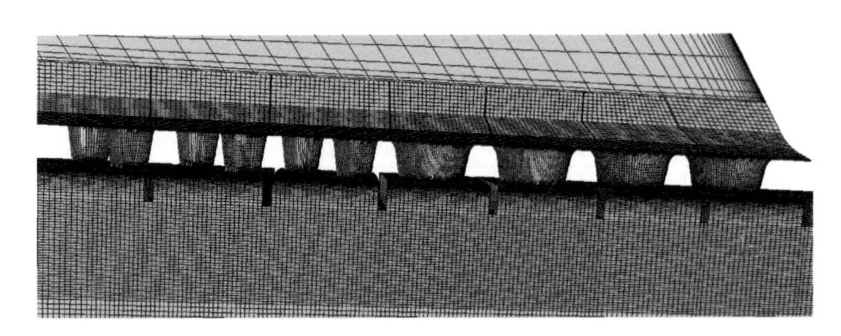

图 3.3-3 三河口水库流量调节阀水力设计小孔和壁面网格示意

2）增大射流孔的尺寸，提高外物通过率，减轻对射流孔的卡滞和堵塞。

3）模型试验件等比例缩小至原型尺寸的 1/5，应考虑模型试验件射流孔缩小后加工的可行性。

3.3.3 流量调节阀流阻系数设定

根据拟定的水力设计原则，将流量调节阀在高压差工况的相对开度（相对开度为工作开度相对于最大开度的百分数）范围设定为 0～30%；在 30%以上的开度，流量增长的速度设定为 30%以下开度的两倍，同时，保证在 11m 的压差下，阀门在 95%左右开度下的流量大于 $14.0m^3/s$，以保证阀门在低压差工况下的流量能满足设计要求。三河口水库流量调节阀设定的流阻系数见表 3.3-2。

表 3.3-2 三河口水库流量调节阀设定的流阻系数

阀门相对开度/%	流阻系数	阀门相对开度/%	流阻系数
5	11800.1	55	46.1
10	2950.0	60	36.4
15	1311.1	65	29.5
20	737.5	70	24.4
25	472.0	75	20.5
30	327.8	80	17.5
35	184.4	85	15.1
40	118.0	90	13.1
45	81.9	95	11.5
50	60.2	100	10.2

根据表 3.3-2 流阻曲线，计算得到的流量调节阀在压差分别为 96m、61m、16m 和 11m 的工况下的流量特性如图 3.3-4～图 3.3-7 所示（图中两条红线之间的区间为流量调节阀在该压差下工作的开度范围）。

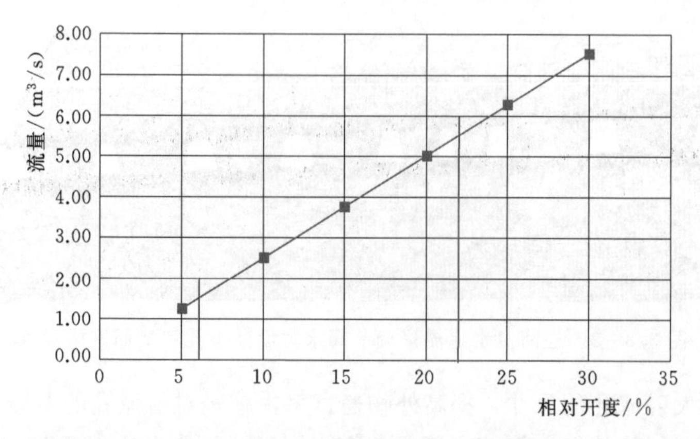

图 3.3-4　压差为 96m 时流量调节阀流量特性及工作范围

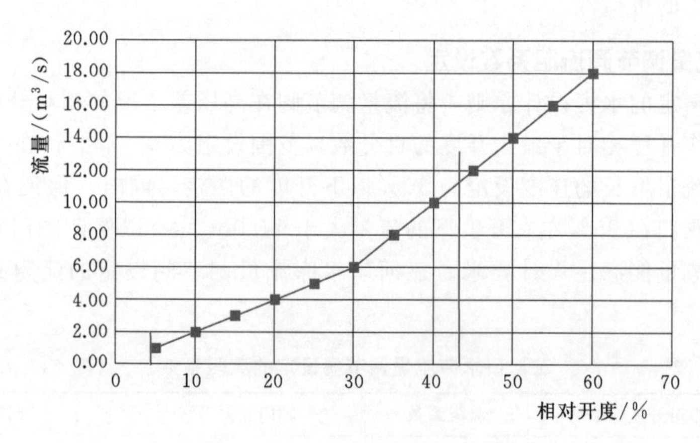

图 3.3-5　水头为 61m 时流量调节阀流量特性及工作范围

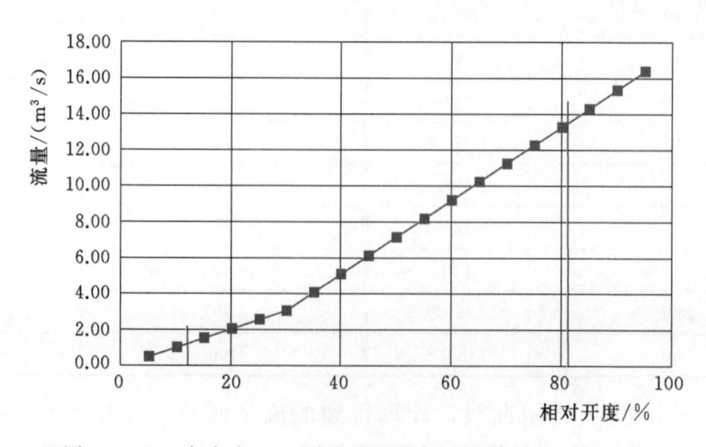

图 3.3-6　水头为 16m 时流量调节阀流量特性及工作范围

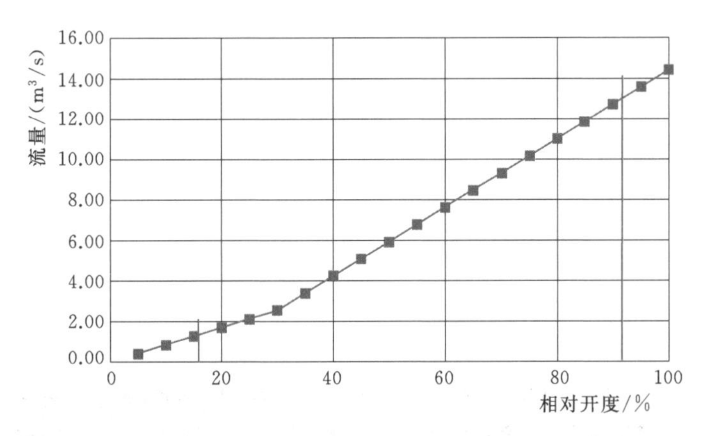

图 3.3-7 水头为 11m 时流量调节阀流量特性及工作范围

3.3.4 流量调节阀水力通道设计

三河口水库流量调节阀工作压差大，控流部件采用鼠笼结构。为更好满足运行要求，在保持流量调节阀主体结构不变的前提下，对鼠笼的开孔型式和结构进行比选，选择了如下四种方案进行比选。

1. 方案一

方案一如图 3.3-8 所示，鼠笼采用孔加槽的布局，孔的工作开度范围是 0～30%，孔直径为 24.6mm；槽的工作开度范围是 30%～100%。

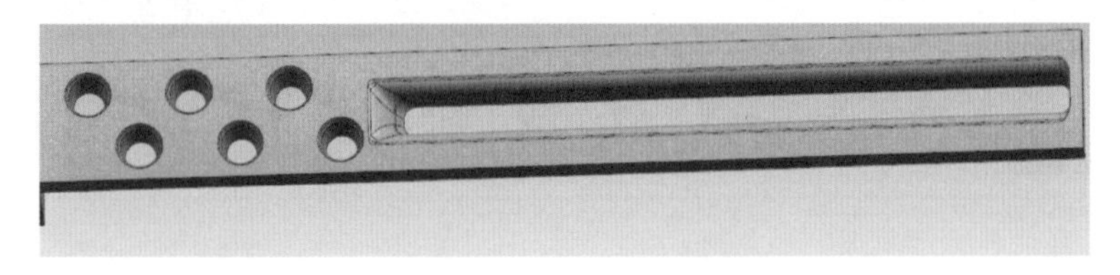

图 3.3-8 方案一鼠笼开孔示意（1/64 扇形段）

2. 方案二

方案二如图 3.3-9 所示，鼠笼采用开孔，沿鼠笼轴线方向开设 6 排小孔和 14 排大孔。其中小孔的最小直径为 24.6mm，大孔的最小直径为 32.8mm、最大直径则达到了 44mm。由于大孔的最大直径超过流量调节阀 5%开度对应

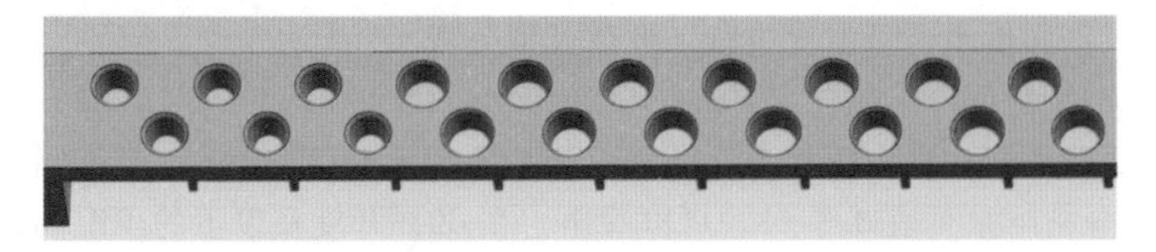

图 3.3-9 方案二鼠笼开孔示意（1/64 扇形段）

的长度40mm，大孔采用重叠布置方式，即每10%开度内两排大孔在轴向上重叠一定长度空间（两排大孔的角向位置错开），两排大孔之间有2mm的轴向重叠空间。方案二的整个鼠笼共计有1280个孔。

3. *方案三*

方案三如图3.3-10所示，鼠笼采用孔径相同的开孔结构，所有孔的结构均相同，孔的最小直径为24.6mm。流量调节阀在30%开度及以下，每5%开度对应一排孔，这样的开孔共有6排；在30%开度以上，每5%开度对应2排孔，这样的开孔共有28排。整个鼠笼共计有2176个孔。

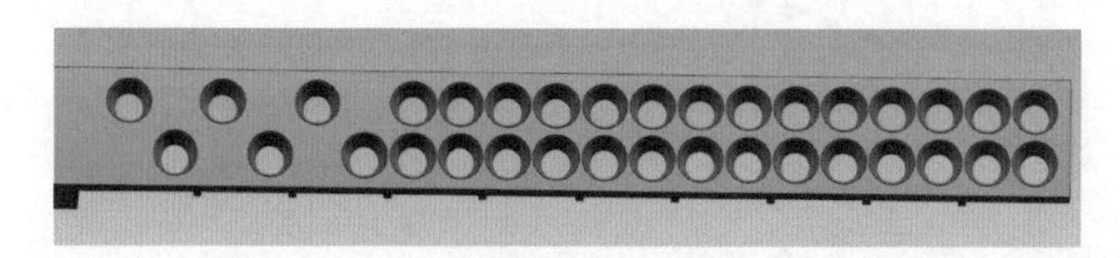

图3.3-10　方案三鼠笼开孔示意（1/64扇形段）

4. *方案四*

方案四如图3.3-11所示，鼠笼采用小孔加大孔的结构形式，小孔的最小直径为24.6mm，在30%开度及以下共6排，每5%开度对应1排64个孔，共有384个小孔；大孔的最小直径为49.2mm，在30%开度以上，每10%开度对应1排64个孔，共有448个孔。整个鼠笼共计有832个孔。

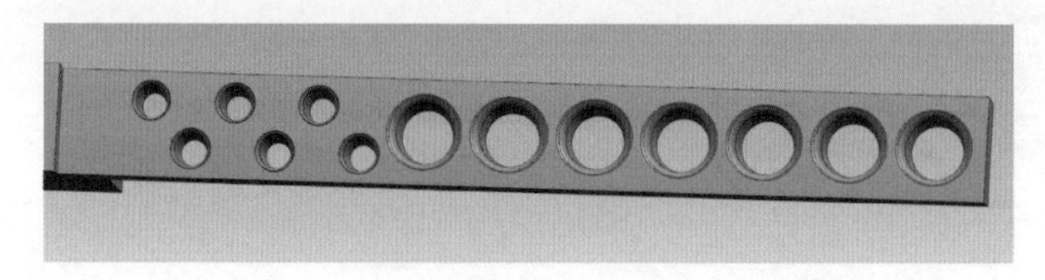

图3.3-11　方案四鼠笼开孔示意（1/64扇形段）

对流量调节阀4种不同的水力通道方案进行CFD分析和对比，结果显示，方案四的流量特性和空化性能最好，因此作为选定方案。

3.3.5　流量调节阀原型水力设计CFD分析

根据表3.3-1给出的流量调节阀运行条件和要求，对流量调节阀在各典型压差下不同供水流量工况进行了数值模拟分析。

1. *压差为96.0m*

流量调节阀在最大压差为96.0m（相应水库水位643.0m）时不同开度下的CFD分析结果见表3.3-3。可以看出，在30%开度及以下的工况阀门都没有发生空化，40%开度及以上出现空化。在最大压差下，流量调节阀30%开度时的流量为 7.535 m^3/s，已超过表 3.3-1 规定的供水流量要求（最大流量为 $6m^3/s$），因此，阀门工作在 30%开度以下，不会发生空化。图 3.3-12～图 3.3-15 为流量调节阀在压差为 96.0m、30%开度下的流场分析结果。

表 3.3-3　　流量调节阀在压差 96.0m 流场模拟分析结果

相对开度/%	流量/(m^3/s)	流阻系数	最低压力/Pa	是否发生空化
10	2.445	3105.8	226107	否
20	4.965	753.3	172966	否
30	7.535	327.1	89745	否
40	12.721	114.7	-68618	是
50	17.944	57.7	-62829	是

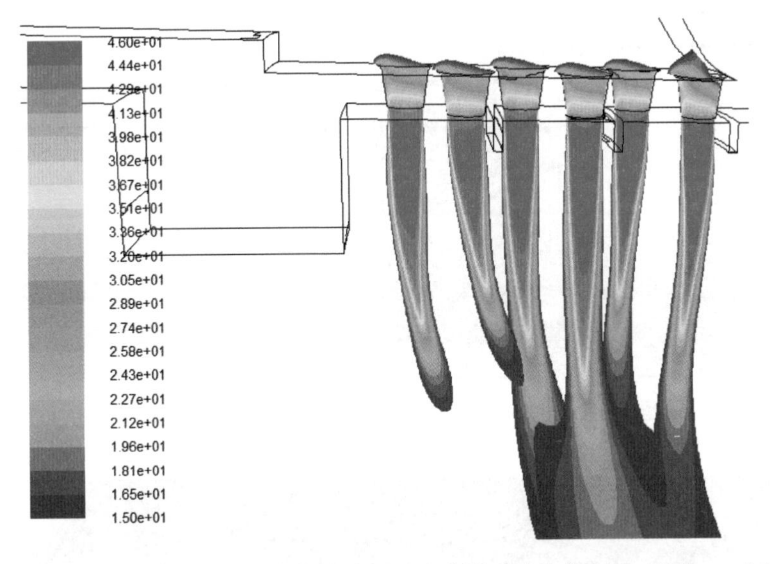

图 3.3-12　压差 96.0m、30%开度下过流孔附近的速度云图（单位：m/s）

2. 压差为 61.0m

流量调节阀在压差为 61.0m（相应水库水位 608.0m）时不同开度下的 CFD 分析结果见表 3.3-4。可以看出，在 70%开度及以下的工况阀门都没有发生空化，其中，60%开度的压力最低，已接近发生空化。与预测的一样，CFD 分析结果显示，流量调节阀的流量与开度呈两段线性关系（见图 3.3-16）。在压差 61.0 下，流量调节阀 60%开度时的流量为 18.292 m^3/s，已超过表 3.3-1 规定的供水流量要求（最大流量为 $15.5m^3/s$）。图 3.3-17～图 3.3-20 为流量调节阀在压差为 61.0m、50%开度下的流场分析结果。

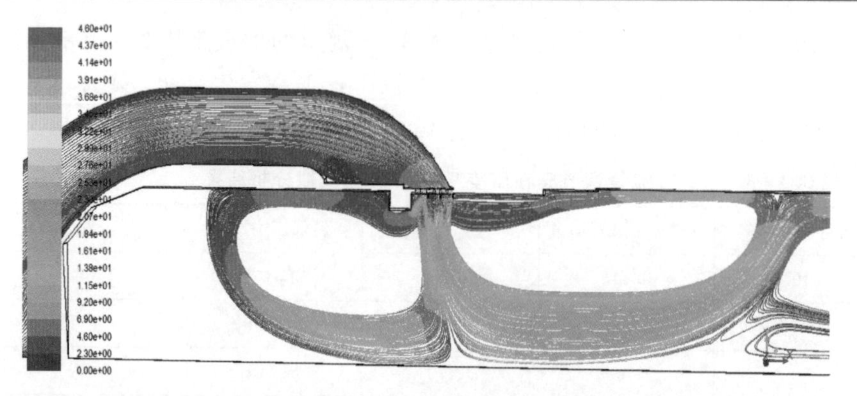

图 3.3-13　压差 96.0m、30%开度下流量调节阀内部流线图（单位：m/s）

图 3.3-14　压差 96.0m、30%开度下流量调节阀内部流线图（局部放大）（单位：m/s）

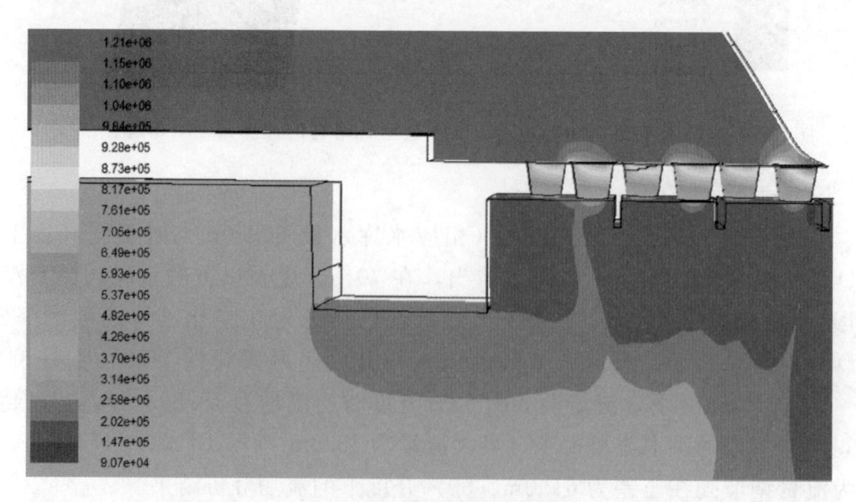

图 3.3-15　压差 96.0m、30%开度下流量调节阀内部压力分布图（单位：Pa）

表 3.3-4 流量调节阀在压差 61.0m 流场模拟分析结果

相对开度/%	流量/(m^3/s)	流阻系数	最低压力/Pa	是否发生空化
10	1.949	3106.1	226107	否
20	3.961	751.9	201869	否
30	6.011	326.6	159244	否
40	10.150	114.5	55071	否
50	14.296	57.7	51464	否
60	18.292	35.3	14581	否
70	22.083	24.2	30865	否

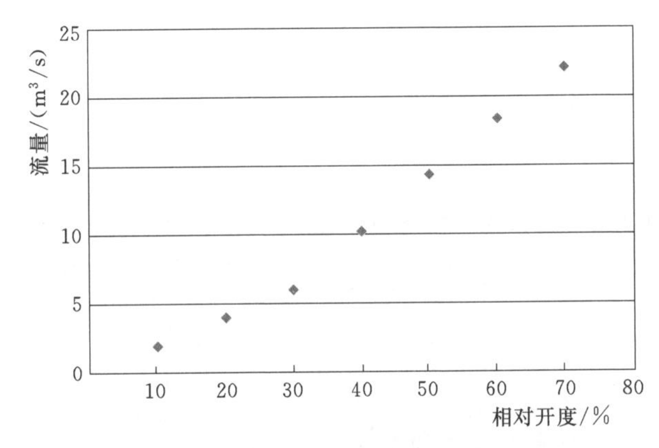

图 3.3-16 压差 61m 时流量调节阀的流量与开度关系

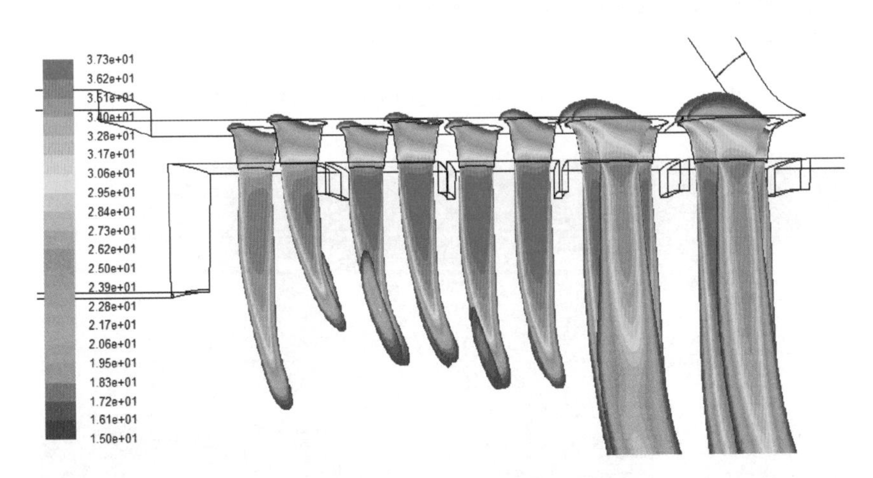

图 3.3-17 压差 61.0m、50%开度下过流孔附近的速度云图（单位：m/s）

3. 压差为 16.0m

流量调节阀在压差为 16.0m（相应水库水位 563.0m）时不同开度下的

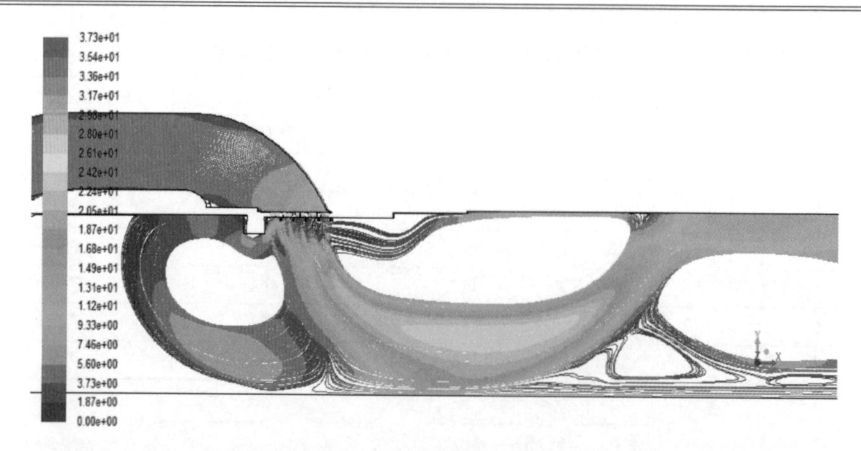

图 3.3-18　压差 61.0m、50%开度下过流孔附近的流线图（单位：m/s）

图 3.3-19　压差 61.0m、50%开度下过流孔附近的流线图（局部放大）（单位：m/s）

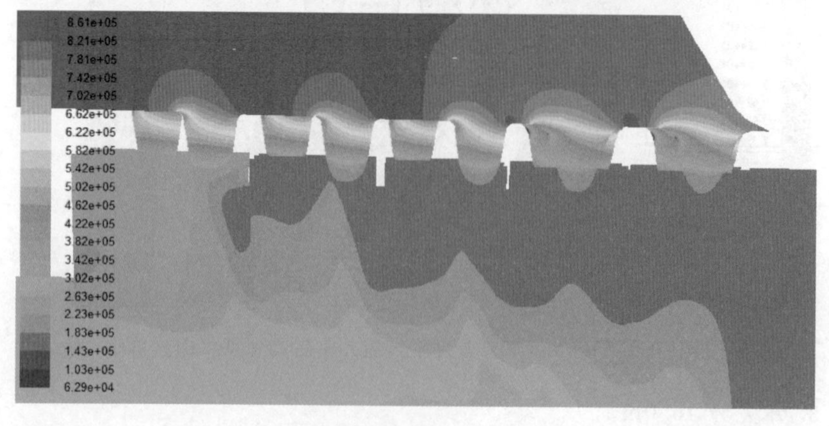

图 3.3-20　压差 61.0m、50%开度下流量调节阀内部压力分布图（单位：Pa）

CFD 分析结果见表 3.3-5。可以看出，在全部开度下阀门都没有发生空化，在 90%开度时的流量为 15.281m^3/s，已超过表 3.3-1 规定的供水流量要求（最大流量为 14.0m^3/s）并有 9.2%的裕度。与预测的一样，CFD 分析结果显示，流量调节阀的流量与开度呈两段线性关系（见图 3.3-21）。图 3.3-22～图 3.3-25 为流量调节阀在压差为 16.0m、60%开度下的流场分析结果。

表 3.3-5 流量调节阀在压差 16.0m 流场模拟分析结果

相对开度/%	流量/(m^3/s)	流阻系数	最低压力/Pa	是否发生空化
10	1.004	3106.05	226621	否
20	2.041	751.9	241704	否
30	3.088	326.6	227369	否
40	5.203	114.5	205455	否
50	7.229	57.7	212493	否
60	9.380	35.2	201450	否
70	11.477	23.5	186734	否
80	13.441	17.1	182006	否
90	15.281	13.3	210706	否
100	16.868	10.9	199057	否

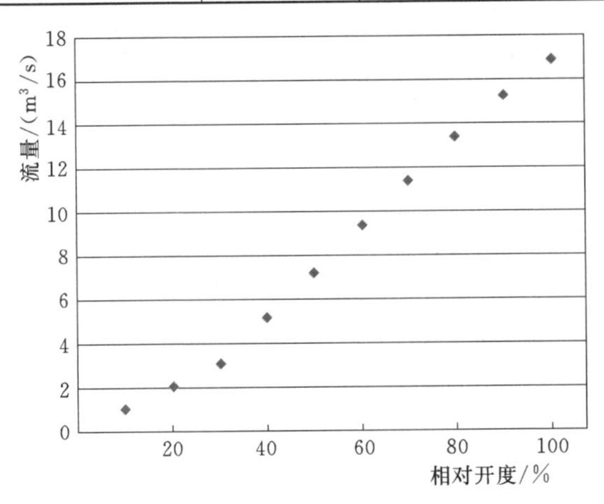

图 3.3-21 压差 16m 时流量调节阀的流量与开度关系

4. 压差为 11.0m

流量调节阀在压差为 11.0m（相应水库水位 558.0m）时 20%和 100%开度下的 CFD 分析结果见表 3.3-6。可以看出，在全部开度下阀门都没有发生空化，在压差 11.0m 下阀门全开时，阀门的供水流量达到 14.76m^3/s。图 3.3-26～图 3.3-29 为流量调节阀在压差为 11.0m、100%开度下的流场分析结果。

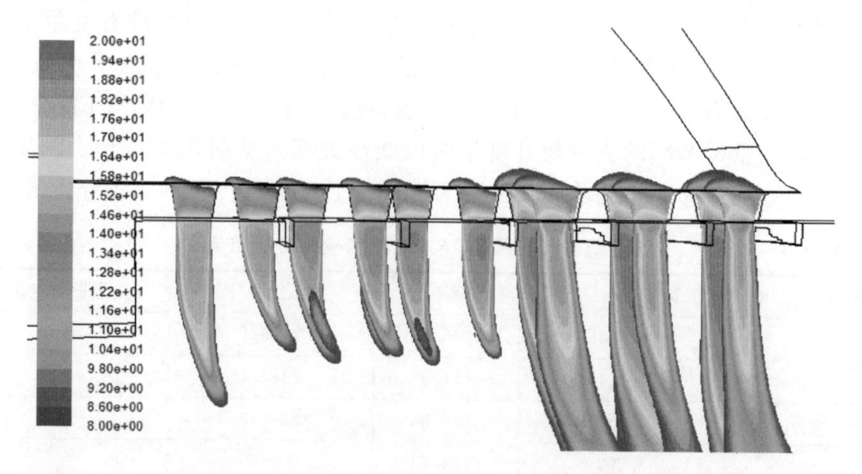

图 3.3-22　压差 16.0m、60%开度下过流孔附近的速度云图（单位：m/s）

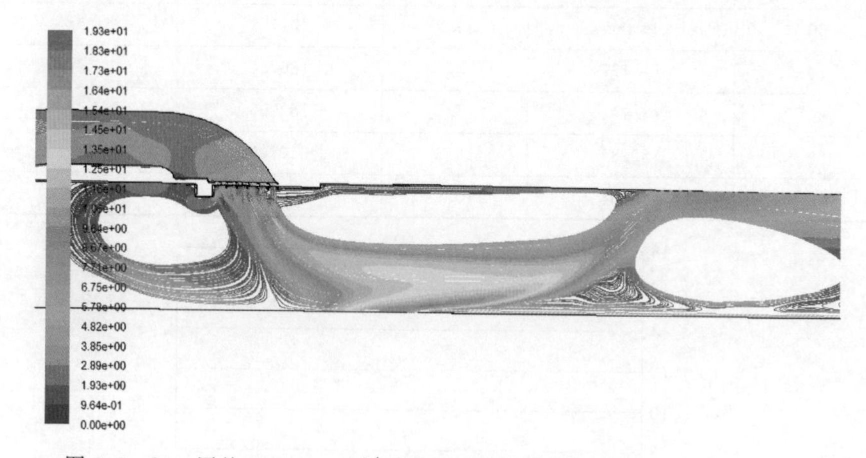

图 3.3-23　压差 16.0m、60%开度下过流孔附近的流线图（单位：m/s）

表 3.3-6　　流量调节阀在压差 11.0m 流场模拟分析结果

相对开度/%	流量/(m^3/s)	流阻系数	最低压力/Pa	是否发生空化
90	12.81	751.9	212058	否
100	14.76	9.83	199057	否

从 CFD 分析结果可以看出，选定的鼠笼开孔方案四在规定的运行范围内没有发生空化现象。根据水力设计开发的三河口水库 *DN*2000 流量调节阀总体结构见图 3.3-30，控流部件鼠笼结构见图 3.3-31。

3.3.6　流量调节阀原型与模型的相似准则

为验证 *DN*2000 流量调节阀的水力性能，需对流量调节阀进行模型试验。

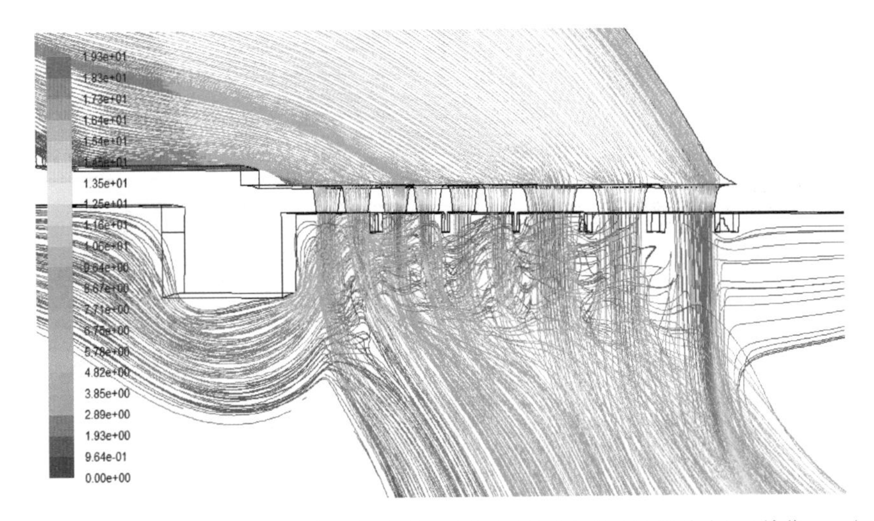

图 3.3-24 压差 16.0m、60%开度下过流孔附近的流线图（局部放大）（单位：m/s）

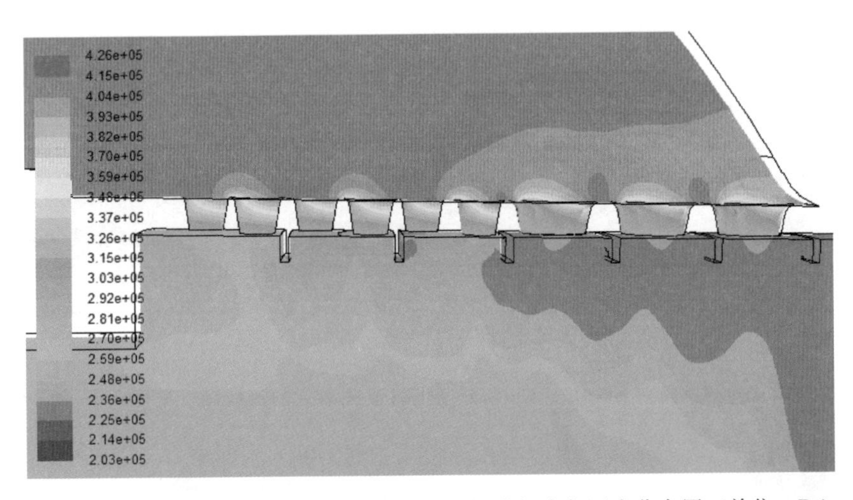

图 3.3-25 压差 16.0m、60%开度下流量调节阀内部压力分布图（单位：Pa）

流量调节阀模型口径为 *DN*400，原型与模型的尺寸比例为 5∶1，模型阀门的流道及鼠笼开孔均完全按此比例进行缩放设计。

模型设计原则如下：

通常，模型试验应满足几何相似、运动相似、动力相似和初始条件、边界条件相似的准则。几何相似指的是原型和模型之间的相应长度维持同一比例关系。运动相似指的是原型、模型流体的运动情况（流场）相似，即相应点的速度方向相同，大小维持同一比例关系。动力相似指的是原型、模型相应部位或质点上的作用力相似，即所有相应的力（包括重力、黏性力、表面张力、弹性

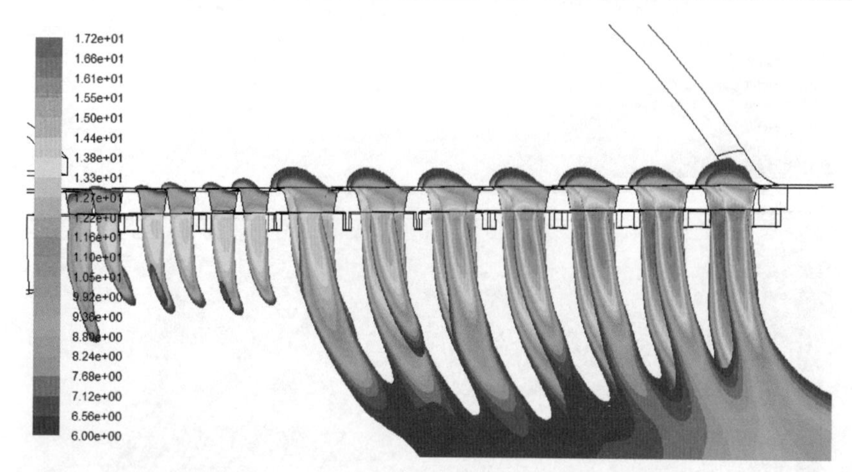

图 3.3-26 压差 11.0m、100%开度下过流孔附近的速度云图（单位：m/s）

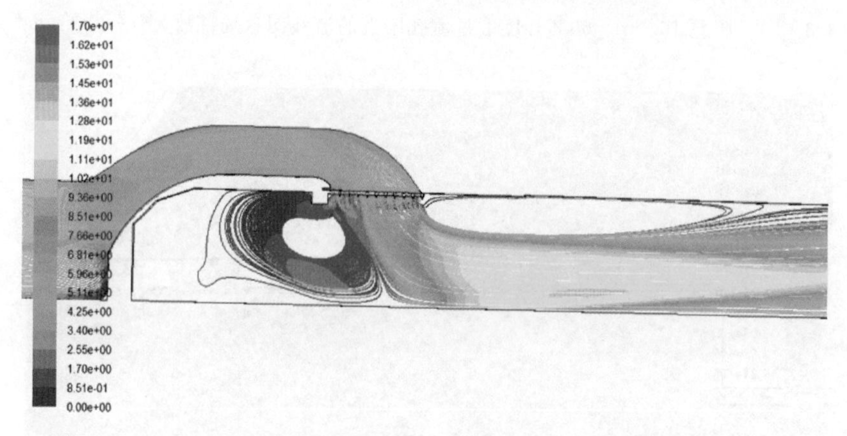

图 3.3-27 压差 11.0m、100%开度下过流孔附近的流线图（单位：m/s）

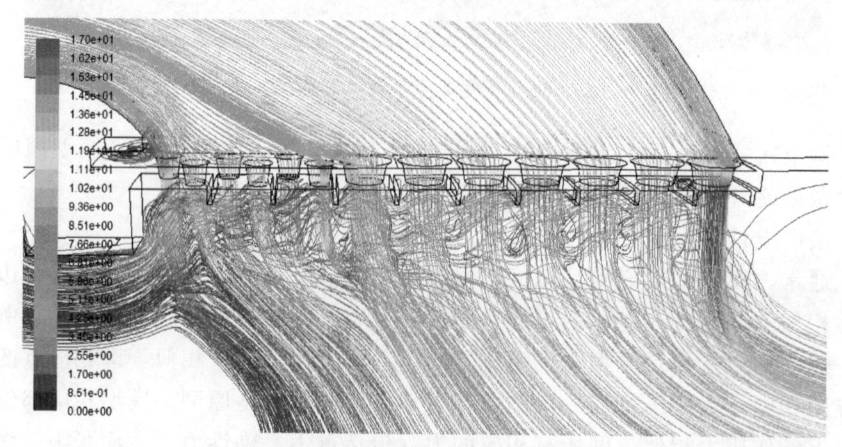

图 3.3-28 压差 11.0m、100%开度下过流孔附近的流线图（局部放大）（单位：m/s）

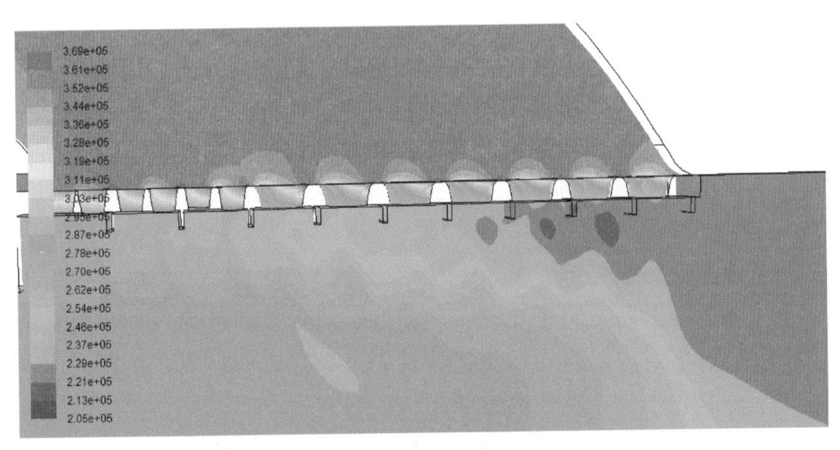

图 3.3-29　压差 11.0m、100%开度下流量调节阀内部压力分布图（单位：Pa）

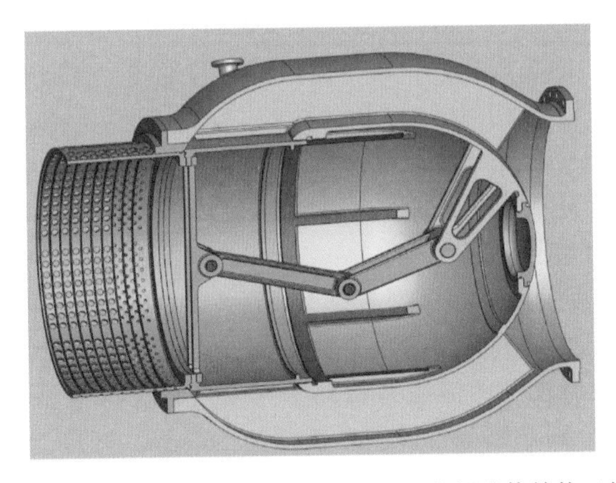

图 3.3-30　三河口水库 *DN*2000 流量调节阀总体结构三维图

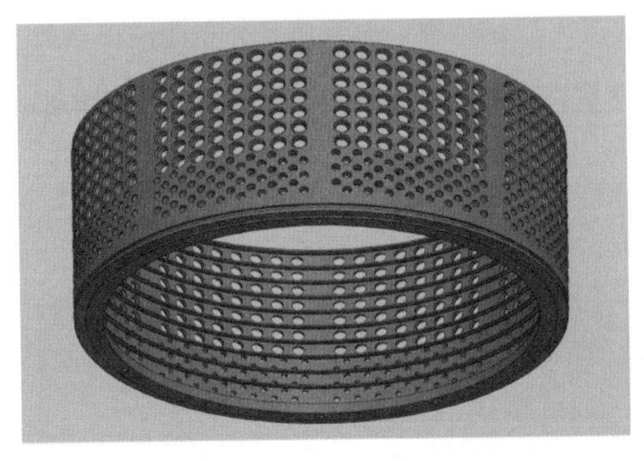

图 3.3-31　三河口水库 *DN*2000 流量调节阀控流部件鼠笼三维图

力、压力和惯性力）维持同一比例关系。初始条件、边界条件相似指的是模型、原型的初始情况、边界状况在几何、运动、动力三方面准均满足上述相似条件，对于恒定流只需要边界条件满足相似要求即可。

在上述相似准则中，几何相似是前提和基础，动力相似是决定运动相似的主导因素，运动相似是几何相似及动力相似的表现。其中，动力相似最难满足。

流体通常会受到很多力的作用，理论上模型试验应同时满足全部相似准则，但实际上很难做到。对于实际工程问题，流体运动过程中某些力经常不发生作用或影响很小，因此，在模型设计时应考虑对流动起主要作用的力满足相似准则。

表征流体流动情况的参数有弗劳德数（主要考虑流体内惯性力与重力的关系）、雷诺数（主要考虑惯性力与黏性力的关系）、欧拉数（主要考虑惯性力与压力的关系）、韦伯数（主要考虑惯性力与表面张力的关系）、柯西数（主要考虑惯性力与弹性力的关系）等。对于流量调节阀来说，合适的相似准则只有雷诺数和欧拉数两个参数相似。

在流量调节阀的模型试验设计影响因素之中，雷诺数和欧拉数到底哪一个起主导作用？设计中分别对原型和模型在满足边界条件相似准则的前提下对相同工况下的流动进行了CFD分析。

表3.3-7为流量调节阀模型与原型在压差为16.0m及不同开度下流阻系数的比较，由此可知两者流阻系数的差异很小，除了个别点大于5%以外，其余都小于5%，表明模型的流阻系数几乎完全可以反映原型的情况。图3.3-32和图3.3-33分别是原型与模型在压差为16.0m、开度为60%时小孔附近的速度云图，对比分析可发现两者小孔射流的方向和大小以及形状都很相似。图3.3-34和图3.3-35别是原型与模型小孔出口处的速度分布曲线，可以看出两者小孔出口的最大流速相当，射流速度分布曲线很相似。

表3.3-7　　流量调节阀模型和原型在压差16.0m流阻系数对比

相对开度/%	模型流阻系数	原型流阻系数	相对差值/%
10	3093.8	3106.05	−0.39
20	758.5	751.9	0.88
30	332.6	326.6	1.84
40	117.0	114.5	2.18
50	61.1	57.7	5.89
60	34.4	35.2	−2.27

续表

相对开度/%	模型流阻系数	原型流阻系数	相对差值/%
70	24.7	23.5	5.11
80	18.2	17.1	6.43
90	13.4	13.3	0.75
100	11.4	10.9	4.59

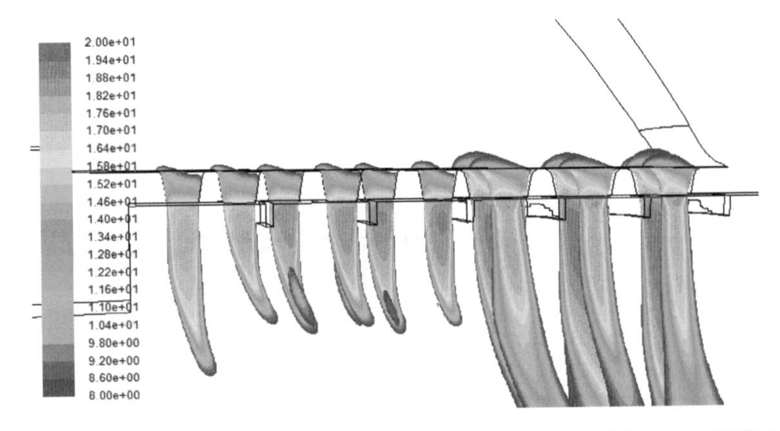

图 3.3-32 *DN*2000 流量调节阀过流小孔附近的速度云图（压差 16m，开度 60%）

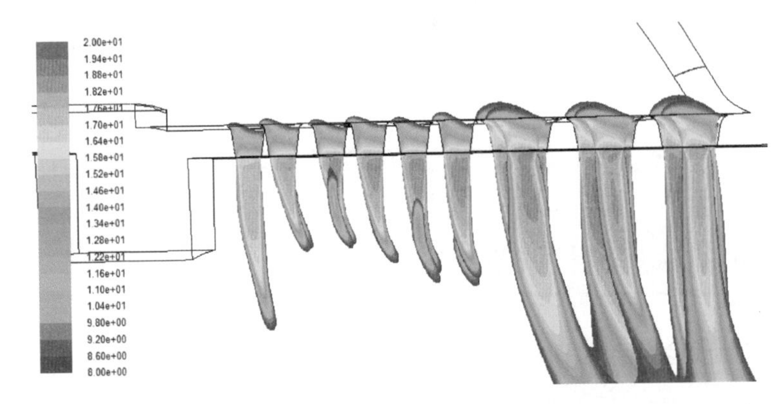

图 3.3-33 *DN*400 流量调节阀过流小孔附近的速度云图（压差 16m，开度 60%）

综合分析，考虑到模型的尺寸只有原型机的 1/5，而两者小孔内的流速相等，模型小孔内射流的雷诺数只有原型机的 1/5，但两者的流阻系数相当、流速大小和方向相似，可以看出，雷诺数不是此类阀门的相似准则，欧拉数才是表征流量调节阀原型与模型动力相似准则的参数。

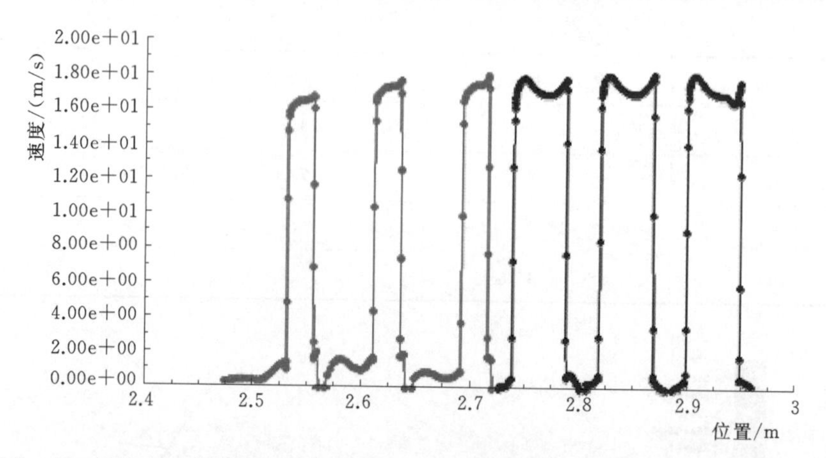

图 3.3-34　*DN*2000 流量调节阀过流小孔射流出口处速度分布（压差 16m，开度 60%）

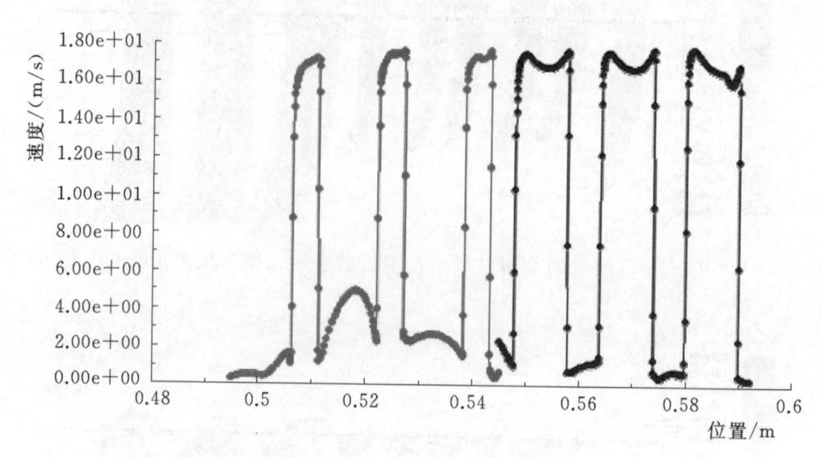

图 3.3-35　*DN*400 流量调节阀过流小孔射流出口处速度分布（压差 16m，开度 60%）

3.4　三河口水库流量调节阀模型试验

3.4.1　模型试验的目的和内容

三河口水库高压差大口径流量调节阀开展模型试验的目的，一方面是通过分析模型试验的测试结果与 CFD 仿真计算的内部流场分析结果的契合程度来验证 CFD 计算的准确性，另一方面，通过模型试验的测试结果来分析和预测原型阀门的性能。

三河口水库高压差大口径流量调节阀模型试验内容如下：

（1）流阻系数测试。

（2）流量系数和流量调节特性测试。

（3）压差—开度—流量关系测试。

（4）最大流量测试。

（5）空化特性测试。

（6）压力脉动测试。

3.4.2　模型试验装置

为验证流量调节阀的设计，制作了公称直径为 $DN400$ 的流量调节阀模型，在北京中水科水电科技开发有限公司的高精度水力机械通用试验台上开展了性能试验，如图 3.4-1、图 3.4-2 所示。流量调节阀模型采用电动控制，开度误差不超过设定开度的±1%。

图 3.4-1　三河口水库流量调节阀模型试验装置总体图

图 3.4-2　三河口水库流量调节阀模型试验装置

试验装置为开放式循环系统，测量流量的电磁流量计可利用流量校正筒进行标定。流量调节阀模型安装于公称直径为 $DN400$ 的标准试验管段上，阀前平直段长度不小于8.0m，阀后平直段长度不小于4.0m。在阀门出口设置透明的有机玻璃管段以观察阀门内部和阀后的水流状态，阀前0.8m、阀后2.4m处各设置1个压力传感器，在阀门出口（HD2）、出口后0.44m（HD3）处各设置1个动态压力脉动传感器测量水体的压力脉动。此外，在阀门正上方安装1个加速度传感器（HD1）测量阀门的振动，在距离阀门1m处设置分贝仪测量阀门的运行噪声。

3.4.3　流量调节阀模型试验

1. 流阻系数试验

流量调节阀的流阻系数ζ按下式计算：

$$\zeta=\frac{2000\Delta P}{\rho v^2} \tag{3.4-1}$$

$$\Delta P=P_1-P_2 \tag{3.4-2}$$

式中：ΔP为阀门前后压差，kPa；P_1为阀门前压力，kPa；P_2为阀门后压力，kPa；ρ为水的介质密度，kg/m^3；v为流速，m/s。

流阻系数试验进行4次，阀门出口压力均稳定在110～120kPa，试验时将阀门开度调整为全行程的5%、10%、15%、20%、25%、30%、40%、50%、60%、70%、80%、90%和100%，分别读取并记录数据。第一次试验完成后，重新调节水泵流量，按先前方法再测量3次。按4次试验数据分别计算每个开度位置的流阻系数，取其算术平均值即为相应开度的流阻系数。流量调节阀模型流阻系数的模型试验结果和CFD分析值见表3.4-1。

表3.4-1　流量调节阀模型流阻系数的模型试验结果与CFD分析值对照表

相对开度/%	模型试验ζ	CFD分析ζ	试验与CFD差异/%
5	16556.4	17286	4.22
10	3019.4	3093.8	2.41
15	1414	1438	1.67
20	744.3	758.5	1.88
25	481.5	516	−0.72
30	335	332.6	−1.38
40	118.6	116.98	−1.38
50	59.5	61.08	2.65
60	35.4	34.41	−2.92
70	23.7	24.67	4.05
80	16.7	17.37	3.80
90	12.4	12.75	3.10
100	9.2	10.88	15.32

从表3.4-1可以看出：

(1) 除全开度下，流量调节阀流阻系数的CFD分析值与模型试验值的差异在5%以内，说明流量调节阀CFD分析成果与模型试验结果吻合较好。

(2) 流量调节阀流阻系数CFD分析值总体呈现稍大于模型试验值的现象，说明阀门密封漏水对试验结果产生了一定的影响。

(3) 全开度试验工况下，鼠笼的相对刚度最低，可能引起阀门密封处的泄漏量增加，导致模型试验的流阻系数进一步降低。

2. 流量系数和流量调节特性试验

流量调节阀的流量系数 K_v 按下式计算：

$$K_v = 10 \times Q \times \sqrt{\frac{\rho}{\Delta P \times \rho_0}} \tag{3.4-3}$$

式中：Q 为测得的水流量，m^3/h；

ρ_0 为15℃时水的密度，kg/m^3。水在常温时，ρ/ρ_0 的值取1。

流量系数试验时，调节阀门开度为全行程的5%、10%、15%、20%、25%、30%、40%、50%、60%、70%、80%、90%和100%，并使阀门下游压力稳定在110～120kPa、阀门前后压差为100kPa（误差±1kPa），读取并记录流量计、压力表、差压变送器以及温度计的读数。流量调节阀流量系数的模型试验结果与CFD分析值见表3.4-2。

表3.4-2　流量调节阀流量系数的模型试验结果与CFD分析值对照表

相对开度/%	$Q/(m^3/h)$	ΔP/kPa	模型试验 K_v	CFD分析 K_v	试验与CFD差异/%
5	49.71	100	49.71	47.14	5.45
10	120.07	100	120.07	115.02	4.39
15	170.19	100	170.19	168.71	0.88
20	227.84	100	227.84	232.3	−1.92
25	283.88	100	283.88	281.65	0.79
30	335.71	100	335.71	350.81	−4.30
40	596.71	100	596.71	591.52	0.88
50	804.65	100	804.65	818.61	−1.71
60	1052.31	100	1052.31	1090.65	−3.52
70	1327.74	100	1327.74	1288.08	3.08
80	1585.07	100	1585.07	1535.07	3.26
90	1847.38	100	1847.38	1791.73	3.11
100	2090.06	100	2090.06	1939.6	7.76

从表 3.4-2 可以看出：

(1) 除全开度和5%开度下阀门流量系数的CFD分析值与模型试验值的差异稍大于5%外，其余试验工况的差异均小于5%，说明流量调节阀CFD分析成果与模型试验结果吻合较好。

(2) 流量调节阀流量系数CFD分析值总体呈现稍小于模型试验值的现象，说明阀门密封漏水对试验结果产生了一定的影响。

3. 压差—开度—流量关系试验

流量调节阀的压差—开度—流量关系试验在前后压差分别为610kPa、160kPa、110kPa（误差±1kPa）进行，相应阀后压力分别为110kPa、160kPa、160kPa。流量调节阀模型试验取得的压差—开度—流量关系曲线见图3.4-3。从图3.4-3可见，流量调节阀的开度—流量关系线性度较好，尤其是在相对开度小于和等于30%时。

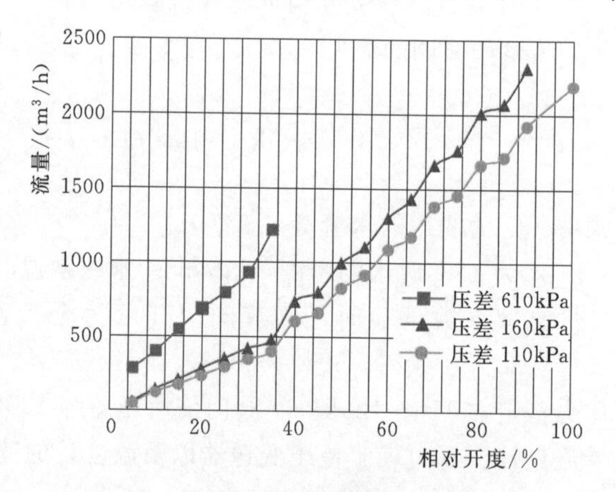

图 3.4-3 流量调节阀模型试验取得的压差—开度—流量关系曲线

4. 最大流量试验

为便于模型与原型之间流量换算，将模型试验取得的流量成果化引为阀门口径 D 为 DN1000、压差 ΔP 为1.0m标准下的单位流量 Q_1'，相应计算公式为

$$Q_1' = \frac{Q}{D^2\sqrt{\Delta P}} \tag{3.4-4}$$

将流量调节阀的鼠笼调节至全开位置，在阀门后压力为160kPa、阀门前压力分别为320kPa、270kPa进行试验，每个工况试验3次，试验结果取其算术平均值。流量调节阀模型最大过流能力试验结果见表3.4-3。

表 3.4-3 流量调节阀模型最大流量试验表

序号	Q/(m³/h)	P_1/kPa	P_2/kPa	ΔP/kPa
1	2195.85	270	160	110
2	2192.25	269.5	159.5	110
3	2189.09	270	160	110
4	2642.6	320	160	160
5	2641.99	320	160	160
6	2644.36	320	160	160

根据表 3.4－3 的模型试验值换算，原型阀门在压差为 $11mH_2O$、$16mH_2O$ 时的过流量分别为 $15.07m^3/s$、$18.17m^3/s$，比表 3.3－1 要求的最大供水流量分别高出 7.66％、17.23％。可见，流量调节阀满足供水流量要求并留有不小于 5％的余量。

5. 空化试验

流量调节阀的空化系数 σ 按下式计算：

$$\sigma=\frac{P_2+P_{AT}-P_d}{(P_1-P_2)+\rho v^2/2} \tag{3.4-5}$$

式中：P_{AT} 为大气压，kPa；P_d 为液体饱和度，kPa。

阀门空化试验分两次进行。第一次试验时，先将阀门全开，调节阀前压力为 400kPa，再依次减小阀门开度，通过阀门出口处的透明玻璃管观察鼠笼过流孔口的空化情况，并记录各试验工况下阀门的振动、压力脉动和噪声。第二次试验时，先将阀门全开，调节阀前压力至 720kPa，从全开度的 40％开始、开度依次减小 5％进行试验。流量调节阀模型空化试验结果见表 3.4－4。

表 3.4－4　　流量调节阀模型空化试验结果

相对开度 /％	Q /(m^3/h)	P_1 /kPa	P_2 /kPa	ΔP /kPa	σ	噪声 /dB	振动
100	3282.5	400	148	252	0.982	93.6	0.0043g
90	2956.71	402	136	266	0.886	94.5	0.0041g
80	2592.44	401	123	278	0.801	93.5	0.0036g
70	2190.56	400	112	288	0.735	93.2	0.0034g
60	1743.5	401	107	294	0.703	92.8	0.0032g
50	1328.61	400	98	302	0.654	91.2	0.003g
40	933.66	400	93	307	0.627	90	0.0035g
30	578.01	401	91	310	0.615	88	0.0022g
25	484.01	401	90	311	0.610	87.7	0.0024g
20	377.03	401	89	312	0.604	87	0.0022g
15	282.13	400	89	311	0.606	87	0.0022g
10	229.44	401	89	312	0.604	83.5	0.0016g
5	102.82	400	88	312	0.601	85.5	0.0016g
40	1281.62	721	96	625	0.313	92.5	0.0027g
30	812.82	720	92	628	0.305	91	0.003g

续表

相对开度/%	Q/(m³/h)	P_1/kPa	P_2/kPa	ΔP/kPa	σ	噪声/dB	振动
25	683.41	720	91	629	0.303	90.5	0.003g
20	528.52	721	90	631	0.300	90	0.0029g
15	399.16	720	90	630	0.301	90	0.0027g
10	323.41	720	89	631	0.299	90	0.0023g
5	162.8	720	88	632	0.297	90.5	0.0025g

根据表3.3-1的流量调节阀运行要求计算，水库水位643.00～608.00m条件下阀门运行的空化系数为0.272～0.429。受试验装置及水泵限制，阀门前最大压力只能达到720kPa，相应阀门模型试验的最小空化系数为0.297，比原型阀门实际运行的最小空化系数高出9.2%。

从表3.4-4可以看出，阀门的振动水平较低；当阀门开度增大时，其噪声和振动总体上呈上升趋势；对比第一、第二次试验结果，随着运行压差增大、空化系数降低，其噪声和振动加大。空化试验过程中，各试验开度下均未见鼠笼过流孔口产生空化气泡；高压差下阀门调节过程中过流孔口遮挡较少时，孔口出口区域出现漩涡。

6. 压力脉动试验

压力脉动试验选择了5%、15%、30%、40%、70%和100%相对开度和压差分别为110kPa、160kPa、560kPa工况，以及5%、10%、15%、20%、30%、40%、50%、60%、70%、80%、90%相对开度下试验装置能达到的最大压差工况进行了试验。

压力脉动试验数据采用FFT分析软件进行幅频特性分析，试验结果给出了各测点的时域图、频域图；压力脉动幅值ΔA采用混频双振幅峰-峰值表示，取值方法采用97%置信度；时域信号经过经FFT分析后给出了第一主频的频率。流量调节阀模型压力脉动试验结果见表3.4-5。

表3.4-5　流量调节阀模型压力脉动试验结果

序号	相对开度/%	ΔP/kPa	HD1振动/g	HD2		HD3		主频/Hz		
				ΔA/kPa	$\Delta A/\Delta P$/%	ΔA/kPa	$\Delta A/\Delta P$/%	HD1	HD2	HD3
1	100	110	0.0078	13.75	12.50	16.13	14.66	195.2	24.99	24.9
2	100	160	0.0147	18.44	11.53	20.81	13.01	565.59	42	22.58
3	100	241	0.0196	28.51	11.83	35.05	14.54	285.8	8.27	8.2

续表

序号	相对开度/%	ΔP/kPa	HD1 振动/g	HD2		HD3		主频/Hz		
				ΔA/kPa	$\Delta A/\Delta P$/%	ΔA/kPa	$\Delta A/\Delta P$/%	HD1	HD2	HD3
4	70	160	0.0135	12.17	7.61	13.35	8.34	443	16.78	16.7
5	70	110	0.0024	8.68	7.89	9.77	8.88	329.12	17.98	15.51
6	40	110	0.0003	10.32	9.38	7.36	6.69	131.59	40.89	40.89
7	40	160	0.0033	8.81	5.51	7.74	4.84	666.58	80.17	80.13
8	40	550	0.016	27.24	4.95	22.69	4.13	247.79	24.39	7.79
9	30	110	0.0003	15.87	14.43	9.49	8.63	154	17.21	17.21
10	30	160	0.0019	13.1	8.19	7.79	4.87	157.81	17.4	7.2
11	30	560	0.0139	24.94	4.45	27.75	4.96	373.87	16	20.9
12	15	110	0.0158	25.64	23.31	18.83	17.12	368.5	17.12	17.1
13	15	160	0.0003	13.48	8.43	6.61	4.13	87.32	16.2	16.41
14	15	560	0.0002	14.82	2.65	7.12	1.27	16	17.11	17.11
15	5	110	0.0003	14.04	12.76	11.3	10.27	171	16.01	19.58
16	5	160	0.0003	14.04	8.78	11.3	7.06	171	16.01	19.58
17	5	560	0.0152	26	4.64	16.74	2.99	316.1	15.73	15.73
18	90	297	0.0185	25.44	8.57	31.62	10.65	387.3	7.52	14.91
19	80	352	0.0167	25.85	7.34	36.19	10.28	376.71	7.41	8.63
20	70	422	0.0182	25.89	6.14	35.62	8.44	346.01	16.19	12.7
21	60	476	0.0159	26.64	5.60	35.06	7.37	252.99	16.19	8.9
22	50	526	0.0156	27.04	5.14	30.16	5.73	254.09	19.99	12.5
23	40	555	0.0164	27.9	5.03	22.57	4.07	244	16.18	7.79
24	30	577	0.0141	24.97	4.33	28.46	4.93	256	17.7	16.19
25	20	588	0.0142	25.34	4.31	21.31	3.62	171	16.7	16.24
26	15	590	0.0153	25.93	4.39	22.1	3.75	308.11	13.88	13.86
27	10	592	0.0157	24.81	4.19	20.19	3.41	213.61	28.6	28.59
28	5	603	0.0159	25.29	4.19	19	3.15	245.69	13.1	13.1

从表3.4-5可见：

(1) 在全开状态下，阀门压差变化对其出口压力脉动相对值影响不大；在部分开度下，阀门压差越大时，阀后压力脉动相对值越小。

(2) 根据阀门在5%～90%相对开度的最大压差工况压力脉动试验结果，各工况下阀门出口处的压力脉动幅值ΔA为24.81～27.9kPa，幅值水平相当；

压力脉动相对值 $\Delta A/\Delta P$ 为 8.57%～4.19%，总体上随阀门开度的增大呈增大趋势。

（3）根据阀门在 5%～90%相对开度的最大压差工况压力脉动试验结果，各工况下阀门出口 1.1 倍公称直径处的压力脉动幅值 ΔA 变化较大，压力脉动相对值总体上随阀门开度的增大呈增大趋势。值得注意的是，在相对开度大于 40%时，阀门出口 1.1 倍公称直径处的压力脉动相对值大于阀门出口处的压力脉动相对值；在相对开度小于 50%时，阀门出口 1.1 倍公称直径处的压力脉动相对值基本上都小于阀门出口处的压力脉动相对值。

（4）阀门出口及其后方 1.1 倍公称直径处压力脉动主频离散度较大、相关性不强。阀门开度不大于 15%时阀门出口及其后方 1.1 倍公称直径处的主频几乎相同，但随着阀门开度的增大，两处压力脉动主频的差异也越来越大，总体上阀门出口处的压力脉动主频高些，但到阀门相对开度为 80%和 90%时，阀门出口后 1.1 倍公称直径处压力脉动的主频反而高些。在同一开度下，阀门运行压差变化，两处的压力脉动主频也发生变化。

3.5　三河口水库流量调节阀模型试验研究结论与建议

3.5.1　流量调节阀模型试验研究结论

根据三河口水库流量调节阀模型各项试验的分析成果，得出的主要结论如下：

（1）流量调节阀流阻系数和流量系数的 CFD 分析值与模型试验值的差异不大，表明流量调节阀的 CFD 分析成果与模型试验结果吻合性较好。

（2）流量调节阀的开度-流量关系线性度较好。

（3）流量调节阀的过流能力满足供水流量要求并留有足够的余量。

（4）空化试验中，各试验开度下均未见鼠笼过流孔口产生空化气泡，阀门的振动水平较低；当阀门开度增大时，其噪声和振动总体上呈上升趋势；当运行压差增大时，其噪声和振动也加大。

（5）在全开状态下，阀门压差变化对其出口压力脉动相对值影响不大，在部分开度下，阀门压差越大时，阀后压力脉动相对值越小；阀门出口处、出口 1.1 倍公称直径处的压力脉动相对值总体上随阀门开度的增大都呈增大趋势，但两处的压力脉动主频总体上离散度较大、相关性不强。值得注意的是，在相对开度大于 40%时，阀门出口 1.1 倍公称直径处的压力脉动相对值大于阀门出口处的压力脉动相对值。

3.5.2　流量调节阀模型试验研究建议

总结三河口水库流量调节阀模型试验情况，建议如下：

（1）模型试验结果表明，阀门密封漏水对性能会产生一定的影响。阀门全开时鼠笼的相对刚度降低，阀门振动大，较大的振动还会加大阀门的渗漏和对密封的损坏，因此，大口径流量调节阀应对其密封设计予以足够的重视。

（2）从试验情况来看，高压差下鼠笼过流孔口遮挡较少时，孔口出口区域出现漩涡，原型阀门不宜在锥孔被小部分遮挡时长期运行。

（3）模型试验装置宜采用带真空泵的密闭式循环系统，可通过改变阀门出口的压力来降低阀门的试验压差、模拟全运行范围内空化系数以及更低空化系数对阀门各项性能的影响，更利于对流量调节阀的水力性能进行深入的研究。

3.6 三河口水库流量调节阀结构设计

3.6.1 总体设计

三河口水库流量调节阀公称直径 DN2000mm，公称压力 1.6MPa，最大工作压差 0.96MPa，流量调节范围为 2.0～15.5m^3/s；采用软、硬双重密封方式，与前后管道采用法兰连接，通过电动装置驱动实现阀门的开启和关闭。

三河口水库流量调节阀主要由阀体、活塞、阀座、鼠笼（阀芯）、操作机构（包括阀轴、连杆、曲柄、驱动装置等）和附件组成，总体结构见图 3.6-1。

3.6.2 结构设计

1. 阀体

阀体主要由内筒、外筒以及连接内、外筒的筋板组成，采用球墨铸铁 QT450-10 一体式铸造而成，内部过流通道为流线型设计。筋板既能起到结构连接作用，又能起到分流、整流的作用。为确保活塞被可靠导引滑动、不会产生倾斜或运行不畅，在阀体内筒上有多条长条状导轨，每条导轨上堆焊铜合金。为便于检修和维护，在阀体外筒靠近鼠笼位置均布有 8 处检修孔，方便鼠笼清污。阀体最高和最低位置处各开有 1 个法兰孔，分别用于排气和排污。阀体总长为 3200mm，宽为 3400mm，高为 3400mm，重量为 21t。

2. 阀座

阀座是流量调节阀实现密封的关键部件之一，阀座密封面的硬度和表面光洁度的要求很高。阀座采用不锈钢 06Cr19Ni10 整体锻造，密封面堆焊硬质合金后数控加工到粗糙度不高于 Ra0.8μm。阀座外径为 2080mm，内径为 1920mm，厚为 122mm，重量约为 300kg。

3. 鼠笼

鼠笼是流量调节阀的核心部件，利用水流对称对撞消能的原理在阀体中央相互碰撞消减能量，采用 06Cr19Ni10 不锈钢材料拼焊退火后数控加工而成。

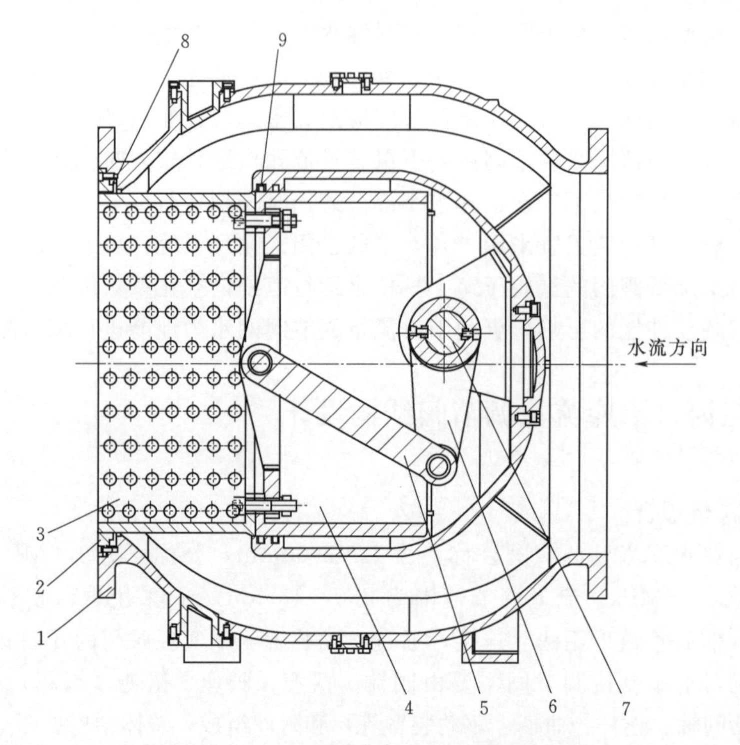

图3.6-1 三河口水库调流调压阀总装配图

1—阀体；2—阀座；3—鼠笼；4—活塞；5—连杆；6—曲柄；7—阀轴；8—阀座密封圈；9—活塞密封圈

鼠笼上加工有对称的孔或槽，通过调节鼠笼上露出的孔数来调节流量调节阀的流量或出口压力。鼠笼外径为1946mm，内径为1862mm，长为965mm，重量为1.87t。鼠笼加工有832个特制的孔，分为两级，一级孔为小孔，共384个，二级孔为大孔，共448个；小孔的最小直径均为24.6mm，阀门在30%开度及以下每5%的开度有64个孔；大孔的最小直径均为49.2mm，在30%开度以上每10%的开度有64个孔。

4. 活塞

活塞是流量调节阀动作和密封的关键部件，对其刚强度和粗糙度的要求很高。活塞采用06Cr19Ni10不锈钢材料拼焊退火后数控加工而成，活塞内壁焊有加强筋板，用以加强活塞整体强度。活塞外径为1946mm，内径为1826mm，长为1120mm，重为3.53t。不锈钢活塞被阀腔内壁可靠导引，运行流畅，确保长时间可靠运行。

5. 连杆

连杆是流量调节阀动力传递的主要部件，与阀轴和曲柄一同将扭矩转化为作用在活塞上的推力。连杆采用20Cr13不锈钢材料整体铸造后加工而成，总长为1825mm，厚为198mm，重为254kg。

6. 曲柄

曲柄是活塞式流量调节阀动力传递的主要部件，采用20Cr13不锈钢材料整体铸造后加工而成，厚为560mm，重为486kg。

7. 阀轴

流量调节阀驱动轴采用干式设计，轴承内至少有两道O形密封环，以确保驱动轴的干爽、不会因进水而腐蚀，终身免维护。阀轴的最小直径满足最大操作力矩要求并有一定的安全裕量。阀轴采用20Cr13不锈钢棒料整体加工而成，最大直径为240mm，总长为2546mm，重为843kg。

8. 密封

(1) 阀体-活塞密封。阀体-活塞密封是防止流量调节阀外漏的关键密封，是阀体与活塞之间的一道动密封副。阀体-活塞密封采用燕尾型密封槽和径向丁腈橡胶密封圈。密封圈的压缩量经过优化设计，既能保证密封，又能保证在长时间的运行过程中不会磨损失效。

(2) 阀座密封。阀座密封又称主密封副，是阀门全关时活塞（或鼠笼）与阀座形成的一道密封副。阀座密封采用金属和丁腈橡胶的双重密封形式，环状密封面设置在阀座与阀体之间，密封采用L形橡胶圈，橡胶圈靠阀座压紧再与鼠笼密封面挤压达到密封效果。

3.6.3 防腐处理

流量调节阀的内腔和外表面均进行中高温和静电处理工艺的环氧树脂喷涂（即喷塑处理），所有与阀门介质（水）接触的喷塑面的涂层符合国家标准《生活饮用水设备及防护材料卫生安全评价规范》（GB/T 17219）的要求，涂层厚度大于250μm，涂层材料无毒害。涂层与金属之间、涂层与涂层之间的抗剥离强度为1级。

3.6.4 电动装置

流量调节阀电动装置主要包括减速箱、电动执行器等。电动装置采用全密封结构，防护等级为IP68，外壳材料采用优质铝合金，确保能防尘、防潮和防水，所有受力部件能安全承受3倍以上的阀门启闭额定力矩，开启轻便灵活，开启圈数少。

1. 减速箱

流量调节阀为顺时针方向转动手轮关闭。减速箱采用蜗轮蜗杆式齿轮箱，有较高的减速比（减速比大于1000：1）；在工作压力下阀门启闭力矩不大于230N·m，可调节的角行程范围为0°～90±5°。蜗轮材质为球墨铸铁，蜗杆材质为不锈钢。

驱动机构配有位置指标器，以显示阀门在各种开度下的位置。机械限位设在输入轴上，保证阀门安全开关，避免由于误操作导致的驱动机构被损坏。

减速箱表面喷涂符合RAL系列标准的优质油漆。底漆采用环氧树脂为基体的防锈漆，厚度不小于80μm。面漆采用丙烯酸-聚氨酯-氨基树脂漆，厚度为35μm。

2. 电动执行器

电动执行器为智能一体化控制单元产品，现场操作按键进行非侵入式隔离，防止水、汽、灰尘等侵入电动装置造成设备故障或损坏。电动执行器具有现场手轮操作和电动操作两种功能，手/电动切换为全自动切换，无须切换手柄，避免因手动切换造成机械故障。电动执行器可通过现场操作按键实现参数设定和各种操作。

电动执行器带液晶中文显示，具有自诊断功能，可显示阀门、电动执行器的运行情况，同时能将状态信息通过组态输出给控制室，便于操作人员了解设备运行情况，缩短人工诊断故障时间。

电动执行器具有三相电自动纠错功能，以防接错线造成设备损坏，同时具有动静态缺相保护，防止因缺相造成电机烧毁。电动执行器还具有自动除湿保护功能，能适应潮湿、水汽多或温差大的环境，自动除湿无须外部人员控制干预，设备可根据环境自动控制。

电动执行器能输出开到位、关到位、过转矩、远控/现场状态、综合故障等信号，常开点与常闭点可通过执行器参数设定组态完成，并可输出指示阀门位置的4～20mA模拟量信号。

电动执行器开关型产品接受远程开关量接点控制，调节型产品接受4～20mA模拟量信号控制。电动执行器具有智能分段柔性启闭控制功能，可通过自身程序设置的智能分段控制使执行器在不同的区域启用不同的速度控制，改变阀门的运行速率，使阀门达到柔性启闭的效果，以消除水锤或喘振效应。

电动执行器具有紧急安全位置控制功能，当按下远程紧急控制开关，电动执行器会激活内部预先设置的紧急控制信号（该信号可以是开阀、关阀、停止或运行到指定位置），并被优先执行。

3.7 三河口水库流量调节阀主要部件刚强度分析

3.7.1 阀体静强度分析

阀体是流量调节阀的承压边界，直接承受介质压力，其刚强度对阀门的安全稳定运行十分重要。采用有限元法对阀体稳态应力进行分析计算，能够准确地分析约束状态下内部零件的应力状况，校核阀体静强度是否满足设计需求。有限元建模过程中，对模型进行了适当简化，忽略了非关键部位的一些细小的结构特征。

1. 基本参数及材料特性

三河口水库流量调节阀阀体材料及主要参数见表3.7-1。

表3.7-1　　三河口水库流量调节阀阀体材料及主要参数

材　料	QT450-10	弹性模量 E	173GPa
强度极限 UTS	450MPa	泊松比 μ	0.3
屈服极限 YS	310MPa		

2. 计算模型及边界条件

简化后的阀门外壳在结构上具有循环对称的特点，根据有限元循环对称边界条件，故选取了包含一个完整支板在内的阀体整体模型的1/8区域作为分析模型进行有限元网格划分，有限元网格类型为十节点四面体单元，循环对称段有限元模型共包含354348个单元、586481个节点，如图3.7-1所示。除循环对称约束外，还约束了循环对称段模型出口处两个节点的轴向和周向位移。

图3.7-1　三河口水库流量调节阀阀体静强度有限元分析网格剖分

按照《工业阀门 压力试验》(GB/T 13927)的要求，阀门应满足强度和密封试验的要求。强度试验，阀门开启，阀体内筒、内筒与外筒之间均充满水，阀体中心施加2.4MPa(公称压力的1.5倍)的均匀压力(见图3.7-2)。密封试验时阀门全部关闭，阀体内筒与外筒之间充满水，阀体中心施加1.76MPa(公称压力的1.1倍)的均匀压力(见图3.7-3)。

3. 阀体静强度分析

通过有限元分析，在给定载荷下阀体计算最大应力结果见表3.7-2。图3.7-4和图3.7-5分别是阀门密封试验和强度试验下的应力分布，阀体综合

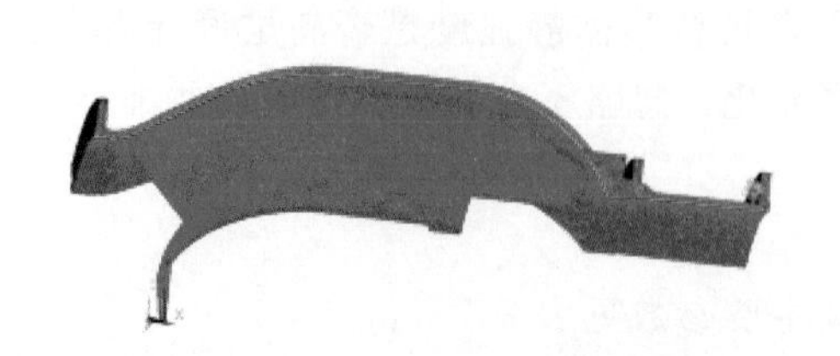

图 3.7-2　强度试验阀体压力分布

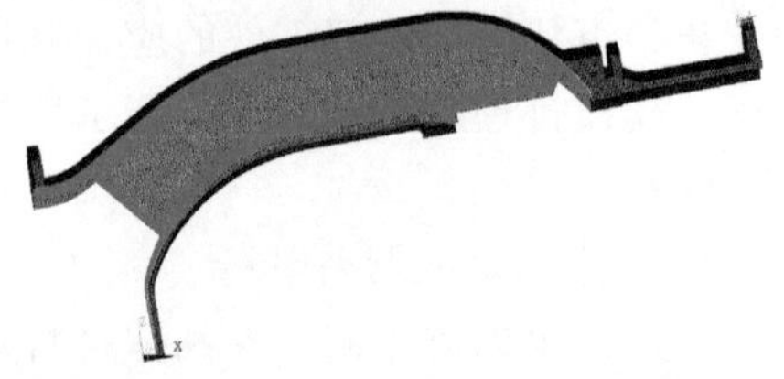

图 3.7-3　密封试验阀体压力分布

应力水平较低；密封试验时最大应力位置出现在筋板处，最大应力 201.9MPa；强度试验时最大应力位置出现在网盖处，最大应力为 251.9MPa。设计要求阀体的屈服极限安全系数大于 1.0，强度极限安全系数大于 1.5，阀体静强度有限元分析表明，阀门在关闭和开启状态下的应力水平满足设计要求。

表 3.7-2　　流量调节阀阀体静强度分析结果

部件	状态	最大应力/MPa	屈服极限/MPa	强度极限/MPa	屈服极限安全系数	强度极限安全系数
阀体	密封试验	201.9	310	450	1.54	2.23
	强度试验	251.9	310	450	1.23	1.79

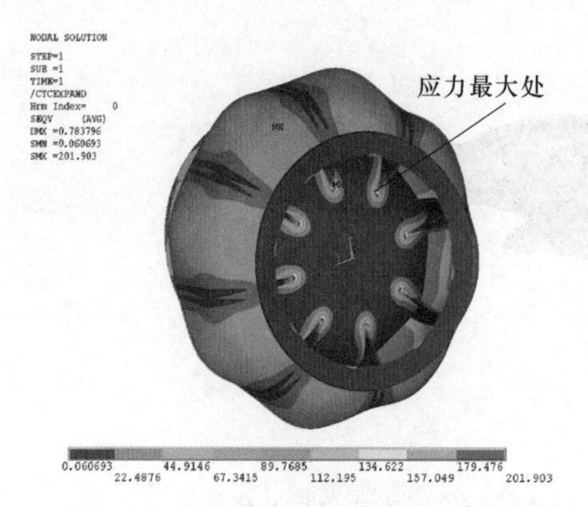

图 3.7-4　密封试验阀体应力分布
（单位：MPa）

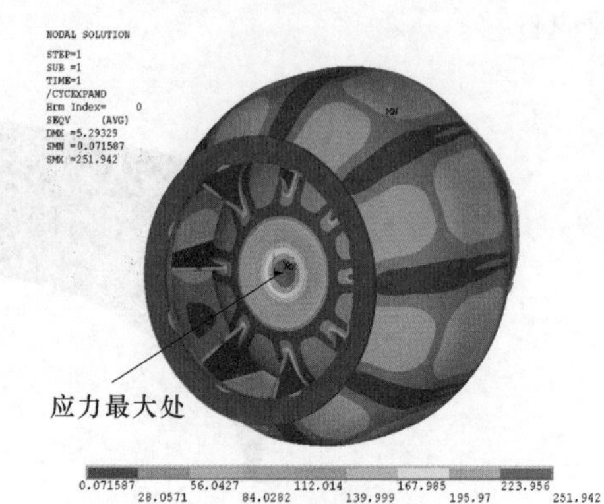

图 3.7-5　强度试验阀体应力分布
（单位：MPa）

4. 阀体低循环寿命分析

采用阀体静强度计算的最大应力对壳体进行使用寿命分析，阀体低循环疲劳安全寿命不低于 10^6 次，满足阀体低循环疲劳安全寿命不低于 10^5 次的设计要求。

3.7.2　阀体振动分析

1. 计算模型及边界条件

应用 ANSYS 软件对阀体进行振动分析计算，有限元建模过程中，对模型进行适当简化，忽略了非关键部位的一些细小的结构特征。采用十节点四面体单元对阀体进行网格划分，共包含291124个单元、505117个节点，阀体振动分析有限元模型见图3.7-6。

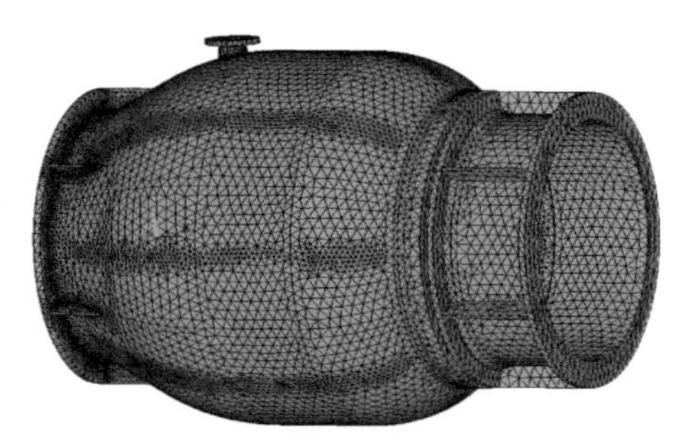

图3.7-6 阀体振动有限元分析模型网格剖分

由于水压对结构的模态影响较小，因此计算时未考虑压力，另外，水对阀体的刚度没有贡献，但阀体内的水的质量不能忽略，因此计算中将水的质量等效到阀体上。阀体和鼠笼的总体积为3.28m^3；阀体和鼠笼内都充满水，水的质量为19.37t，阀体和鼠笼的密度增加5.9t/m^3。阀体两端有伸缩节，对阀体基本无约束，计算时对阀体不施加约束，只取自由模态。

2. 振动分析

阀体的前8阶频率计算结果见表3.7-3，各阶振型见图3.7-7～图3.7-14。

表3.7-3　　流量调节阀阀体模态计算结果

阶次	频率/Hz	阶次	频率/Hz	阶次	频率/Hz
1	84.3	4	171.0	7	192.5
2	95.6	5	173.7	8	200.0
3	127.8	6	185.4		

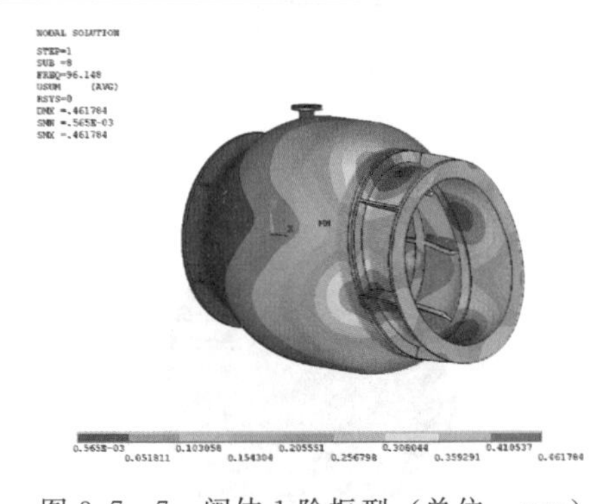

图3.7-7 阀体1阶振型（单位：mm）

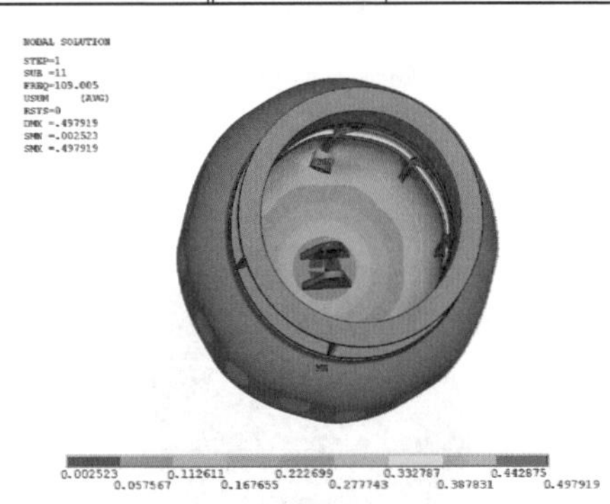

图3.7-8 阀体2阶振型（单位：mm）

3.7.3 活塞静强度分析

活塞在工作过程中承受压力载荷的周期交变激励，需对其强度进行有限元分析计算，确保其强度满足设计要求，将活塞与鼠笼作为一个整体计算。

1. 材料特性

活塞和鼠笼均选用06Cr19Ni10不锈钢材料，其强度极限*UTS*为520MPa，屈服极限*YS*为205MPa。

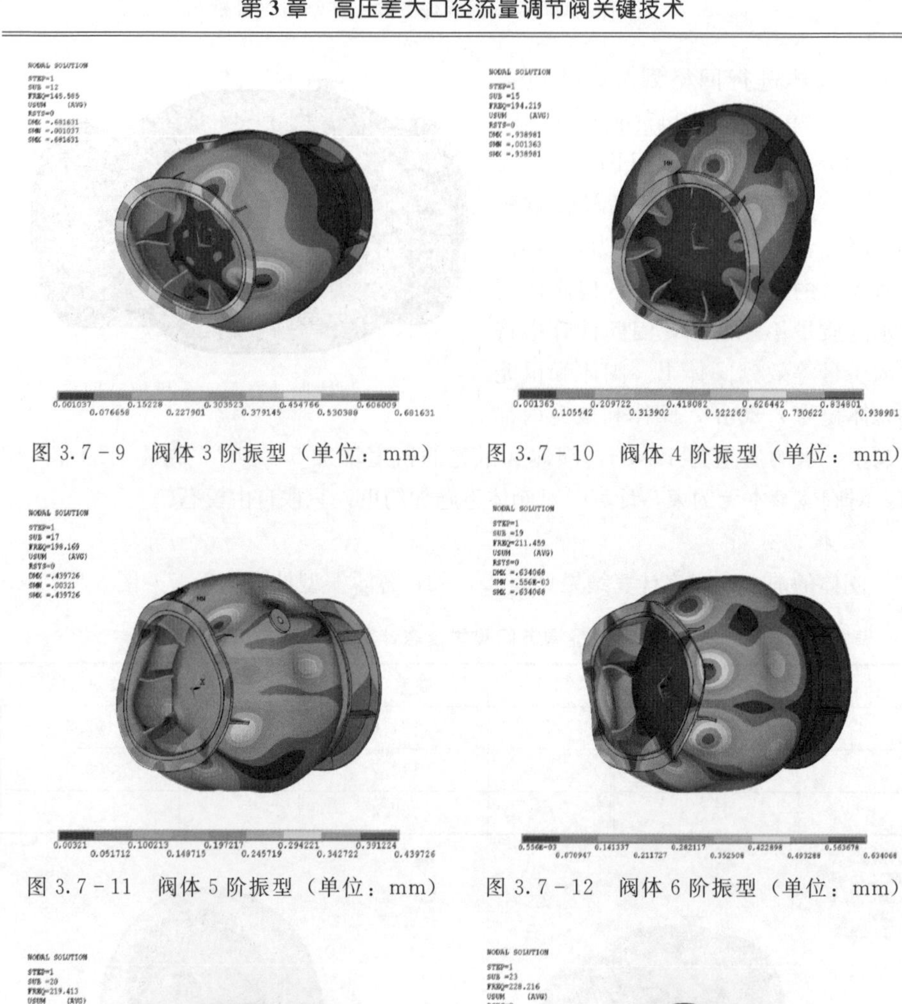

图 3.7－9　阀体 3 阶振型（单位：mm）

图 3.7－10　阀体 4 阶振型（单位：mm）

图 3.7－11　阀体 5 阶振型（单位：mm）

图 3.7－12　阀体 6 阶振型（单位：mm）

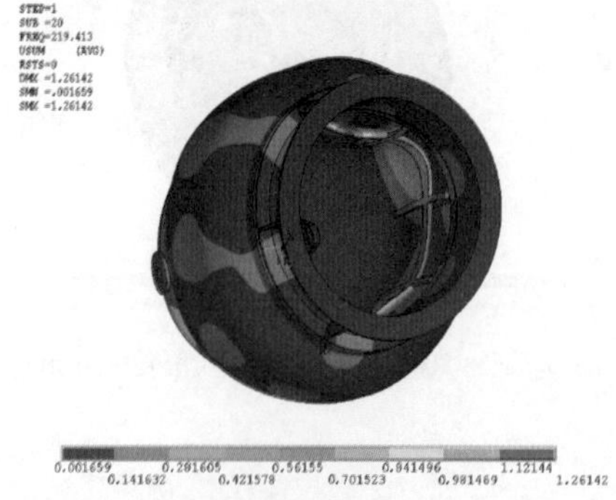

图 3.7－13　阀体 7 阶振型（单位：mm）

图 3.7－14　阀体 8 阶振型（单位：mm）

2. 计算模型及边界条件

有限元分析采用十节点四面体单元进行网格划分，共包含 271957 个单元、471433 个节点，鼠笼和活塞强度有限元分析网格模型见图 3.7－15。计算时约束了连杆上两个节点的轴向和周向位移。

阀门关闭时，活塞与阀体形成封闭腔体，活塞承受腔体内水的压力，施加的压力载荷为1.76MPa，载荷分布见图3.7-16。阀门打开时，活塞的内外表面均承受水的压力，内外压力平衡，因此不进行计算。

图3.7-15 鼠笼和活塞强度有限元分析网格剖分

图3.7-16 关闭状态活塞和鼠笼的压力载荷分布

3. 活塞静强度分析

通过有限元分析，在给定载荷下，计算的阀门关闭时活塞最大应力结果见表3.7-4。图3.7-17是关闭状态下活塞和鼠笼的应力分布，综合应力水平较低，最大应力位置出现在活塞的连接盘处，最大应力为53.0MPa。设计要求活塞和鼠笼的屈服极限安全系数大于1.0，强度极限安全系数大于1.5，活塞静强度有限元分析表明，活塞在关闭状态下其应力水平满足设计要求。

表3.7-4 流量调节阀活塞和鼠笼静强度分析结果

部件	状态	最大应力/MPa	屈服极限/MPa	强度极限/MPa	屈服极限安全系数	强度极限安全系数
活塞和鼠笼	关闭	53.0	205	520	3.87	9.81

4. 活塞及鼠笼低循环寿命分析

采用活塞和鼠笼静强度计算的最大应力进行使用寿命计算，活塞和鼠笼的低循环疲劳安全寿命均不低于10^6次，满足鼠笼低循环疲劳安全寿命不低于10^5次的设计要求。

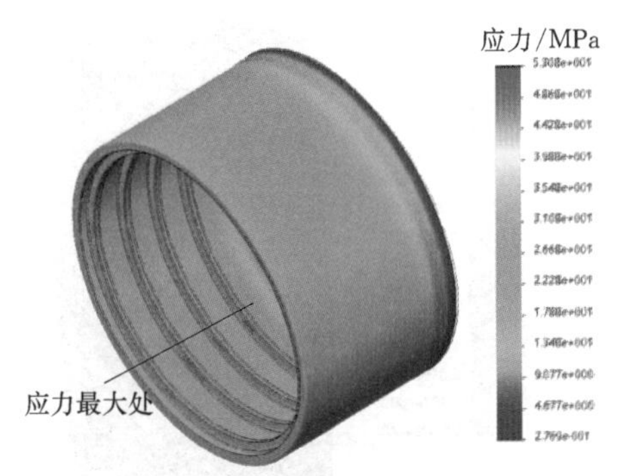

图3.7-17 阀门关闭时活塞和鼠笼的应力分布

3.7.4 活塞振动分析

应用ANSYS软件对活塞进行振动分析计算，有限元建模过程中，对模型进行适当简化，忽略了非关键部位的一些细小的结构特征，将活塞和鼠笼作为一个整体计算，模态计算时采用与强度计算同样的有限元模型。

1. 计算模型及边界条件

水对活塞的影响同水对阀体的影响的处理方式一样，计算中将水的质量等效到活塞上，活塞的密度增加 4.3t/m^3。根据活塞的安装状态，计算时亦不施加约束，只取自由模态。

2. 振动分析

阀门活塞的前 8 阶频率计算结果见表 3.7-5，活塞各阶振型见图 3.7-18～图 3.7-25。

表 3.7-5　调节阀活塞和鼠笼模态计算结果

阶次	频率/Hz	阶次	频率/Hz	阶次	频率/Hz
1	163.06	4	202.83	7	351.23
2	163.26	5	321.58	8	351.27
3	202.78	6	321.89		

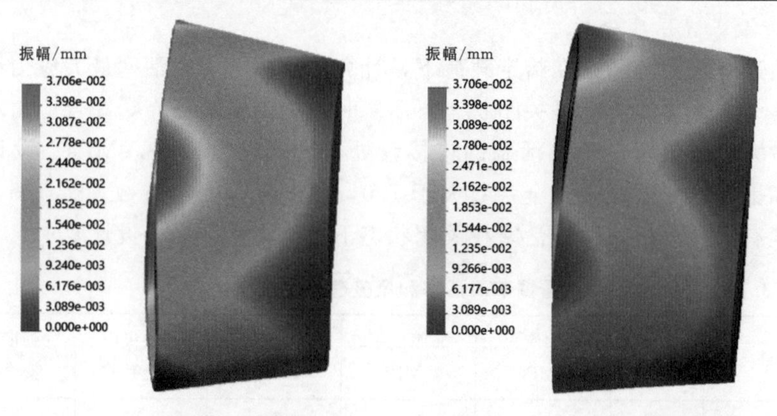

图 3.7-18　活塞 1 阶振型　　图 3.7-19　活塞 2 阶振型

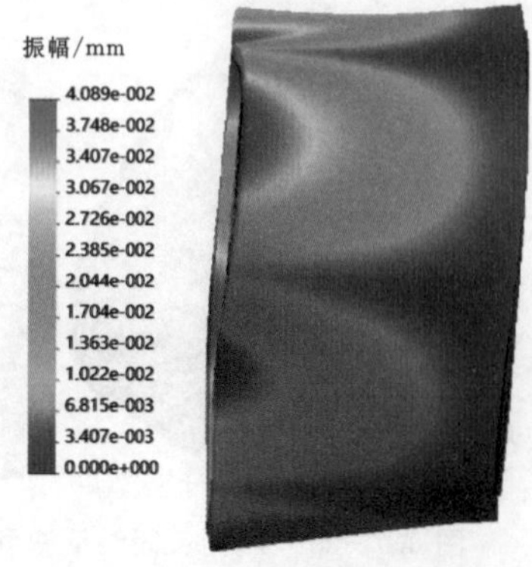

图 3.7-20　活塞 3 阶振型

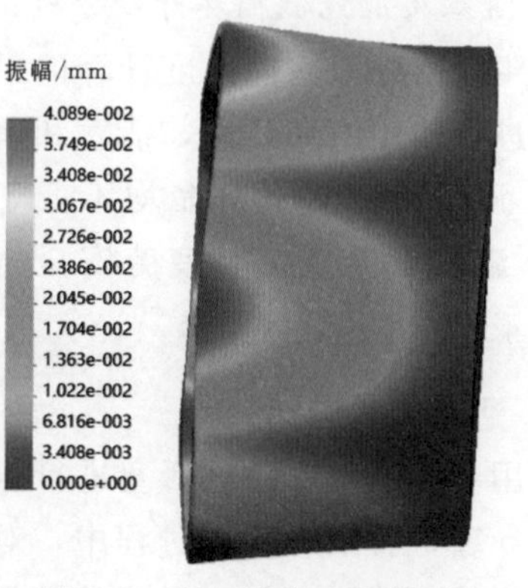

图 3.7-21　活塞 4 阶振型

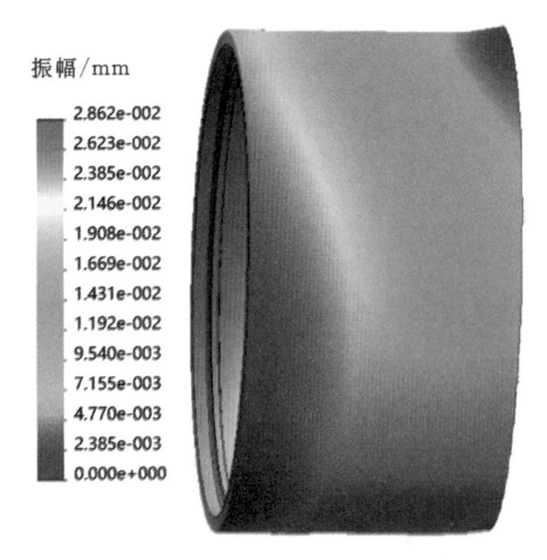

图 3.7-22　活塞 5 阶振型

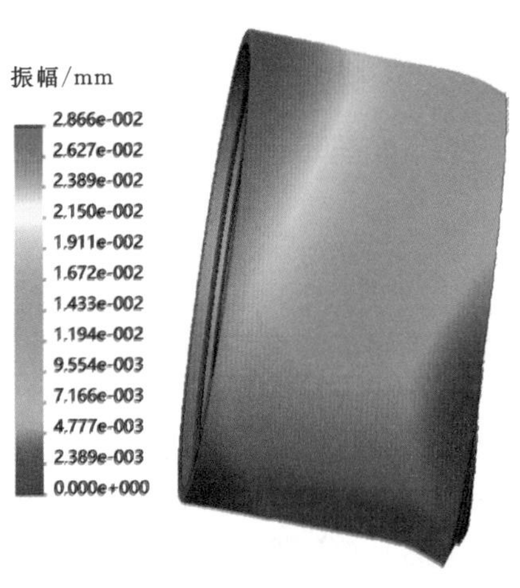

图 3.7-23　活塞 6 阶振型

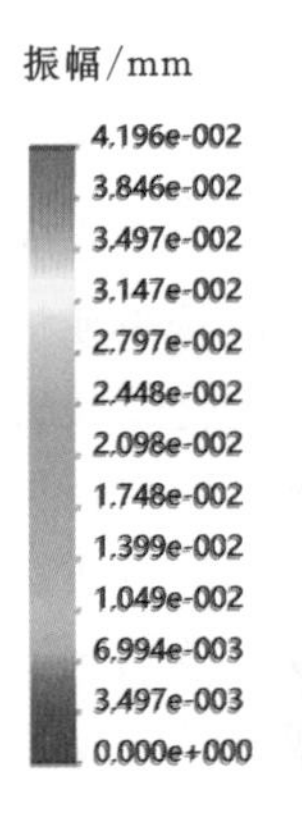

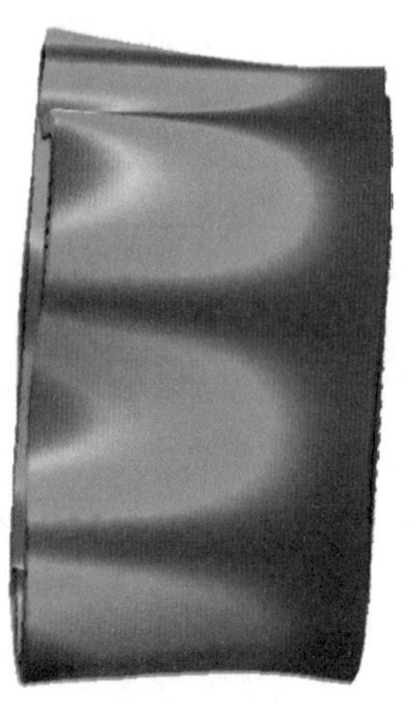

图 3.7-24　活塞 7 阶振型

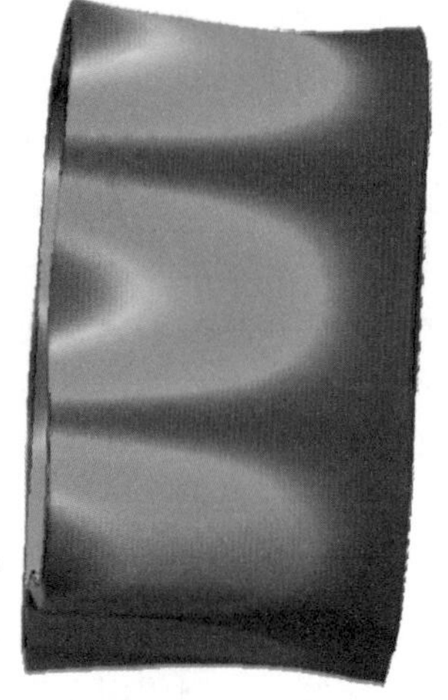

图 3.7-25　活塞 8 阶振型

第4章 长距离输水系统水力过渡过程

长距离输水系统水力过渡过程是一门新兴的跨学科理论，主要研究长距离输水工程中水力瞬变过程、数值仿真及控制[18]。当输水系统的上下游边界或内节点状态发生改变时，从原状态变化为另一种稳定状态的过程即称为系统的过渡过程。长距离输水工程构成复杂，输水方式多样；用水需求多变，水力调控扰动频繁；地形地势多样，流态衔接复杂；水流惯性大，控制响应滞后严重。控制不当，极易出现爆管、漫堤溃决、结构物破坏等事故[19-21]。

长距离输水系统水力过渡过程主要有管道水锤、明渠非恒定流及其相关问题。

(1) 管道水锤，也称为有压输水系统瞬变流，是由于管道内流速随时间变化而引起的水压剧烈波动现象。由于管道内水压变化通常使管壁产生振动，发出锤击之声，这种现象也称为水锤。有压输水系统一般有重力流输水系统和泵站加压输水系统。重力流输水系统的进水池水位高于出水池，依靠两者之间的水头（水位差）进行输水；泵站加压输水系统适用于重力自流流量较小或进水池水位低于出水池的工程。当阀门动作或水泵事故断电时，流量变化致使管道水压增大，巨大的冲击可能会使管道破裂，出现爆管；另外，流量变化也可能使管道水压降低至汽化压力，出现液柱分离，形成蒸汽空穴，使管道被压扁破裂，或气泡破裂产生的弥合水锤导致管道爆裂。因此，必须采取有效的水锤防护措施，将有压输水系统的水力过渡过程特性控制在规范要求或管道、设备可承受范围内。常见的防护措施或方案有设置调压塔、空气罐、空气阀、止回阀、泄压阀，控制阀门动作规律，或增加机组飞轮力矩等。

(2) 明渠非恒定流，也称为无压输水系统非恒定流，一般是指具有自由水面的输水系统。这里所说的明渠，除了天然河道和人工明渠外，也包含了渡槽、无压隧洞或箱涵等。无压输水系统的水流惯性大、水力滞后严重，包含闸、堰、倒虹吸等建筑物的水力参数耦合强烈，其运行调度受上下游扰动、水位上限、水位变幅、响应和稳定时间以及闸门开度变幅等多因素影响，具有强非线性、滞后性、多流态和多约束的特点，调控参数多，不确定性大，累积效应严重，运行控制复杂。控制不当，极易引起漫堤溃决、明满流或水流脱空，造成构筑物破坏，危及工程安全。

本章系统阐述了有压输水系统瞬变流和无压输水系统非恒定流的理论模

型、数值求解算法、典型边界条件和防控措施等内容，并给出了明满流、明渠充水等工况的计算方法，以及管道泄漏辨识、明满流及引汉济渭工程供水三个典型算例。

4.1 有压输水系统瞬变流

4.1.1 控制方程

压力管道的动量方程和连续方程为

$$\frac{\partial H}{\partial x}+\frac{V}{g}\frac{\partial V}{\partial x}+\frac{1}{g}\frac{\partial V}{\partial t}+J_S+J_U=0 \tag{4.1-1}$$

$$V\frac{\partial H}{\partial x}+\frac{\partial H}{\partial t}+\frac{a^2}{g}\frac{\partial V}{\partial x}+V\sin\alpha=0 \tag{4.1-2}$$

式中：H 为测压管水头，m；x 为沿管道中心线方向的距离，m；V 为水流流速，m/s；g 为重力加速度，m/s^2；t 为时间，s；J_S 为稳态摩阻；J_U 为非恒定摩阻；a 为水锤波速，m/s；α 为管道倾角。

稳态摩阻 J_S 的计算公式为

$$J_S=\frac{fV|V|}{2gD} \tag{4.1-3}$$

式中：f 为 Darcy - Weisbach 摩阻系数；D 为管道直径，m。

非恒定摩阻 J_U 的计算公式为

$$J_U=\frac{k_3}{g}\left(\frac{\partial V}{\partial t}-a\frac{\partial V}{\partial x}\right) \tag{4.1-4}$$

式中：k_3 为 Brunone 系数，可写为

$$k_3=\frac{\sqrt{7.41/Re^k}}{2} \tag{4.1-5}$$

其中，$k=\lg\left(\frac{14.3}{Re^{0.05}}\right)$，$Re$ 为雷诺数。

管道波速 a 的计算公式为

$$a=\sqrt{\frac{K/\rho}{1+(K/E)(D/e)}} \tag{4.1-6}$$

式中：K 为水的体积弹性模量，Pa；E 为管道材料的杨氏弹性模量，Pa；e 为管壁厚度，m。

4.1.2 特征线求解

采用特征线法对动量方程和连续方程进行求解：

$$L_1=\frac{\partial H}{\partial x}+\frac{V}{g}\frac{\partial V}{\partial x}+\frac{1}{g}\frac{\partial V}{\partial t}+\frac{fV|V|}{2gD}+\frac{k_3}{g}\left(\frac{\partial V}{\partial t}-a\frac{\partial V}{\partial x}\right)=0 \quad (4.1-7)$$

$$L_2=V\frac{\partial H}{\partial x}+\frac{\partial H}{\partial t}+\frac{a^2}{g}\frac{\partial V}{\partial x}+V\sin\alpha=0 \quad (4.1-8)$$

令

$$\begin{aligned}L&=L_1+\lambda L_2\\&=\lambda\left(\frac{\partial H}{\partial t}+\frac{1}{\lambda}\frac{\partial H}{\partial x}\right)+\frac{1+k_3}{g}\left(\frac{\partial V}{\partial t}+\frac{\lambda a^2-k_3 a}{1+k_3}\frac{\partial V}{\partial x}\right)+\\&\quad\frac{fV|V|}{2gD}+\frac{V}{g}\frac{\partial V}{\partial x}+\lambda V\frac{\partial H}{\partial x}+\lambda V\sin\alpha\end{aligned} \quad (4.1-9)$$

一般情况下，管道平铺，$\alpha=0$，由于 $a\gg|V|$，可忽略 V、H 的对流项，简化得

$$L=L_1+\lambda L_2=\lambda\left(\frac{\partial H}{\partial t}+\frac{1}{\lambda}\frac{\partial H}{\partial x}\right)+\frac{1+k_3}{g}\left(\frac{\partial V}{\partial t}+\frac{\lambda a^2-k_3 a}{1+k_3}\frac{\partial V}{\partial x}\right)+\frac{fV|V|}{2gD}=0 \quad (4.1-10)$$

由全微分定理得

$$\frac{\mathrm{d}x}{\mathrm{d}t}=\frac{1}{\lambda}=\frac{\lambda a^2-k_3 a}{1+k_3} \quad (4.1-11)$$

整理得

$$\lambda=-\frac{1}{a}\text{或}\lambda=\frac{1+k_3}{a} \quad (4.1-12)$$

式（4.1-10）可写为

$$\lambda\frac{\mathrm{d}H}{\mathrm{d}t}+\frac{1+k_3}{g}\frac{\mathrm{d}V}{\mathrm{d}t}+\frac{fV|V|}{2gD}=0 \quad (4.1-13)$$

正负特征线兼容性方程可写为

$$\left.\begin{aligned}&C^+:\mathrm{d}H+\frac{a}{g}\mathrm{d}V+\frac{fV|V|}{2gD}\Delta x=0, &\frac{\mathrm{d}x}{\mathrm{d}t}=\frac{a}{1+k_3}\\&C^-:\mathrm{d}H-\frac{a(1+k_3)}{g}\mathrm{d}V-\frac{fV|V|}{2gD}\Delta x=0, &\frac{\mathrm{d}x}{\mathrm{d}t}=-a\end{aligned}\right\} \quad (4.1-14)$$

特征线法如图4.1-1所示。

沿着正负特征线积分可得

$$\begin{aligned}&H_P-H_R+B(Q_P-Q_R)+RQ_P|Q_R|=0\\&x_P-x_R=\frac{a}{1+k_3}(t_P-t_R)\end{aligned} \quad (4.1-15)$$

$$\begin{aligned}&H_P-H_B-B(1+k_3)(Q_P-Q_B)-RQ_P|Q_B|=0\\&x_P-x_B=-a(t_P-t_B)\end{aligned} \quad (4.1-16)$$

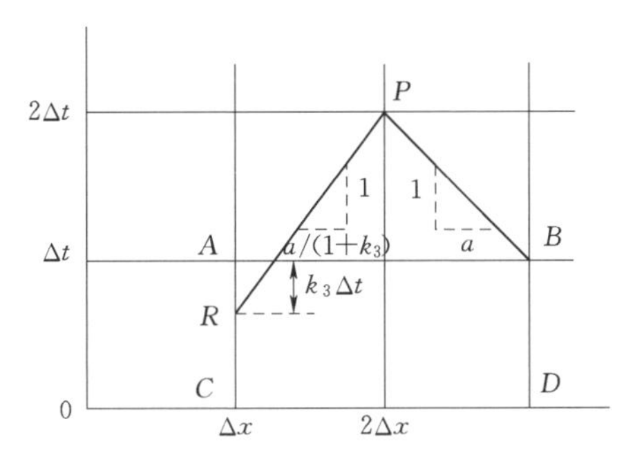

图 4.1-1　特征线法

$$B=\frac{a}{gA} \tag{4.1-17}$$

$$R=\frac{f\Delta x}{2gDA^2} \tag{4.1-18}$$

式（4.1-15）、式（4.1-16）整理得

$$H_P=C_P-B_PQ_P \tag{4.1-19}$$

$$H_P=C_M+B_MQ_P \tag{4.1-20}$$

$$C_P=H_R+BQ_R \tag{4.1-21}$$

$$B_P=B+R|Q_R| \tag{4.1-22}$$

$$C_M=H_B-B(1+k_3)Q_B \tag{4.1-23}$$

$$B_M=B(1+k_3)+R|Q_B| \tag{4.1-24}$$

联立式（4.1-19）、式（4.1-20）得

$$Q_P=\frac{C_P-C_M}{B_P+B_M} \tag{4.1-25}$$

其中，R 点的流量和压力根据 A 点和 C 点进行计算：

$$Q_R=(1-k_3)Q_A+k_3Q_C \tag{4.1-26}$$

$$H_R=(1-k_3)H_A+k_3H_C \tag{4.1-27}$$

4.1.3　边界条件

1. 水库

当管道上游为水库时，水位的变化与整个水力瞬变过程相比是非常缓慢的，可以忽略不计，因此，可假定水库水位恒定：

$$H_{P0}=H_{\text{res}}=\text{Const} \tag{4.1-28}$$

式中：H_{P0} 为管道进口测压管水头，m；H_{res} 为水库水位，m。

上游节点满足 C^- 特征线，进口流量 Q_{P0} 的计算公式为

$$Q_{P0}=\frac{H_{P0}-C_M}{B_M} \tag{4.1-29}$$

式中：Q_{P0}为管道进口流量，m^3/s。

当管道下游为水库时：

$$H_{PN}=H_{res}=Const \tag{4.1-30}$$

式中：H_{PN}为管道出口测压管水头，m。

下游满足C^+特征线，出口流量Q_{PN}的计算公式为

$$Q_{PN}=\frac{C_P-H_{PN}}{B_P} \tag{4.1-31}$$

式中：Q_{PN}为管道出口流量，m^3/s。

2. 管道中阀门

管道中阀门流量的计算公式为

$$Q_{Pi}=C_d A_G\sqrt{2g\Delta H_{Pi}} \tag{4.1-32}$$

式中：Q_{Pi}为阀门流量，m^3/s；C_d为阀门流量系数；A_G为阀门开启面积，m^2；g为重力加速度，m/s^2；ΔH_{Pi}为阀门进、出口的压力水头差，m。

在孔口全开条件下，恒定流工况的阀门流量为

$$Q_r=(C_d A_G)_r\sqrt{2g\Delta H_r} \tag{4.1-33}$$

式中：下标r为阀门全开情况；ΔH_r为阀门全开时，进、出口的压力水头差，m。

定义无量纲阀门流量系数τ：

$$\tau=\frac{C_d A_G}{(C_d A_G)_r} \tag{4.1-34}$$

当阀门全开时，$\tau=1$；当阀门关闭时，$\tau=0$。由此可得

$$\frac{Q_{Pi}}{Q_r}=\tau\sqrt{\frac{\Delta H_{Pi}}{\Delta H_r}} \tag{4.1-35}$$

由于水力瞬变过程中，水流的流动方向会发生改变，式（4.1-35）转化为

$$\Delta H_{Pi}=\frac{\Delta H_r}{(Q_r\tau)^2}|Q_{Pi}|Q_{Pi} \tag{4.1-36}$$

由式（4.1-19）、式（4.1-20）可知：

$$\Delta H_{Pi}=C_P-C_M-(B_P+B_M)Q_{Pi} \tag{4.1-37}$$

联立式（4.1-36）、式（4.1-37）得

$$C_P-C_M-(B_P+B_M)Q_{Pi}=\frac{\Delta H_r}{(Q_r\tau)^2}|Q_{Pi}|Q_{Pi} \tag{4.1-38}$$

整理得

$$Q_{Pi}=\frac{C_P-C_M}{B_P+B_M+\dfrac{\Delta H_r}{(Q_r\tau)^2}|Q_{Pi}|} \tag{4.1-39}$$

由于式（4.1-39）右侧含有未知量 Q_{Pi}，因此，不能直接进行求解。可利用迭代计算程序进行求解，具体方法如下：

（1）假定该计算时间步流量的初始值为 Q_{Pi} 等于上一时间步的流量 Q_P，即，$Q_{Pi}=Q_P$。

（2）利用式（4.1-39）计算流量 Q'_{Pi}。

（3）计算 Q'_{Pi} 与 Q_{Pi} 的差值，如果两者误差绝对值小于误差限 ε，即，$|Q'_{Pi}-Q_P|\leqslant\varepsilon$，则 Q'_{Pi} 即为 Q_{Pi} 的计算值；若不满足要求，则进入第（4）步。一般情况下，计算精度取 $\varepsilon=10^{-5}\sim10^{-4}$。

（4）假定 $Q_{Pi}=\dfrac{Q'_{Pi}+Q_{Pi}}{2}$，重复步骤（2）～（3），直到计算结果满足精度要求为止。

3. 局部阻力元件

当管道中出现过流断面突变、局部堵塞或渐变段、孔口、弯头等元件时，相当于在管路中添加了局部阻力元件。

上述的管道中阀门，可看作一种特殊的局部阻力元件，其流量系数随开度而变化。当管道中出现过流断面突变、堵塞或转弯时，可将其看作一个开度始终不变的阀门，即，其流量系数 $\tau=1$。求解时，首先计算恒定流工况下通过局部阻力元件的流量 Q_r 和水头差 ΔH_r，代入式（4.1-39）并进行迭代求解。

4. 分叉节点

管道分叉节点如图 4.1-2 所示。

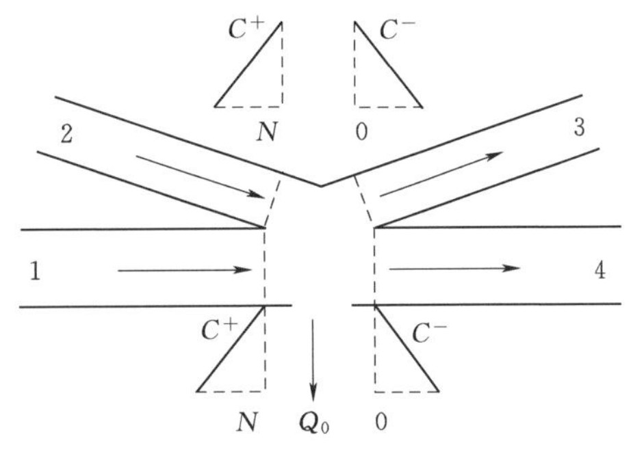

图 4.1-2　管道分叉节点

对于管道分叉节点，任一瞬时均满足水流的连续性方程：

$$\sum Q_P=0 \tag{4.1-40}$$

针对下图所示的分叉节点，方程为

$$Q_{1,PN}+Q_{2,PN}-Q_{3,P0}-Q_{4,P0}-Q_0=0 \tag{4.1-41}$$

式中：Q_{P1}、Q_{P2}、Q_{P3}、Q_{P4} 为节点流量，m^3/s；Q_0 为流出节点的流量，如减压阀、泄漏孔口出流，m^3/s。

当节点处的局部水头损失忽略不计时，有

$$H_P=H_{1,PN}=H_{2,PN}=H_{3,P0}=H_{4,P0} \tag{4.1-42}$$

式中：H_P、$H_{1,PN}$、$H_{2,PN}$、$H_{3,P0}$、$H_{4,P0}$ 为压力水头，m。

管道 1 和管道 2 符合 C^+ 相容性方程，管道 3 和管道 4 符合 C^- 相容性方

程，即

$$\text{管道 1}\quad Q_{1,PN}=\frac{C_{1,P}-H_{1,PN}}{B_{1,P}}=\frac{C_{1,P}-H_P}{B_{1,P}} \tag{4.1-43}$$

$$\text{管道 2}\quad Q_{2,PN}=\frac{C_{2,P}-H_{2,PN}}{B_{2,P}}=\frac{C_{2,P}-H_P}{B_{2,P}} \tag{4.1-44}$$

$$\text{管道 3}\quad Q_{3,P0}=\frac{H_{3,P0}-C_{3,M}}{B_{3,M}}=\frac{H_P-C_{3,M}}{B_{3,M}} \tag{4.1-45}$$

$$\text{管道 4}\quad Q_{4,P0}=\frac{H_{4,P0}-C_{4,M}}{B_{4,M}}=\frac{H_P-C_{4,M}}{B_{4,M}} \tag{4.1-46}$$

将式（4.1-43）～式（4.1-46）代入式（4.1-41）：

$$\left(\frac{1}{B_{1,P}}+\frac{1}{B_{2,P}}+\frac{1}{B_{3,M}}+\frac{1}{B_{4,M}}\right)H_P=\frac{C_{1,P}}{B_{1,P}}+\frac{C_{2,P}}{B_{2,P}}+\frac{C_{3,M}}{B_{3,M}}+\frac{C_{4,M}}{B_{4,M}}-Q_0 \tag{4.1-47}$$

若 Q_0 是时间的已知函数，则

$$H_P=\frac{C_2-Q_0}{C_1} \tag{4.1-48}$$

$$C_1=\frac{1}{B_{1,P}}+\frac{1}{B_{2,P}}+\frac{1}{B_{3,M}}+\frac{1}{B_{4,M}} \tag{4.1-49}$$

$$C_2=\frac{C_{1,P}}{B_{1,P}}+\frac{C_{2,P}}{B_{2,P}}+\frac{C_{3,M}}{B_{3,M}}+\frac{C_{4,M}}{B_{4,M}} \tag{4.1-50}$$

类似地，对于有 m 个入流和 n 个出流的分叉节点，其压力水头的计算方法与式（4.1-48）相同，系数 C_1 和 C_2 的计算公式为

$$C_1=\sum_{i=1}^{m}\frac{1}{B_{i,P}}+\sum_{j=1}^{n}\frac{1}{B_{j,M}} \tag{4.1-51}$$

$$C_2=\sum_{i=1}^{m}\frac{C_{i,P}}{B_{i,P}}+\sum_{j=1}^{n}\frac{C_{j,M}}{B_{j,M}} \tag{4.1-52}$$

4.1.4 典型防控设备

有压输水系统常见的防控设备主要是水泵、空气阀、调压室和空气罐等。

1. 水泵

水泵主要为水位抬升或增大供水量提供动力。水泵机组的转动方程为

$$J\frac{\mathrm{d}\omega}{\mathrm{d}t}=M_g-M \tag{4.1-53}$$

式中：J 为机组与液体的转动惯量，kg·m^2，在实际计算中，转动惯量是以飞轮力矩 GD^2 表示，其单位为 t·m^2；ω 为转动的角速度，rad/s；M_g 为电机转矩，N·m；M 为泵的轴力矩，N·m。

当水泵断电时，电机转矩为 $M_g=0$，式（4.1-53）简化为

$$J\frac{d\omega}{dt}=-M \tag{4.1-54}$$

对上述角速度 ω 和轴力距 M 进行无量纲处理：

$$\omega=n\omega_r \tag{4.1-55}$$

$$M=m\frac{P_r}{\omega_r} \tag{4.1-56}$$

式中：n 为相对转速，$n=\frac{N}{N_r}$，N 为转速，r/min；P 为功率，W，在实际计算中单位为 kW；r 为代表额定工况；m 为无量纲系数。

式（4.1－55）、式（4.1－56）代入式（4.1－54）得

$$T_a\frac{dn}{dt}=-m \tag{4.1-57}$$

式中：T_a 为机组惯性时间常数，$T_a=J\frac{\omega_r^2}{P_r}$，表示机组在额定轴力矩 M_r 作用下由额定转速 N_r 减小到 0 所需要的时间。

机组惯性时间常数 T_a 的计算公式为

$$T_a=J\frac{\omega_r^2}{P_r}=\frac{GD^2}{4}\left(\frac{\pi N_r}{30}\right)^2\frac{1}{P_r}=\frac{GD^2N_r^2}{365P_r} \tag{4.1-58}$$

对式（4.1－57）进行积分：

$$n=n_0-\frac{1}{T_a}\int_{t_0}^{t}m\,dt \tag{4.1-59}$$

式中：n_0 为 t_0 时刻的转速相对值。

用泰勒级数将轴力矩相对值 m 在 $t=t_0$ 展开：

$$m=m_0+\dot{m}_0\Delta t+\frac{\ddot{m}_0}{2!}\Delta t^2+\cdots \tag{4.1-60}$$

$$\dot{m}_0=\frac{dm}{dt} \tag{4.1-61}$$

$$\ddot{m}_0=\frac{d^2m}{dt^2} \tag{4.1-62}$$

式中：Δt 为时间步长，s。

将式（4.1－60）代入式（4.1－59），进行积分求解并忽略 Δt 的三次幂以上高阶小量：

$$n=n_0-\frac{\Delta t}{T_a}\left(m_0+\frac{\dot{m}_0}{2}\Delta t\right) \tag{4.1-63}$$

将式（4.1－60）代入式（4.1－63），消去 $\dot{m}_0$ 并忽略 Δt 的三次幂以上高阶小量：

$$n=n_0-\frac{m+m_0}{2T_a}\Delta t \tag{4.1-64}$$

式（4.1-64）即为 Wylie 和 Streeter 计算机组转速所采用的基本方程。计算转速相对值 n 时，等式右侧的轴力矩相对值 m 也是未知量的，因此，n 需要与其他方程联立才能进行求解。

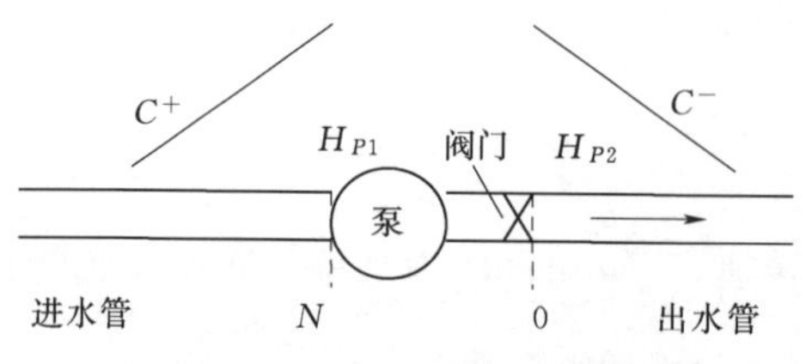

图 4.1-3　水泵边界条件

水泵边界条件如图 4.1-3 所示，其能量守恒方程为

$$H_{P1}+H=H_{P2}+\Delta H \tag{4.1-65}$$

式中：H_{P1} 为进口水头，m；H 为水泵扬程，m；H_{P2} 为出口水头，m；ΔH 为水泵出口处控制阀门的水头损失，m。

对于进水管的节点 N，满足 C^+ 特征线方程：

$$H_{P1}=C_P-B_PQ \tag{4.1-66}$$

对于出水管的节点 0，满足 C^- 特征线方程：

$$H_{P2}=C_M+B_MQ \tag{4.1-67}$$

对于管道中的阀门，水头损失 ΔH 的计算公式为

$$\Delta H=\frac{|q|q}{\tau^2}\Delta H_r \tag{4.1-68}$$

式中：ΔH_r 为阀门全开时的水头损失，m。

将式（4.1-66）～式（4.1-68）代入式（4.1-65）：

$$H-C_M+C_P-(B_P+B_M)Q-\frac{|q|q}{\tau^2}\Delta H_r=0 \tag{4.1-69}$$

将扬程 H 和流量 Q 以额定工况数据表示：

$$hH_r-C_M+C_P-qQ_r(B_P+B_M)-\frac{|q|q}{\tau^2}\Delta H_r=0 \tag{4.1-70}$$

代入流量函数 $WH(x)=\frac{h}{q^2+n^2}$：

$$H_r(q^2+n^2)WH(x)-C_M+C_P-qQ_r(B_P+B_M)-\frac{|q|q}{\tau^2}\Delta H_r=0 \tag{4.1-71}$$

2. 空气阀

空气阀的主要作用有：在充水过程中排出管道系统内的空气；在出现水锤负压时，阀门打开使空气进入管道，避免发生液体汽化。

输水管线凸起处的水压在水力瞬变过程中常常降到蒸汽压力以下，引起液体局部汽化产生空泡。为了保护管道，可以在管路高点设置空气阀或调压室。

空气阀的作用是，当空气阀处的管内压力降到低于大气压（或预先规定的最小压力）时，空气阀打开让空气进入；当管内水压增加到大气压以上时，允许空气逐渐流出。在一般情况下，空气阀不允许液体漏入大气。

空气阀的边界条件是相当复杂的，使用特征线法进行处理时做如下假定：

（1）空气等熵地流进流出阀门。

（2）管内气体的温度与液体温度相等，其压缩或膨胀遵守等温变化。

（3）进入管道的空气停留在空气阀附近。

（4）空气的体积和管段里的液体体积相比很小，液体表面的高度基本不变。

流经空气阀气体的质量、流量主要取决于管外的大气压力 p_a（绝对压力）、绝对温度 T_{abs}、管内压力 p（绝对压力）和绝对温度 T。空气流入或流出空气阀分以下四种情况。

（1）空气以亚声速流入空气阀时：

$$\dot{M}_a = C_{in}A_{in}\sqrt{7p_a\rho_a(p_r^{1.4286} - p_r^{1.714})}, 0.53 < p_r < 1 \qquad (4.1-72)$$

式中：$\dot{M}_a$ 为空气质量流量，kg/s；C_{in} 为进气时空气阀的流量系数；A_{in} 为进气时空气阀的过流面积，m^2；ρ_a 为大气密度，$\rho_a = \frac{p_a}{RT_{abs}}$；$R$ 为气体常数，$p_r = p/p_a$。

（2）空气以临界速度流入空气阀时：

$$\dot{M}_a = C_{in}A_{in}\frac{0.686}{\sqrt{RT_{abs}}}p_a, p_r \leqslant 0.53 \qquad (4.1-73)$$

（3）空气以亚音速流出空气阀时：

$$\dot{M}_a = -C_{out}A_{out}p_a p_r\sqrt{\frac{7}{RT}(p_r^{-1.4286} - p_r^{-1.714})}, 1 < p_r < \frac{1}{0.53} \qquad (4.1-74)$$

式中：C_{out} 为排气时空气阀的流量系数；A_{out} 为排气时空气阀的流通面积，m^2。

（4）空气以临界速度流出空气阀时（空气阀流动如图 4.1-4 所示）：

$$\dot{M}_a = -C_{out}A_{out}\frac{0.686p_a p_r}{\sqrt{RT}}, \frac{1}{0.53} \leqslant p_r \qquad (4.1-75)$$

空气阀关闭时，边界条件为 Hp_i 和 Qp_i 的内截面解。当水头降到管线高度以下时，空气阀打开，空气流入；空气被排出之前，气体满足恒定内温的完善气体方程，即

$$p\,\forall = M_a RT \qquad (4.1-76)$$

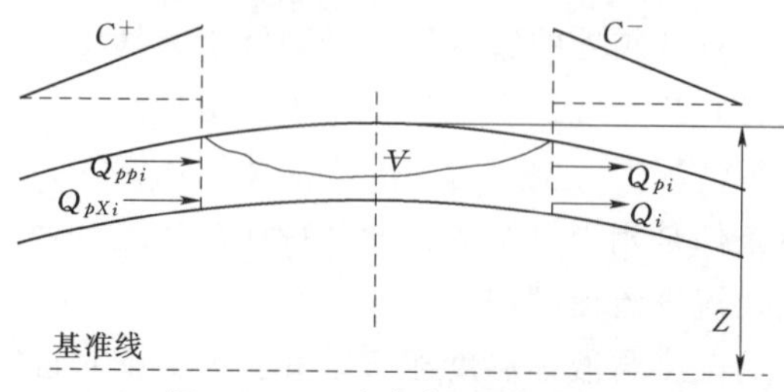

图 4.1-4　空气阀流动示意图

式中：V 为空穴体积，m^3。

在时刻 t，式（4.1-76）可以近似为

$$p[V_0+0.5\Delta t(Q_i-Q_{pX_i}-Q_{pp_i}+Q_{p_i})]=[M_{a0}+0.5\Delta t(\dot{M}_{a0}+\dot{M}_a)]RT \tag{4.1-77}$$

式中：V_0 为时刻 t_0 的空穴体积，m^3；Δt 为由特征线方法的稳定性条件确定；Q_i 为时刻 t_0 流出断面 i 的流量，m^3/s；Q_{p_i} 为时刻 t 流出断面 i 的流量，m^3/s；Q_{pX_i} 为时刻 t_0 流入断面 i 的流量，m^3/s；Q_{pp_i} 为时刻 t 流入断面 i 的流量，m^3/s；M_{a0} 为时刻 t_0 空穴中空气的质量，kg；$\dot{M}_{a0}$ 为时刻 t_0 流入或流出空穴的空气的质量流量，kg/s；$\dot{M}_a$ 为时刻 t 流入或流出空穴的空气质量流量，kg/s。

C^+ 和 C^- 相容性方程为

$$C^+:H_p=C_p-B_pQ_{pp_i};\quad C^-:H_p=C_M+B_MQ_{p_i} \tag{4.1-78}$$

H_p 和 p 之间的关系是：

$$H_p=\frac{p}{\gamma}+Z-H_a \tag{4.1-79}$$

式中：H_a 为大气压头（绝对压头），Pa；γ 为液体容重，N/m^3；Z 为空气阀位置高程，m。

将式（4.1-78）和式（4.1-79）代入式（4.1-77）得

$$p\left\{V0+0.5\Delta t\left[Q_i-Q_{pX_i}-\left(\frac{C_p}{B_p}+\frac{C_M}{B_M}\right)+\left(\frac{1}{B_p}+\frac{1}{B_M}\right)\left(\frac{p}{\gamma}+Z-H_a\right)\right]\right\}$$
$$=[M_{a0}+0.5\Delta t(\dot{M}_{a0}+\dot{M}_a)]RT \tag{4.1-80}$$

在方程中，除 p 是未知量外，其余参数都是已知量。但气体质量流量 $\dot{M}_a$ 的导数 $d\dot{M}_a/dp$ 不是连续函数，根据式（4.1-80）中求解 p 较为复杂。目前，国内外普遍采用 Wylie 和 Streeter 提出的方法求解，该法的基本思想是：首先将描述 $\dot{M}_a$ 的函数式（4.1-72）和式（4.1-74）离散化，然后用一系列抛物线方程来分段近似，从而将式（4.1-80）转变成 p 的二次方程，然后通过判断解的存在区域并求解相应的二次方程得出 p 的近似解。

3. 调压室

调压室的主要作用是：当管道压力下降时，调压室内的水流入管道，避免压力下降过快；对于双向调压室，当管道压力增加时，管道内的水流入调压室，避免管道产生过高压力。

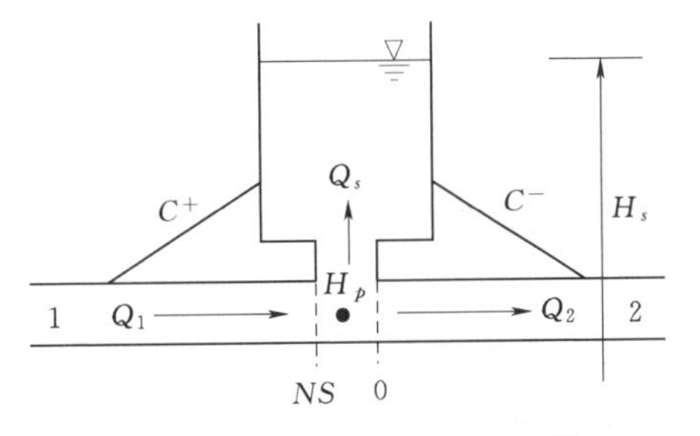

图 4.1-5　阻抗式调压室数学模型

调压室基本类型分为简单式调压室、阻抗式调压室、水室式调压室、溢流式调压室、差动式调压室和气垫式调压室。根据工程实际情况，亦可综合两种及以上基本类型调压室的特点，组合成混合型调压室。各种类型的调压室，其水力控制方程也有所差异，此处就不做过多介绍。压力输水工程中常用的阻抗式调压室数学模型如图 4.1-5 所示。

调压室水位变化与调压室内流量的关系为

$$A_s \frac{\mathrm{d}H_s}{\mathrm{d}t}=Q_s \tag{4.1-81}$$

式中：H_s 为调压室水位，m；A_s 为调压室断面面积，m^2；Q_s 为流出或流入调压室的流量，m^3/s。

将上式两边对时间 t 求积分，可得

$$H_s=H_{s0}+\frac{(Q_s+Q_{s0})}{2A_s}\Delta t \tag{4.1-82}$$

由于调压室中的水流惯性和水力损失与压力隧洞中的相比可忽略不计，因此，可近似假设调压室底部测压管水头等于调压室水位与阻抗孔口水头损失之和，即

$$H_p=H_{p1,NS}=H_{p2,1}=H_s+\alpha_s|Q_s|Q_s \tag{4.1-83}$$

式中：H_p 为调压室底部测压管水头，m；$H_{p1,NS}$、$H_{p2,1}$ 分别由相容性方程式（4.1-19）、式（4.1-20）确定；$\alpha_s=1/[2g(\mu A_\omega)^2]$，$\alpha_s$ 为阻抗孔口的水头损失系数；μ 为孔口流量系数；A_ω 为孔口面积，m^2。

根据调压室底部水流连续性条件，可得

$$Q_1-Q_2=Q_s \tag{4.1-84}$$

式中：Q_1 为调压室前管道或隧洞的出口流量，m^3/s；Q_2 为调压室后管道或隧洞的进口流量，m^3/s。

联立式（4.1-19）、式（4.1-20）和式（4.1-82）～式（4.1-84）即可确定 Q_1、Q_2、Q_s、H_p 和 H_s 的值。

4. 空气罐

空气罐的作用是：当管道压力下降时，罐内的压缩空气膨胀，下层水在空气的作用下迅速补给主管道，防止负压过大造成液柱分离；当管道压力上升时，管道的水流入空气罐，压缩空气，减小压力变化速率。

空气罐底部节点满足连续性方程：

$$Q_1 = Q_a + Q_2 \tag{4.1-85}$$

式中：Q_1 为为流入节点 P 的流量，m^3/s；Q_2 为流出节点 P 的流量，m^3/s；Q_a 为流入空气罐的流量，m^3/s。

空气罐内所有的流体均满足连续性定理，即，空气罐内水的体积的增加量等于空气体积的减少量，反之亦然。根据连续性定理：

$$A_a \frac{dH_a}{dt} = -\frac{d\mathcal{V}_a}{dt} = Q_a \tag{4.1-86}$$

式中：A_a 为空气罐面积，m^2；H_a 为空气罐内水位，m；$\mathcal{V}_a$ 为空气罐内的气体体积，m^3。

对式（4.1-86）积分得

$$H_a = H_{a0} + \frac{\Delta t}{2A_a}(Q_a + Q_{a0}) \tag{4.1-87}$$

$$\mathcal{V}_a = \mathcal{V}_0 - \frac{\Delta t}{2}(Q_a + Q_{a0}) \tag{4.1-88}$$

节点 P 的测压管水头、空气罐内的气体绝对压力和空气罐水位满足能量守恒方程：

$$H_P = \left(\frac{p}{\gamma} - \overline{H}\right) + H_a + \xi \frac{|Q_a| Q_a}{2gA_S^2} \tag{4.1-89}$$

式中：H_P 为节点 P 的测压管水头，m；p 为空气罐内的气体绝对压力，Pa；γ 为水的重度，N/m^3；$\overline{H}$ 为当地大气压对应的水柱高度，m；ξ 为空气罐节流孔口的阻力系数；A_S 为节流孔口面积，m^2。

节点1满足 C^+ 特征线方程，节点2满足 C^- 特征线方程：

$$Q_1 = \frac{C_P - H_P}{B_P} \tag{4.1-90}$$

$$Q_2 = \frac{H_P - C_M}{B_M} \tag{4.1-91}$$

联立式（4.1-85）、式（4.1-90）、式（4.1-91）可得

$$H_P = \left[\left(\frac{C_P}{B_P} + \frac{C_M}{B_M}\right) - Q_a\right] \Big/ \left(\frac{1}{B_M} + \frac{1}{B_P}\right) \tag{4.1-92}$$

由式（4.1-87）、式（4.1-89）、式（4.1-92）得

$$\frac{p}{\gamma}=\left[\left(\frac{C_P}{B_P}+\frac{C_M}{B_M}\right)-Q_a\right]\Big/\left(\frac{1}{B_M}+\frac{1}{B_P}\right)+\overline{H}-H_{a0}-\frac{\Delta t}{2A_a}(Q_a+Q_{a0})-\sigma\frac{|Q_a|Q_a}{2gA_S^2} \tag{4.1-93}$$

空气罐内气体的热力学过程服从可逆多变关系：

$$p\,V_a^k=C \tag{4.1-94}$$

式中：k 为多变指数；C 为常数。

空气罐可利用牛顿-辛普森方法进行求解，式（4.1-94）转化为

$$F=p\,V_a^k-C=0 \tag{4.1-95}$$

对于某一时刻 t，假定 $Q_a=Q_{a0}$，利用式（4.1-93）和式（4.1-88）分别求解 p 和 V_a，并求解对应的导数 $\frac{\mathrm{d}p}{\mathrm{d}Q_a}$ 和 $\frac{\mathrm{d}V_a}{\mathrm{d}Q_a}$，获得 F_0 和 F_{Q_a}；$\Delta Q_a=-\frac{F_0}{F_{Q_a}}$，若 $|\Delta Q_a|\leqslant 10^{-4}$，则求解结束，否则，令 $Q_a=Q_a+\Delta Q_a$，进行迭代求解，直至满足精度要求为止。

4.2 无压输水系统非恒定流

4.2.1 控制方程

无压输水系统是指具有自由表面的一类流动，如天然河流、人工输水渠道、无压隧洞。输水明渠的充水及流量调节、无压隧洞的明满交替流动以及泵站引水渠的充水等，均是常见的无压输水系统非恒定流。本节将重点介绍一维明渠非恒定流的基本方程及其数值解法。

明渠一维非恒定流计算的控制方程是法国科学家圣维南建立的，因此，也常称之为圣维南方程组。在分析时，圣维南使用了如下假设：

（1）过水断面的压力采用静水压力的规律进行计算。

（2）水流流速采用过水断面的平均流速，沿河道断面水位一致。

（3）非恒定流的水头损失，通过恒定流摩阻水头损失进行计算。

（4）明渠底坡很小，$\sin\alpha\approx\tan\alpha\approx\alpha$。

明渠一维非恒定流的连续性方程和动量方程为

$$\frac{\partial A}{\partial t}+\frac{\partial Q}{\partial x}=q \tag{4.2-1}$$

$$\frac{\partial}{\partial t}\left(\frac{Q}{A}\right)+\frac{\partial}{\partial x}\left(\frac{\beta Q^2}{2A^2}\right)+g\frac{\partial h}{\partial x}+g(S_f-S_0)=0 \tag{4.2-2}$$

$$S_f=\frac{Q|Q|}{K^2} \tag{4.2-3}$$

式中：A 为过流面积，m^2；t 为时间变量，s；Q 为流量，m^3/s；x 为空间变

量，m；q 为单位渠道长度的侧向流量，m^3/s；β 为断面流速分布不均引入的修正系数；g 为重力加速度，m/s^2；h 为水深，m；S_0 为河床底坡；S_f 为摩阻比降；K 为流量模数，$K=AC\sqrt{R}$，R 为水力半径，m。

4.2.2　数值离散

当水面宽 B 随水深变化剧烈时，斜率 $c=\sqrt{\dfrac{gA}{B}}$ 随水深变化剧烈，特征线求解用直线代替曲线会引入较大误差；接近满流时，特征线斜率 c 会很大，依库伦条件确定的 Δt 就会很小，也会引入较大的累积误差。目前，Preissmann 于 1961 年提出的四点隐式差分算法[22]，是明渠非恒定流计算中应用最广的一种算法，它直接将偏微分方程差分化，避开了特征线，具有稳定性强，计算精度高的优点。

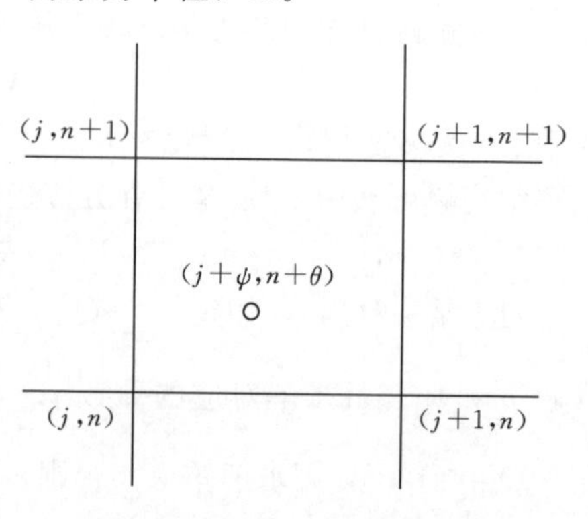

图 4.2-1　Preissmann 四点隐式差分算法时间、空间差分

连续函数 f 的计算及时间、空间差分计算如下（时间、空间差分见图 4.2-1）：

$$f=\theta[\psi f_{j+1}^{n+1}+(1-\psi)f_j^{n+1}]+(1-\theta)[\psi f_{j+1}^n+(1-\psi)f_j^n] \tag{4.2-4}$$

$$\frac{\partial f}{\partial t}=\psi\frac{f_{j+1}^{n+1}-f_{j+1}^n}{\Delta t}+(1-\psi)\frac{f_j^{n+1}-f_j^n}{\Delta t} \tag{4.2-5}$$

$$\frac{\partial f}{\partial x}=\theta\frac{f_{j+1}^{n+1}-f_j^{n+1}}{\Delta x}+(1-\theta)\frac{f_{j+1}^n-f_j^n}{\Delta x} \tag{4.2-6}$$

式中：θ 为时间权重系数；ψ 为空间权重系数；n 为节点的时间步数；j 为节点的空间步数；Δt 为时间步长；Δx 为空间步长。

利用 Preissmann 隐式格式，连续性和动量方程离散为

$$\frac{\psi}{\Delta t}(A_{j+1}^{n+1}-A_{j+1}^n)+\frac{1-\psi}{\Delta t}(A_j^{n+1}-A_j^n)+\frac{\theta}{\Delta x}(Q_{j+1}^{n+1}-Q_j^{n+1})+\frac{1-\theta}{\Delta x}(Q_{j+1}^n-Q_j^n)-\theta[\psi q_{j+1}^{n+1}+(1-\psi)q_j^{n+1}]-(1-\theta)[\psi q_{j+1}^n+(1-\psi)q_j^n]=0 \tag{4.2-7}$$

$$\frac{\psi}{\Delta t}\left(\frac{Q_{j+1}^{n+1}}{A_{j+1}^{n+1}}-\frac{Q_{j+1}^n}{A_{j+1}^n}\right)+\frac{1-\psi}{\Delta t}\left(\frac{Q_j^{n+1}}{A_j^{n+1}}-\frac{Q_j^n}{A_j^n}\right)+\frac{\theta}{\Delta x}\left[\frac{\beta_{j+1}^{n+1}}{2}\left(\frac{Q_{j+1}^{n+1}}{A_{j+1}^{n+1}}\right)^2-\frac{\beta_j^{n+1}}{2}\left(\frac{Q_j^{n+1}}{A_j^{n+1}}\right)^2\right]+\frac{1-\theta}{\Delta x}\left[\frac{\beta_{j+1}^n}{2}\left(\frac{Q_{j+1}^n}{A_{j+1}^n}\right)^2-\frac{\beta_j^n}{2}\left(\frac{Q_j^n}{A_j^n}\right)^2\right]+\frac{\theta g}{\Delta x}(y_{j+1}^{n+1}-y_j^{n+1})+\frac{(1-\theta)g}{\Delta x}(y_{j+1}^n-y_j^n)+\theta g[\psi_R S_{f,j+1}^{n+1}+(1-\psi_R)S_{s,j}^{n+1}]+(1-\theta)g[\psi_R S_{f,j+1}^n+(1-\psi_R)S_{s,j}^n]=0 \tag{4.2-8}$$

式中：y 为水面高程；ψ_R 为空间系数，不一定与 ψ 相同。

Lyn 和 Goodwin 于 1987 年研究了 Preissmann 隐式算法的稳定性[23]，确定了数值计算稳定的条件为

$$\left(\psi-\frac{1}{2}\right)\Big/C_{ri}+\left(\theta-\frac{1}{2}\right)\geqslant 0 \tag{4.2-9}$$

式中：C_{ri} 为 Courant 数，$C_{ri}=c_i\dfrac{\Delta t}{\Delta x}$；$c_i$ 为波速，m/s。

式（4.2-7）、式（4.2-8）为非线性，需要通过迭代进行求解。通常有两种方法建立迭代方程。一种是直接利用变量 h 和 Q 作为独立变量，另一种是利用增量 Δh 和 ΔQ 作为独立变量。本节选择第二种方法进行离散，采用如下假定：

$$A_j^{n+1}=A_j^*+\Delta A_j=A_j^*+B_j^*\Delta h_j \tag{4.2-10}$$

$$Q_j^{n+1}=Q_j^*+\Delta Q_j \tag{4.2-11}$$

式中：* 为后一时间步的变量值；ΔA、Δh、ΔQ 分别为过流面积、水深和流量的增量；B 为水面宽。

代入连续性方程式（4.2-7）后，整理得

$$a_{2j+1}\Delta h_j+b_{2j+1}\Delta Q_j+c_{2j+1}\Delta h_{j+1}+d_{2j+1}\Delta Q_{j+1}=D_{2j+1} \tag{4.2-12}$$

其中

$$a_{2j+1}=(1-\psi)B_j^*/\Delta t$$

$$b_{2j+1}=-\theta/\Delta x$$

$$c_{2j+1}=\psi B_{j+1}^*/\Delta t$$

$$d_{2j+1}=\theta/\Delta x$$

$$\begin{aligned}D_{2j+1}=&-\frac{\psi}{\Delta t}(A_{j+1}^*-A_{j+1}^n)-\frac{1-\psi}{\Delta t}(A_j^*-A_j^n)-\frac{\theta}{\Delta x}(Q_{j+1}^*-Q_j^*)-\\&\frac{1-\theta}{\Delta x}(Q_{j+1}^n-Q_j^n)+\theta[\psi q_{j+1}^{n+1}+(1-\psi)q_j^{n+1}]+\\&(1-\theta)[\psi q_{j+1}^n+(1-\psi)q_j^n]\quad(j=0,\cdots,N-1)\end{aligned}$$

代入动量方程式（4.2-8）后，整理得

$$e_{2j+2}\Delta h_j+a_{2j+2}\Delta Q_j+b_{2j+2}\Delta h_{j+1}+c_{2j+2}\Delta Q_{j+1}=D_{2j+2} \tag{4.2-13}$$

其中

$$e_{2j+2}=-\frac{1-\psi}{\Delta t}\frac{Q_j^*B_j^*}{(A_j^*)^2}+\frac{\theta}{\Delta x}\frac{\beta_j^*(Q_j^*)^2B_j^*}{(A_j^*)^3}-\frac{\theta g}{\Delta x}-2\theta(1-\psi_R)g\frac{S_{f,j}^*}{K_j^*}\left(\frac{\partial K}{\partial h}\right)_j^*$$

$$a_{2j+2}=\frac{1-\psi}{\Delta t}\frac{1}{A_j^*}-\frac{\theta}{\Delta x}\frac{\beta_j^*Q_j^*}{(A_j^*)^2}+2\theta(1-\psi_R)g\frac{|Q_j^*|}{(K_j^*)^2}$$

$$b_{2j+2}=-\frac{\psi}{\Delta t}\frac{Q_{j+1}^*B_{j+1}^*}{(A_{j+1}^*)^2}-\frac{\theta}{\Delta x}\frac{\beta_{j+1}^*(Q_{j+1}^*)^2B_{j+1}^*}{(A_{j+1}^*)^3}+\frac{\theta g}{\Delta x}-2\theta\psi_R g\frac{S_{f,j+1}^*}{K_{j+1}^*}\left(\frac{\partial K}{\partial h}\right)_{j+1}^*$$

$$c_{2j+2}=\frac{\psi}{\Delta t}\frac{1}{A_{j+1}^*}+\frac{\theta}{\Delta x}\frac{\beta_{j+1}^*Q_{j+1}^*}{(A_{j+1}^*)^2}+2\theta\psi_R g\frac{|Q_{j+1}^*|}{(K_{j+1}^*)^2}$$

$$D_{2j+2}=-\frac{\psi}{\Delta t}\left(\frac{Q_{j+1}^*}{A_{j+1}^*}-\frac{Q_{j+1}^n}{A_{j+1}^n}\right)-\frac{1-\psi}{\Delta t}\left(\frac{Q_j^*}{A_j^*}-\frac{Q_j^n}{A_j^n}\right)-\frac{\theta}{\Delta x}\left[\frac{\beta_{j+1}^*}{2}\left(\frac{Q_{j+1}^*}{A_{j+1}^*}\right)^2-\frac{\beta_j^*}{2}\left(\frac{Q_j^*}{A_j^*}\right)^2\right]$$
$$-\frac{1-\theta}{\Delta x}\left[\frac{\beta_{j+1}^n}{2}\left(\frac{Q_{j+1}^n}{A_{j+1}^n}\right)^2-\frac{\beta_j^n}{2}\left(\frac{Q_j^n}{A_j^n}\right)^2\right]-\frac{\theta g}{\Delta x}(y_{j+1}^*-y_j^*)-\frac{(1-\theta)g}{\Delta x}(y_{j+1}^n-y_j^n)$$
$$-\theta g[\psi_R S_{f,j+1}^*+(1-\psi_R)S_{f,j}^*]-(1-\theta)g[\psi_R S_{f,j+1}^n+(1-\psi_R)S_{f,j}^n]$$

4.2.3　边界条件

常见的边界条件有三种：

a 类：$F=h-h(t)=0$

b 类：$F=Q-Q(t)=0$

c 类：$F=Q-f(h)=0$

对于 a 类边界，水深是时间的函数；对于 b 类边界，流量是时间的函数；对于 c 类边界，流量是水深的函数。例如，明渠下游为宽顶堰，其流量水位关系为

$$Q=\mu B\sqrt{2g}h^{1.5} \tag{4.2-14}$$

式中：μ 为流量系数；B 为堰顶宽，m；h 为堰上水头，m。

采用牛顿-辛普森公式，上述三类边界条件可转化为

$$F_h\Delta h+F_Q\Delta Q=-F_0 \tag{4.2-15}$$

对于 a 类边界条件：

$$F_h=\frac{\mathrm{d}F}{\mathrm{d}h}=1,F_Q=\frac{\mathrm{d}F}{\mathrm{d}Q}=0,F_0=h-h(t) \tag{4.2-16}$$

对于 b 类边界条件：

$$F_h=\frac{\mathrm{d}F}{\mathrm{d}h}=0,F_Q=\frac{\mathrm{d}F}{\mathrm{d}Q}=1,F_0=Q-Q(t) \tag{4.2-17}$$

对于 c 类边界条件：

$$F_h=\frac{\mathrm{d}F}{\mathrm{d}h}=-\frac{\mathrm{d}f}{\mathrm{d}h},F_Q=\frac{\mathrm{d}F}{\mathrm{d}Q}=1,F_0=Q-f(h) \tag{4.2-18}$$

4.2.4　求解算法

通过 Preissmann 四点隐式差分将渠道内节点离散化，并利用牛顿-辛普森公式将边界条件线性化，方程的矩阵形式为

$$\boldsymbol{AX}=\boldsymbol{D} \tag{4.2-19}$$

其中

$$\boldsymbol{A}=\begin{bmatrix} b_0 & c_0 & & & & & & \\ a_1 & b_1 & c_1 & d_1 & & & & \\ e_2 & a_2 & b_2 & c_2 & & & & \\ & & a_3 & b_3 & c_3 & d_3 & & \\ & & e_4 & a_4 & b_4 & c_4 & & \\ & & \vdots & \vdots & \vdots & \vdots & & \\ & & & & e_{2n-2} & a_{2n-2} & b_{2n-2} & c_{2n-2} \\ & & & & & & a_{2n-1} & b_{2n-1} \end{bmatrix},\boldsymbol{X}=\begin{bmatrix}\Delta h_0\\ \Delta Q_0\\ \Delta h_1\\ \Delta Q_1\\ \Delta h_2\\ \vdots\\ \Delta h_n\\ \Delta Q_n\end{bmatrix},\boldsymbol{D}=\begin{bmatrix}D_0\\ D_1\\ D_2\\ D_3\\ D_4\\ \vdots\\ D_{2n-2}\\ D_{2n-1}\end{bmatrix}$$

式中：系数 b_0、c_0、D_0 由渠道进口边界条件确定，$b_0=F_h$、$c_0=F_Q$ 和 $D_0=-F_0$；系数 a_{2n-1}、b_{2n-1}、D_{2n-1} 由渠道出口边界条件确定，$a_{2n-1}=F_h$、$b_{2n-1}=F_Q$ 和 $D_{2n-1}=-F_0$。

上述非线性方程组的系数矩阵 **A** 是带形，其非零元素均位于对角线附近，可采用双扫法对上述方程组进行求解。假定系数 $b_0\neq 0$，采用消元法对上述方程进行变换：

$$\boldsymbol{X}=\boldsymbol{B}\boldsymbol{X}+\boldsymbol{P} \tag{4.2-20}$$

其中

$$\boldsymbol{B}=\begin{bmatrix} 0 & U_0 & W_0 & & & & & \\ & 0 & U_1 & W_1 & & & & \\ & & 0 & U_2 & W_2 & & & \\ & & & 0 & U_3 & W_3 & & \\ & & & & 0 & U_4 & W_4 & \\ & & & & \vdots & \vdots & \vdots & \\ & & & & & & 0 & U_{2n-2} \\ & & & & & & & 0 \end{bmatrix},\boldsymbol{P}=\begin{bmatrix} P_0 \\ P_1 \\ P_2 \\ P_3 \\ P_4 \\ \vdots \\ P_{2n-2} \\ P_{2n-1} \end{bmatrix}$$

各元素由下述递推公式计算：

$$U_0=-\frac{c_0}{b_0},W_0=0,P_0=\frac{D_0}{b_0} \tag{4.2-21}$$

$$\left.\begin{aligned} U_{2j+1}&=-\frac{c_{2j+1}}{a_{2j+1}U_{2j}+b_{2j+1}} \\ W_{2j+1}&=-\frac{d_{2j+1}}{a_{2j+1}U_{2j}+b_{2j+1}} \\ P_{2j+1}&=\frac{D_{2j+1}-a_{2j+1}P_{2j}}{a_{2j+1}U_{2j}+b_{2j+1}},j=1,2,\cdots,n-2 \end{aligned}\right\} \tag{4.2-22}$$

$$\left.\begin{aligned} U_{2j+2}&=-\frac{W_{2j+1}(e_{2j+2}U_{2j}+a_{2j+2})+c_{2j+2}}{U_{2j+1}(e_{2j+2}U_{2j}+a_{2j+2})+b_{2j+2}} \\ W_{2j+2}&=0 \\ P_{2j+2}&=\frac{D_{2j+2}-[e_{2j+2}(U_{2j}P_{2j+1}+P_{2j})+a_{2j+2}P_{2j+1}]}{U_{2j+1}(e_{2j+2}U_{2j}+a_{2j+2})+b_{2j+2}} \end{aligned}\right\} \tag{4.2-23}$$

$$P_{2n-1}=\frac{D_{2n-1}-a_{2n-1}P_{2n-2}}{a_{2n-1}U_{2n-2}+b_{2n-1}} \tag{4.2-24}$$

由于上述线性方程组的矩阵 **B** 是一个对角线上元素为 0 的上三角矩阵，因此，采用下式的回代过程递推进行求解：

$$\left.\begin{aligned} x_{2n-1}&=P_{2n-1} \\ x_{2n-2}&=U_{2n-2}x_{2n-1}+P_{2n-2} \\ x_i&=U_ix_{i+1}+W_ix_{i+2}+P_i \quad (i=2n-3,2n-4,\cdots,0) \end{aligned}\right\} \tag{4.2-25}$$

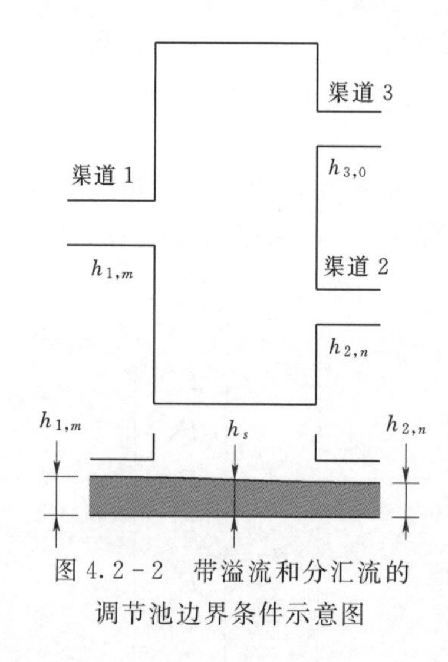

图 4.2-2　带溢流和分汇流的调节池边界条件示意图

4.2.5　复杂内边界

对于无压输水系统，其内边界条件是多种多样的，此处无法一一罗列。作为示例，本节给出一种具有调节池、溢流和分汇流工况的典型布置，如图 4.2-2 所示。渠道 1 的来水进入调节池，继而进入渠道 2 和渠道 3。调节池的顶部设有溢流堰，当水位高于堰顶时，调节池内的水经由溢流堰下泄。该算例的数值分析及求解过程，可为其他内边界条件的分析和求解提供借鉴和参考。

渠道 1 的来水进入调节池，最后一个计算断面与调节池内的水位满足非恒定流伯努利方程：

$$y_{1,m}+\frac{Q_{1,m}^2}{2gA_{1,m}^2}=y_s+\zeta_1\frac{|Q_{1,m}|Q_{1,m}}{2gA_{1,m}^2} \tag{4.2-26}$$

式中：$y_{1,m}$ 为渠道 1 最后一个计算断面的测压管水头，m；$Q_{1,m}$ 为渠道 1 最后一个计算断面的流量，m^3/s；$A_{1,m}$ 为渠道 1 最后一个计算断面的过流面积，m^2；y_s 为调节池内的测压管水头，m；ζ_1 为渠道 1 来水进入调节池的局部水头损失系数。

调节池内的水进入渠道 2，调节池内的水位与渠道 2 的第一个计算断面满足非恒定流伯努利方程（为计算方便，渠道 2 的编号是从渠道出口到进口，即渠道 2 进口断面编号的角标为 n）：

$$y_s=y_{2,n}+\frac{Q_{2,n}^2}{2gA_{2,n}^2}+\zeta_2\frac{|Q_{2,n}|Q_{2,n}}{2gA_{2,n}^2} \tag{4.2-27}$$

式中：$y_{2,n}$ 为渠道 2 第一个计算断面的测压管水头，m；$Q_{2,n}$ 为渠道 2 第一个计算断面的流量，m^3/s；$A_{2,n}$ 为渠道 2 第一个计算断面的过流面积，m^2；ζ_2 为调节池的水进入渠道 2 的局部水头损失系数。

调节池内的水进入渠道 3，调节池内的水位与渠道 3 的第一个计算断面满足非恒定流伯努利方程：

$$y_s=y_{3,0}+\frac{Q_{3,0}^2}{2gA_{3,0}^2}+\zeta_3\frac{|Q_{3,0}|Q_{3,0}}{2gA_{3,0}^2} \tag{4.2-28}$$

式中：$y_{3,0}$ 为渠道 3 第一个计算断面的测压管水头，m；$Q_{3,0}$ 为渠道 3 第一个计算断面的流量，m^3/s；$A_{3,0}$ 为渠道 3 第一个计算断面的过流面积，m^2；ζ_3 为调节池的水进入渠道 3 的局部水头损失系数。

由水流的连续性方程得：

$$A_0 \frac{dy_s}{dt} = Q_{1,m} - Q_{2,0} - Q_{3,0} - Q_w \tag{4.2-29}$$

式中：A_0 为调节池的平面面积，m^2；Q_w 为溢流堰流量，m^3/s。

溢流堰流量的计算公式为

$$Q_w = \begin{cases} \mu B_w \sqrt{2g}(y_s - H_w)^{1.5} & y_s > H_w \\ 0 & y_s \leqslant H_w \end{cases} \tag{4.2-30}$$

式中：μ 为溢流堰的流量系数；B_w 为溢流堰宽度，m；H_w 为溢流堰的堰顶高程，m。

由式（4.2-26）得

$$F_1 = \left(y_{1,m} + \frac{Q_{1,m}^2}{2gA_{1,m}^2}\right) - \left(y_s + \zeta_1 \frac{|Q_{1,m}|Q_{1,m}}{2gA_{1,m}^2}\right) = 0 \tag{4.2-31}$$

采用牛顿-辛普森方法，式（4.2-29）转化为

$$F_{10} + e_1 \Delta y_{1,m} + a_1 \Delta Q_{1,m} + e_s \Delta y_s = 0 \tag{4.2-32}$$

其中

$$F_{10} = \left(y_{1,m} + \frac{Q_{1,m}^2}{2gA_{1,m}^2}\right) - \left(y_s + \zeta_1 \frac{|Q_{1,m}|Q_{1,m}}{2gA_{1,m}^2}\right)$$

$$e_1 = 1 - \frac{(Q_{1,m}^2 - \zeta_1 |Q_{1,m}|Q_{1,m})}{gA_{1,m}^3} \frac{dA_{1,m}}{dy_{1,m}}$$

$$a_1 = \frac{1}{gA_{1,m}^2}(Q_{1,m} - \zeta_1 |Q_{1,m}|); e_s = -1$$

由式（4.2-27）得

$$F_2 = y_{2,n} + \frac{Q_{2,n}^2}{2gA_{2,n}^2} + \zeta_2 \frac{|Q_{2,n}|Q_{2,n}}{2gA_{2,n}^2} - y_s = 0 \tag{4.2-33}$$

采用牛顿-辛普森方法，式（4.2-33）转化为

$$F_{20} + e_2 \Delta y_{2,n} + a_2 \Delta Q_{2,n} + e_s \Delta y_s = 0 \tag{4.2-34}$$

其中

$$F_{20} = y_{2,n} + \frac{Q_{2,n}^2}{2gA_{2,n}^2} + \zeta_2 \frac{|Q_{2,n}|Q_{2,n}}{2gA_{2,n}^2} - y_s$$

$$e_2 = 1 - \frac{(Q_{2,n}^2 + \zeta_2 |Q_{2,n}|Q_{2,n})}{gA_{2,n}^3} \frac{dA_{2,n}}{dy_{2,n}}$$

$$a_2 = \frac{1}{gA_{2,n}^2}(Q_{2,n} + \zeta_2 |Q_{2,n}|)$$

由式（4.2-28）得

$$F_3 = y_{3,0} + \frac{Q_{3,0}^2}{2gA_{3,0}^2} + \zeta_3 \frac{|Q_{3,0}|Q_{3,0}}{2gA_{3,0}^2} - y_s = 0 \tag{4.2-35}$$

采用牛顿-辛普森方法，式（4.2-35）转化为

$$F_{30} + e_3 \Delta y_{3,0} + a_3 \Delta Q_{3,0} + e_s \Delta y_s = 0 \tag{4.2-36}$$

其中
$$F_{30}=y_{3,0}+\frac{Q_{3,0}^2}{2gA_{3,0}^2}+\zeta_3\frac{|Q_{3,0}|Q_{3,0}}{2gA_{3,0}^2}-y_s$$

$$e_3=1-\frac{(Q_{3,0}^2+\zeta_3|Q_{3,0}|Q_{3,0})}{gA_{3,0}^3}\frac{\mathrm{d}A_{3,0}}{\mathrm{d}y_{3,0}}$$

$$a_3=\frac{1}{gA_{3,0}^2}(Q_{3,0}+\zeta_3|Q_{3,0}|)$$

对式（4.2-29）积分得

$$y_s-y_{s0}=\frac{1}{A_0}\int_{t_0}^{t}(Q_{1,m}-Q_{2,0}-Q_{3,0}-Q_w)\mathrm{d}t \tag{4.2-37}$$

整理得

$$F_3=y_s-y_{s_0}-\frac{Q_{1,m}+Q_{1,m_0}-Q_{2,0}-Q_{2,00}-Q_{3,0}-Q_{3,00}-Q_w-Q_{w_0}}{2A_0}\Delta t=0 \tag{4.2-38}$$

采用牛顿-辛普森方法，式（4.2-38）转化为

$$F_{30}+F_{3,y_s}\Delta y_s+F_{3,Q1,m}\Delta Q_{1,m}+F_{3,Q2,0}\Delta Q_{2,0}+F_{3,Q3,0}\Delta Q_{3,0}=0 \tag{4.2-39}$$

其中$F_{30}=y_s-y_{s_0}-\dfrac{Q_{1,m}+Q_{1,m_0}-Q_{2,0}-Q_{2,00}-Q_{3,0}-Q_{3,00}-Q_w-Q_{w_0}}{2A_0}\Delta t$

$$F_{3,y_s}=1+\frac{\Delta t}{2A_0}\frac{\mathrm{d}Q_w}{\mathrm{d}y_s}$$

$$\frac{\mathrm{d}Q_w}{\mathrm{d}y_s}=\begin{cases}1.5\mu B_w\sqrt{2g(y_s-H_w)} & y_s>H_w\\0 & y_s\leqslant H_w\end{cases}$$

$$F_{3,Q_{1,m}}=-\frac{\Delta t}{2A_0}$$

$$F_{3,Q_{2,0}}=\frac{\Delta t}{2A_0}$$

$$F_{3,Q_{3,0}}=\frac{\Delta t}{2A_0}$$

渠道1的进口是流量边界条件，可得

$$\Delta Q_{1,m}=U_{1,2m-2}\Delta y_{1,m}+P_{1,2m-2} \tag{4.2-40}$$

渠道2的出口是水位或水位流量关系，可得

$$\Delta y_{2,n}=U_{2,2n-2}\Delta Q_{2,n}+P_{2,2n-2} \tag{4.2-41}$$

式（4.2-40）代入式（4.2-32）：

$$F_{10}+\left(\frac{e_1}{U_{1,2m-2}}+a_1\right)\Delta Q_{1,m}+e_s\Delta y_s-\frac{e_1P_{1,2m-2}}{U_{1,2m-2}}=0 \tag{4.2-42}$$

式（4.2-42）整理得

$$\Delta Q_{1,m}=C_{1s}\Delta y_s+D_{1s} \tag{4.2-43}$$

其中
$$C_{1s}=-e_s\left(\frac{e_1}{U_{1,2m-2}}+a_1\right)^{-1}$$

$$D_{1s}=\left(-F_{10}+\frac{e_1P_{1,2m-2}}{U_{1,2m-2}}\right)\left(\frac{e_1}{U_{1,2m-2}}+a_1\right)^{-1}$$

式（4.2-41）代入式（4.2-34）：

$$F_{20}+(e_2U_{2,2n-2}+a_2)\Delta Q_{2,n}+e_s\Delta y_s+e_2P_{2,2n-2}=0 \tag{4.2-44}$$

式（4.2-44）整理得

$$\Delta Q_{2,n}=C_{2s}\Delta y_s+D_{2s} \tag{4.2-45}$$

其中
$$C_{2s}=-e_s(e_2U_{2,2n-2}+a_2)^{-1}$$

$$D_{2s}=-(F_{20}+e_2P_{2,2n-2})(e_2U_{2,2n-2}+a_2)^{-1}$$

式（4.2-43）、式（4.2-45）代入式（4.2-39）得

$$\Delta y_s=C_{3s}\Delta Q_{3,0}+D_{3s} \tag{4.2-46}$$

其中
$$C_{3s}=-F_{3,Q_{3,0}}(F_{3,y_s}+F_{3,Q_{1,m}}C_{1s}+F_{3,Q_{2,0}}C_{2s})^{-1}$$

$$D_{3s}=-(F_{30}+F_{3,Q_{1,m}}D_{1s}+F_{3,Q_{2,0}}D_{2s})(F_{3,y_s}+F_{3,Q_{1,m}}C_{1s}+F_{3,Q_{2,0}}C_{2s})^{-1}$$

式（4.2-46）代入式（4.2-36）得

$$b_{3,0}\Delta y_{3,0}+c_{3,0}\Delta Q_{3,0}=D_{3,0} \tag{4.2-47}$$

式中：$b_{3,0}=e_3$；$c_{3,0}=a_3+C_{3s}e_s$；$D_{3,0}=-(F_{30}+D_{3s}e_s)$

用 Preissmann 四点隐式差分算法求解渠道 1、2、3 以及调节池 t 时刻水深和流量增量的程序为：

（1）利用双扫描法的消元过程算出渠道 1 和 2 的矩阵 $\boldsymbol{B}$ 和列向量 $\boldsymbol{P}$ 的元素 $U_{1,i}$、$W_{1,i}$、$P_{1,i}$、$U_{2,j}$、$W_{2,j}$、$P_{2,j}$。

（2）用式（4.2-47）确定渠道 3 的进口边界条件。

（3）用双扫法求解渠道 3 各计算断面水深与流量的增量。

（4）利用求解的渠道 3 进口水深与流量的增量，根据式（4.2-46）、式（4.2-45）、式（4.2-43）分别确定 Δy_s、$\Delta Q_{2,n}$ 和 $\Delta Q_{1,m}$，根据式（4.2-41）和式（4.2-40）确定 $\Delta y_{2,n}$ 和 $\Delta y_{1,m}$。

（5）用双扫法的回代过程求解渠道 1 和 2 各计算断面的水深和流量的增量。

4.3　明满流及明渠充水

4.3.1　明满流计算

在输水隧洞中，无压的明渠流动在发生水力过渡过程时可能变为有压流动，有压流动也可能变为明渠流动，出现明流和满流交替的现象，称之为明满

流。明满流在长距离调水工程、城市排水管道以及农业灌溉中均可能发生。受地形、地质、沿线供水、经济或社会因素的影响，单一的有压或无压引水不能满足实际生产需求，长距离调水工程本身可能采用明渠和隧洞相结合的形式；另外，由于输水线路长，水流条件复杂，闸门启闭、水泵开机或停机、管道充水或放水等水力操作均可能引起明满流交替现象。城市地下排水管网在出现大降雨、农田灌溉工程闸泵阀等水力机械的操作也会引起明满交替水流。

明满流作为一种特殊的水流现象，前人曾进行了一些研究，并提出了若干数学模型。归纳起来有两类：一类是以 Wiggert、Charles Song 等为代表，将明流和满流区分为两个流动区域，分别用明渠流和有压流的基本方程来描述其流动状态。但在进行明满流计算时，对时空变化的明满流分界点进行捕捉是比较困难的。另一类是将明流和满流方程统一起来的 Preissmann 窄缝法[24]，这种方法应用较广。

下面将介绍将有压输水系统和无压输水系统的控制方程统一起来的窄缝法。

对于有压输水系统，其连续性方程为

$$\frac{\partial H}{\partial t}+V\frac{\partial H}{\partial x}+\frac{a^2}{g}\frac{\partial V}{\partial x}=0 \tag{4.3-1}$$

式中：H 为测压管水头，m；t 为时间，s；V 为水流流速，m/s；x 为沿管道中心线方向的距离，m；a 为水锤波速，m/s；g 为重力加速度，m/s^2。

由于测压管水头等于位置水头与管道静压之和：

$$H=h+z \tag{4.3-2}$$

式（4.3-1）转化为

$$\frac{\partial h}{\partial t}+V\frac{\partial h}{\partial x}+\frac{a^2}{g}\frac{\partial V}{\partial x}=0 \tag{4.3-3}$$

有压输水系统的动量方程为

$$g\frac{\partial h}{\partial x}+V\frac{\partial V}{\partial x}+\frac{\partial V}{\partial t}+g(J_S-J_0)=0 \tag{4.3-4}$$

对于无压输水系统，其连续性方程为

$$\frac{\partial A}{\partial t}+\frac{\partial Q}{\partial x}=0 \tag{4.3-5}$$

由于 $Q=AV$，式（4.3-5）转化为

$$\frac{\partial h}{\partial t}+V\frac{\partial h}{\partial x}+\frac{A}{B}\frac{\partial V}{\partial x}=0 \tag{4.3-6}$$

无压输水系统的动量方程为

$$g\frac{\partial h}{\partial x}+V\frac{\partial V}{\partial x}+\frac{\partial V}{\partial t}+g(S_f-S_0)=0 \tag{4.3-7}$$

对比式（4.3-3）和式（4.3-5）、式（4.3-4）和式（4.3-7）可以发现，当$\frac{a^2}{g}=\frac{A}{B}$时，有压输水系统与无压输水系统的控制方程是统一的。

Preissmann窄缝法的思想是，假定隧洞顶端有一个非常窄的细缝，既不增加管道的截面积，也不增加管道的水力半径，明流、满流及典型水力参数的变化如图4.3-1所示。窄缝的宽度一般为$B=\frac{gA}{a^2}$。

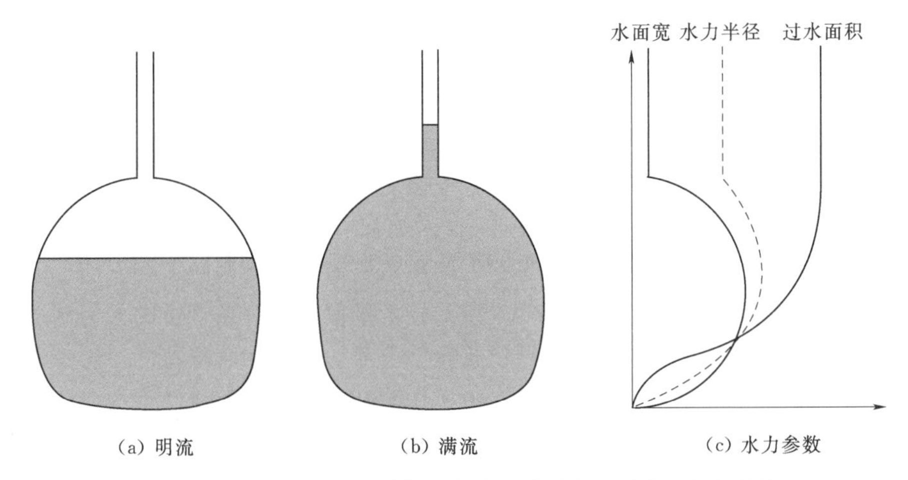

图4.3-1 Preissmann窄缝法明流、满流及典型水力参数变化

4.3.2 明渠充水

由第4.2节知，摩阻比降S_f的计算公式为

$$S_f=\frac{Q|Q|}{K^2} \tag{4.3-8}$$

式中：K为流量模数，$K=AC\sqrt{R}$。

当明渠中没有水时，过流面积A和水力半径R的数值为0，摩阻比降S_f无意义。由此可见，无压输水系统非恒定流方程只适用于有水的情况。对于初始无水的情况，也就是明渠充水工况，杨开林[25]提出了虚拟流动法，即假设在充水前，明渠中有一初始流量，为额定流量的百分之一或千分之一；在完成充水后，扣除该虚拟流量所产生的水量值即可。这一方法已在山西省“万家寨引黄入晋输水工程”中申同嘴水库至总干三级泵站进水前池之间全长约30km的无压隧洞充水过程计算中应用。为了避免计算过程中出现不收敛现象，建议采用全隐式差分，即时间权重系数$\theta=1.0$；适当减小空间步长Δx和时间步长Δt；最小水深可限制为0.01m，当水深小于0.01m时，用0.01m来代替。

4.4 算例分析

本节分别针对有压输水系统和无压输水系统的水力过渡过程给出了数值算例，其中，有压输水系统的算例是针对管道泄漏辨识这一典型工况，无压输水系统给出了明满流计算和引汉济渭工程两个算例。

4.4.1 管道泄漏辨识

管道泄漏是供水管网常见的故障，并由此造成了大量的供水损失和加压泵站能量损耗。据统计，我国城市供水管网的平均产销差约17.9%，部分城市甚至超过了25%，由此导致的年损失水量超过50亿 m^3[26-27]。相较于城市供水管网，农村供水管道的覆盖范围大、安装质量低、重建轻管且维护技术和资金投入不足，漏损率约为40%～50%[28]。如何有效控制管道漏损，提高供水效率，成为了落实“节水优先”思路、解决水资源短缺问题的重要方面。

瞬变流泄漏检测法是一种主动式检漏技术手段。通过在管道内人为制造扰动，使系统产生瞬变流，基于典型位置压力信号的畸变和衰减特性，辨识泄漏点位置、泄漏参数等关键水力信息。由于在瞬变条件下，即使微小的泄漏也会使管道的水压波形产生明显差别，因此，瞬变流检测法的准确性和可靠性较高[29-31]。

对管道系统进行泄漏检测的基本原理如图4.4-1所示。上游是恒定水头的水库，为待检测管道提供水能资源。水库后连接长度为 L 的待检测管道，相当于工程中的供水管道；其中，距离上游 X_L 处有一泄漏孔。管道末端安装压力传感器，用于监测瞬变流过程的压力特性。管道末端连接细管和瞬变流激发器，其中，细管上安装控制阀。瞬变流激发器为一个空气罐，上侧为高压气体，下侧为水体。进行泄漏检测时，手动快速打开细管上的控制阀，激发器内下侧水体在上侧高压气体的驱动下进入待检测管道，激励流量脉冲，产生瞬变

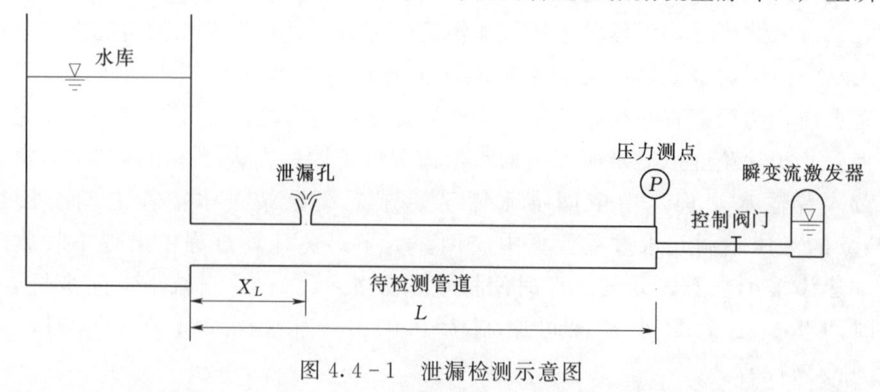

图4.4-1 泄漏检测示意图

流，通过压力信号的时域特性可辨识泄漏信息。

水库、管道非恒定流方程、控制阀以及空气罐的数学模型已在4.1.3节中详细说明，此处不再赘述，只介绍泄漏孔的边界条件。

泄漏孔流量的计算公式为

$$Q_i = C_{di} A_i \sqrt{2gH_i} \tag{4.4-1}$$

式中：Q_i 为泄漏孔流量，m^3/s；C_{di} 为泄漏孔流量系数；A_i 为泄漏孔面积，m^2；H_i 为泄漏孔水头，m。

由连续性方程知，泄漏孔流量满足如下关系式：

$$Q_u = Q_d + Q_i \tag{4.4-2}$$

式中：Q_u 为泄漏孔上游侧的流量，m^3/s；Q_d 为泄漏孔下游侧的流量，m^3/s。

同时，泄漏孔上游侧和下游侧分别满足 C^+ 和 C^- 特征线方程。根据瞬变流泄漏检测时域法相关理论，泄漏孔距压力测点的距离为

$$L = \frac{a\Delta t}{2} = \frac{a(t_1 - t_0)}{2} \tag{4.4-3}$$

式中：t_1 为减压波回传至压力测点的时间，s；t_0 为控制阀动作时间，s。

泄漏孔参数 $C_{di}A_i$ 的计算公式为[32]

$$C_{di}A_i = \frac{1}{B\sqrt{2g}} \frac{H_{max} - H_1}{\sqrt{\frac{H_{max} + H_1}{2}} - \sqrt{H_0}} \tag{4.4-4}$$

式中：H_{max} 为压力测点处第一个水锤压力波的最大值，m；H_1 为泄漏孔造成压力衰减后的数值，m；H_0 为初始压力值，m。

计算的系统参数假定如下：上游水库水位为4.0m，待检测管道长度为200m，直径为0.1m，波速为1000m/s，沿程阻力系数0.02。泄漏孔位于距上游水库50m处，$C_{di}A_i = 1.05 \times 10^{-5} m^2$。激发器参数假定如下：空气罐直径0.3m，高度1.0m，节流孔口的阻力系数为2.0；出水细管采用钢管，直径6mm，长度1.0m，当量粗糙度0.046mm；空气罐压力初始值为30m，液位为0.5m。初始时刻，出水细管上的控制阀关闭，在0.20～0.25s内迅速开启。

测点压力的瞬变特性如图4.4-2所示。控制阀动作时间为0.20s，减压波回传至压力测点的时间为0.502s，根据式（4.4-3），辨识泄漏点位置距上游水库49m。压力测点处，第一个水锤压力波的最大值为6.80m，泄漏孔造成压力衰减后的数值为6.45m，初始压力值为4.00m，根据式（4.4-4），辨识的泄漏孔参数为 $C_{di}A_i = 1.03 \times 10^{-5} m^2$。泄漏孔位置和参数的辨识结果与设定值相等。

4.4.2 明满流计算

本算例基于一个长30m、宽0.51m的矩形渠道（见图4.4-3），渠底水

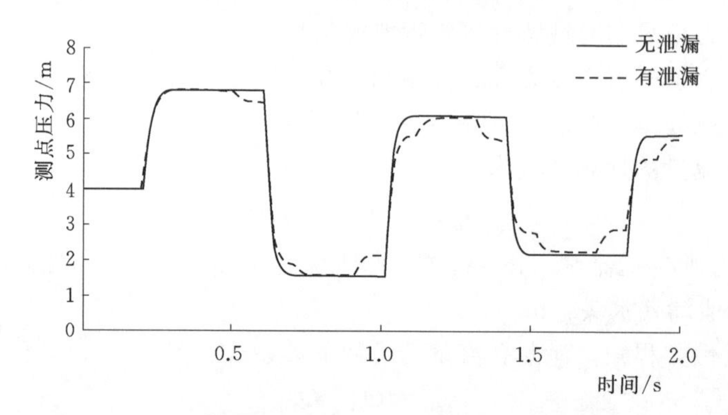

图 4.4-2　计算系统泄露产生的测点压力瞬变特性对比

平，光滑混凝土抹面，糙率 0.012。在渠道中间安置了 10m 长的木质顶盖，形成了封闭隧洞，隧洞高 0.148m。在渠道中引入水，初始水深为 0.128m。开启上游闸门，水进入渠道，形成非恒定流。封闭渠段监测的上下游水深作为边界条件，如图 4.4-4 所示。

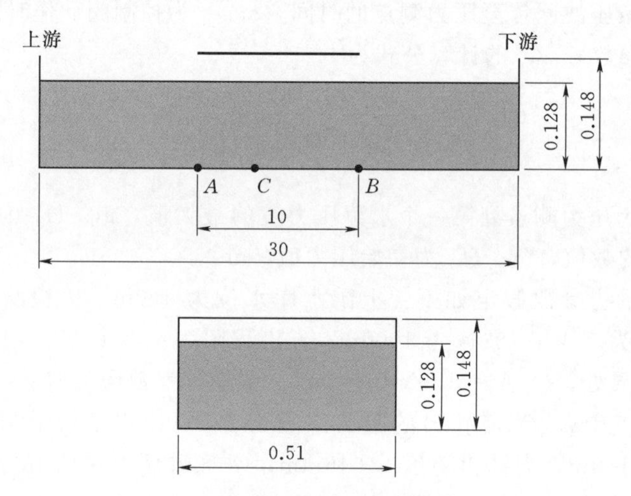

图 4.4-3　渠道模型示意图（单位：m）

采用 4.3.1 节所提出的 Preissmann 窄缝法计算，空间步长 $\Delta x=0.05$m、时间步长 $\Delta t=0.10$s 的情况下，数值计算结果与 Wiggert 试验数据以及 MacDonald[33]、陈杨和俞国青[34]数值计算结果的对比如图 4.4-5 所示。

4.4.3　引汉济渭工程供水

引汉济渭工程地跨长江、黄河两大流域，是陕西省境内的一项大型跨流域调水工程，工程在陕西省陕南地区的汉江干流黄金峡和支流子午河分别修建水源工程黄金峡水利枢纽和三河口水利枢纽，通过穿越秦岭的超长输水隧洞将汉

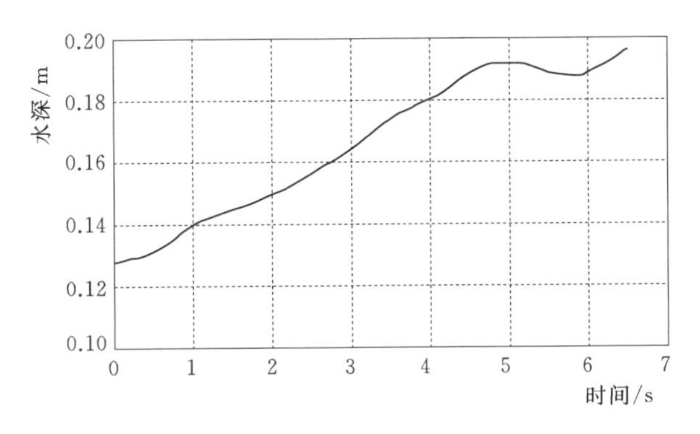

图 4.4-4 渠道上游边界条件

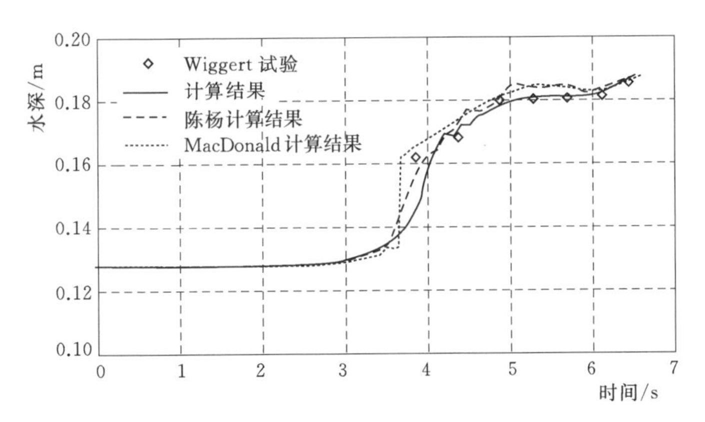

图 4.4-5 渠道模型数值计算结果对比

江流域水量调至陕西省关中地区渭河流域。

引汉济渭一期水源工程由黄金峡水利枢纽、三河口水利枢纽及秦岭输水隧洞三部分组成，如图 4.4-6 所示。黄金峡水利枢纽位于汉中市洋县境内汉江干流的黄金峡，三河口水利枢纽位于汉中市佛坪县和安康市宁陕县交界处的汉江支流子午河的三河口，秦岭输水隧洞穿越秦岭南北，进口位于黄金峡水利枢纽坝后，出口位于陕西省关中周至县境内黑河右岸支流黄池沟内。秦岭输水隧洞包括黄金峡—三河口段（简称黄三段）、控制闸段、穿越秦岭段（越岭段）三部分，设计流量 $70m^3/s$。黄三段隧洞总长 16.48km，进口位于黄金峡水利枢纽坝后左岸，接黄金峡水利枢纽坝后泵站出水池，出口位于三河口水利枢纽坝后右岸，与该处控制闸相接，隧洞横断面为马蹄形，断面尺寸 6.76m×6.76m；越岭段隧洞全长 81.78km，进口位于三河口水利枢纽坝后右岸，与控制闸相接，出口位于关中黑河右岸支流黄池沟内。

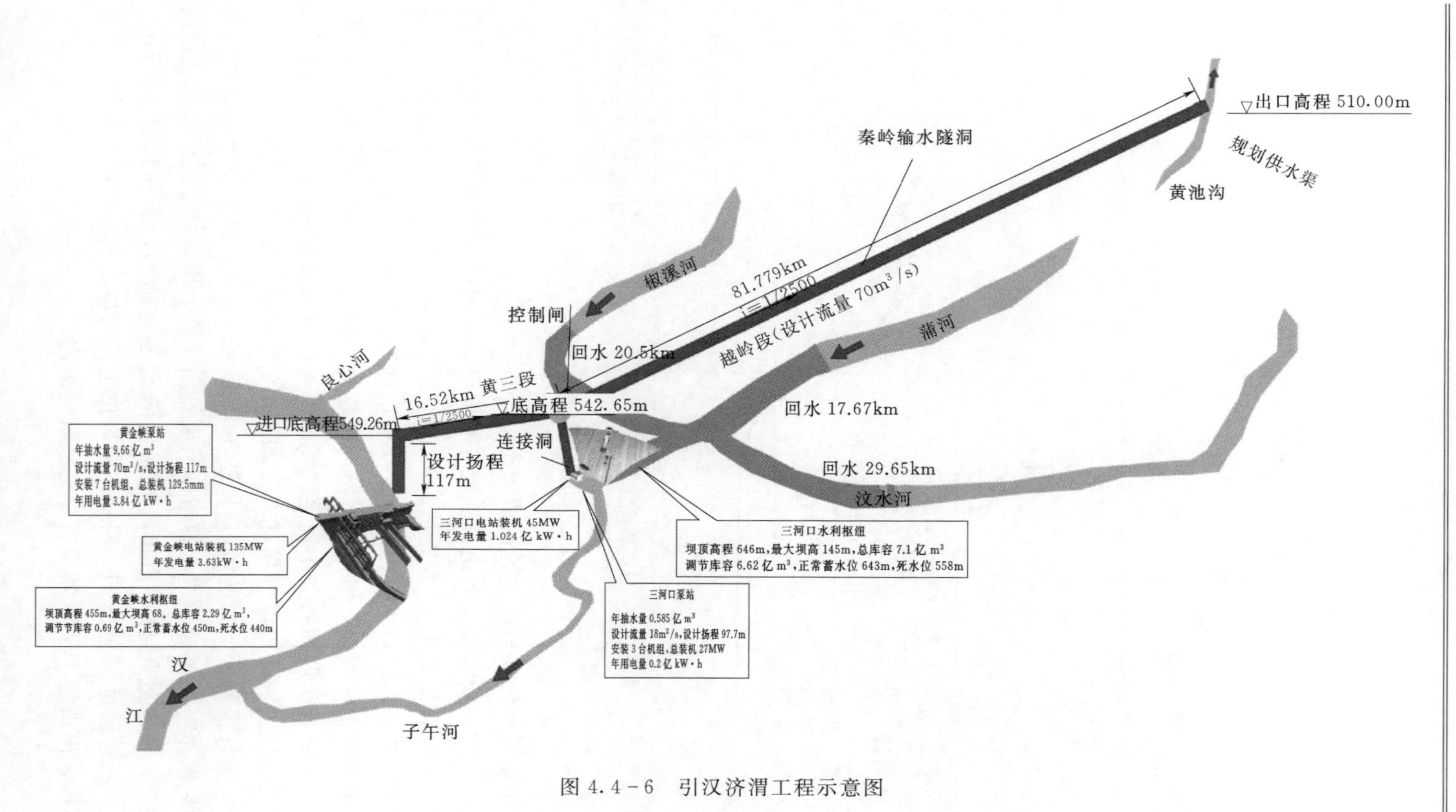

图 4.4-6　引汉济渭工程示意图

作为算例，本节给出了黄金峡水利枢纽初次供水工况的数值计算。其中，初次供水采用前文提到的虚拟流动法。

黄金峡水利枢纽首次供水计算条件：黄金峡水利枢纽 6 台水泵分别在 0min、3min、6min、9min、12min 和 15min 启动。

黄三段进口、越岭段进口和中点的水深过程线如图 4.4-7 所示。整个水力瞬变过程未出现明满流现象。

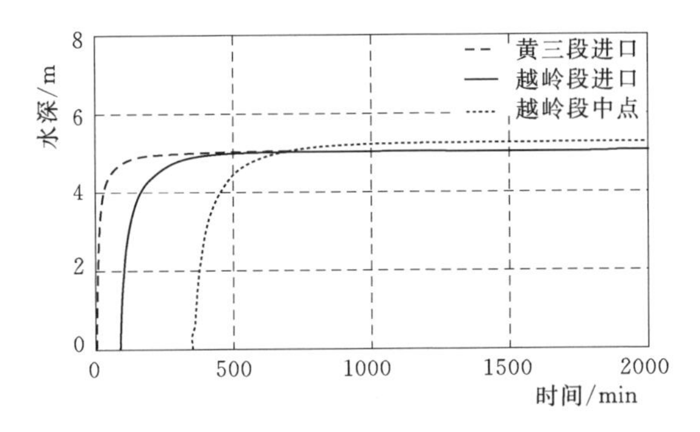

图 4.4-7 黄三段进口、越岭段进口和中点的水深过程线

第5章 大型水泵和流量调节阀健康诊断技术

5.1 水泵运行在线监测及远程故障诊断

水泵运行在线监测及远程故障诊断系统是基于大数据、物联网、互联网等技术的集成应用，实现不同采集系统的异构数据整合、远程实时监测、在线故障诊断，为机组运行维护和检修提供技术支持。

系统主要由数据管理层、推理诊断层、前端展示层构成。数据管理层包括数据采集（利用泵站端采集设备）、数据存储、数据计算、数据分析、数据呈现及相应接口程序。推理诊断层包括安全启动组态判断、系统运行状态监测、系统运行故障诊断及相应接口程序；推理诊断层为闭环系统，可根据实际运行情况修正扩充专家知识库，使诊断结果更加准确。前端展示层包括页面交互、报告推送、系统管理、权限控制等。

5.1.1 系统架构

水泵运行在线监测及远程故障诊断系统的标准结构是采集的数据通过网络传输至远端运维中心进行存储、展现、分析。对水泵关键部件，常见故障诊断模块进行实时监测与诊断，运维中心不断将数据存入历史数据库，避免因网络问题造成数据间断影响系统运行，水泵运行在线监测及远程故障诊断系统架构如图5.1-1所示。

水泵运行在线监测及远程故障诊断系统在标准结构基础上，同时设置故障诊断子系统，可实现对现场大量数据进行预先分析，可有效提高系统响应速度，防止远程网络传输故障造成远程数据传输的中断，降低远程故障诊断系统对网络传输的依赖程度，确保机组的安全稳定运行不受外界网络等因素的影响。

现地在线监测及故障诊断系统中，数据通过接口存入数据库，规则、样本存入缓存区，系统可实现对故障的快速响应。通过在线监测及故障诊断系统对数据进行分析，对初步分析结果进行同步处理，分析结果一方面存入数据库，并且将运维建议推送给运维人员，另一方面还通过网络传送到远程运维中心。

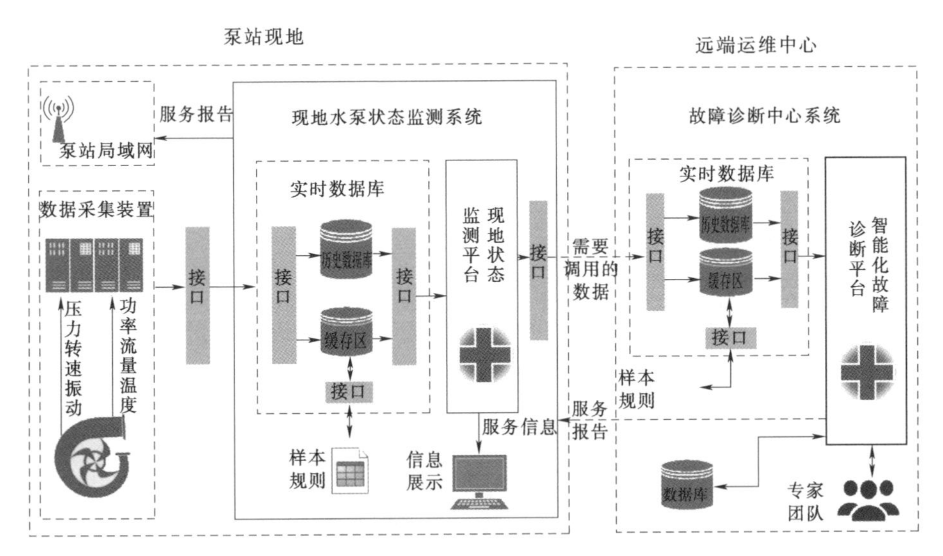

图 5.1-1 水泵运行在线监测及远程故障诊断系统架构图

5.1.2 基于面向服务架构（SOA）软件平台的设计

系统采用基于面向服务的架构（SOA）的模块化设计，使用 JAVA 语言开发。分为数据采集、数据存储、数据计算、数据呈现、用户管理及安全五大类服务，通过 SOA 中间件将各类服务整合成一套完整的应用系统，如图 5.1-2 所示。

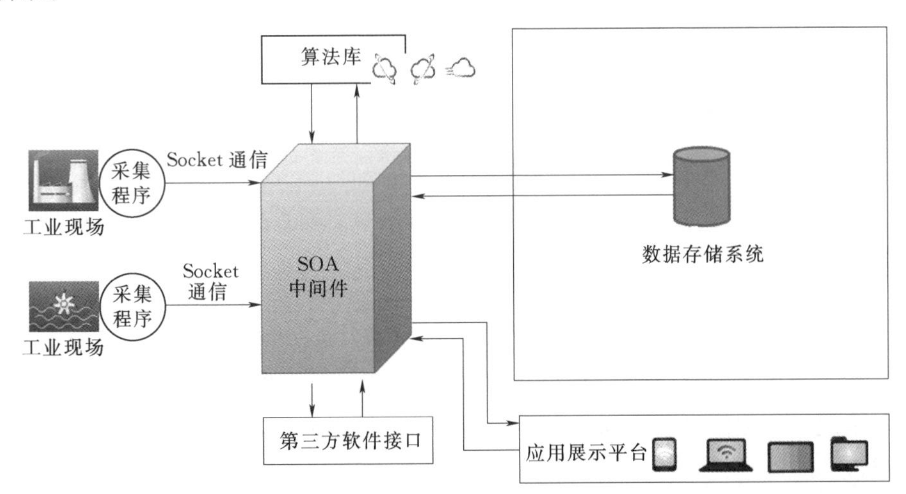

图 5.1-2 水泵运行在线监测及远程故障诊断系统平台架构

数据采集支持 Modbus、OPC 等常见工业通信协议以及 Oracle、DB2、PI 等常见数据库，可将大部分数字控制设备的数据实时采集、存储到 MySQL 数据库中。

数据存储采用 MySQL 作为数据存储数据库，MySQL 存储用户信息、测点信息、测点历史数据等结构化数据。

数据分析计算采用结合工业领域业务特性设计的、高效的分析统计算法。

数据呈现采用 VUE. js 前端技术搭建便捷、高效、可扩展性应用框架，便于后续开发、扩展新功能界面。

5.1.3　系统安全性设计

系统采用多重安全防护体系，对 APP 端、云端、设备端进行通信协议加密和访问安全认证，确保智能硬件通信及数据的安全，如图 5.1－3 所示，具体措施举例如下：

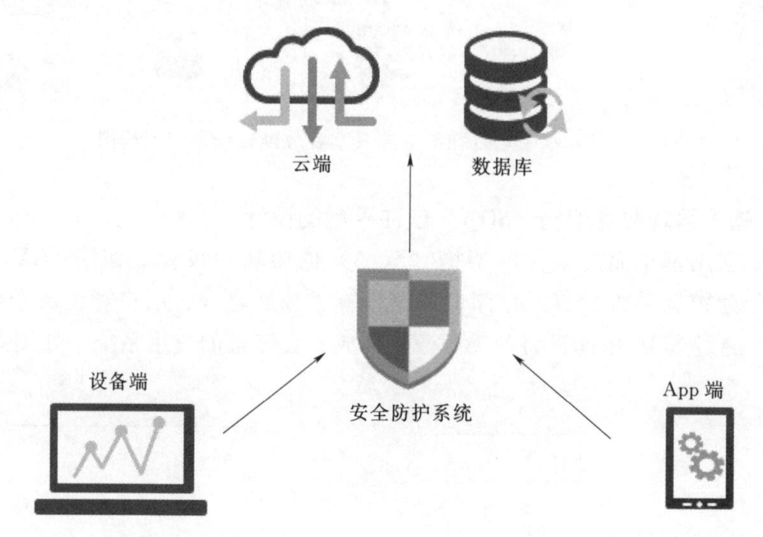

图 5.1－3　水泵运行在线监测及远程故障诊断系统安全防护体系示意图

(1) 数据库通过副本复制进行实时备份，对定期数据进行全量备份，所有对数据库的读写操作经转义处理，防止外部注入攻击。

(2) 设备接入远程诊断平台过程经过四次握手，通过 RSA 协议进行安全认证；设备接入后通过动态 AES 进行信令加密，保证数据传输过程的安全性。

(3) 远程访问基于用户身份进行签名认证，通过 SHA1 签名算法，防止流量重放攻击和账号伪造攻击；账号体系通过加密措施，防止拖库和撞库等暴力攻击。

(4) 对账号、手机、设备行为进行安全审计，基于绑定关系管理控制模型，保护设备在各种场景下不会被恶意控制。

1) 身份认证。身份认证是指用户对系统数据和设备的访问通过身份鉴别，只有通过了身份认证的用户才能使用这些数据和功能。系统依据不同用户操作资源的敏感级别，提供不同级别的认证手段，如静态密码、动态密码、智能卡、短信密码、USB KEY 等。

2）访问控制。访问控制是指系统对资源与权限进行的基于角色的权限访问控制（RBAC），通过用户角色权限分组，来实现对用户访问权限的控制。

3）设备认证。设备认证是指对接入设备的身份进行技术认证。只有符合系统要求的设备才能有效接入，可防止设备身份的冒用。

在感知层可以通过密钥分配、安全路由、入侵检测和加密技术等保证设备认证的安全。

4）数据安全。数据安全是指对数据传输和存储层面加密、与信息范围的隔离。通过在各个层面上有效的加密手段避免数据的截取与攻击；通过信息范围的隔离来保证数据只被相应的、有权限的用户获取。

数据安全一般包含两个方面：数据本身的安全和数据防护的安全。系统采用磁盘阵列、数据备份、双机容错、网络存储器、数据迁移、异地容灾、存储区域网络等技术手段保证数据本身的安全。采用对称加密、非对称加密、混合加密等手段保障数据防护的安全，在经典加密算法 DES 和 RSA 基础上提出了混合加密算法，并提出了基于现场试验数据的比对还原加密算法；对通信双方进行身份认证以保证信息访问的合法性。

5）隐私保护。隐私保护是指系统对高敏度数据的额外加密机制。平台会对高敏度数据设置额外加密机制，对高敏度数据进行额外的加密和展示实行多重认证与值的替换，避免隐私数据泄露。

通过对数据的传输和存储过程中采用对称加密、非对称加密、混合加密等技术手段，来避免数据被非授权用户及终端的获取，通过单向散列算法以数字签名的手段来保证数据的完整性，从而安全、有效地对隐私进行保护。

5.1.4 机组故障诊断专家知识库

水泵故障诊断专家知识库作为故障智能诊断的依据，主要包括产品的标准样本及故障案例两大部分。

机组的故障诊断与评测需要梳理和融合在水泵设计、研发等方面的基础理论研究及经典理论推导算法，融合在水泵模型试验中取得的试验成果以及产品设计、制造、运行、检修的经验和故障案例，将其转换为计算机可识别的语言，如图 5.1-4 所示。

1. 创建标准样本

标准样本利用知识工程的思想，通过感知元件参数变化现象，求取出部件故障产生的原因及产生的影响因子，对大型水泵的运行状态进行客观评价，是故障诊断的坚实技术基础。

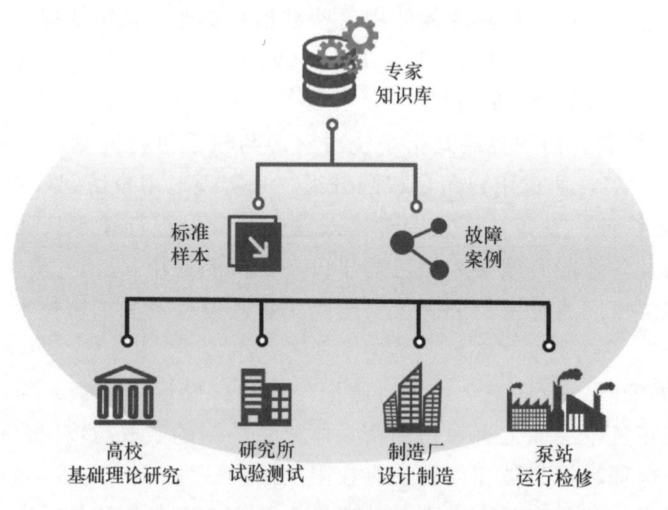

图 5.1-4　专家知识库构建体系

机组诊断标准样本的创建融合多方面知识、整合国际标准（IEC，IEEE）、国内标准（GB、SL、DL 和 JB 等）、企业标准和设备合同等相关技术资料，将设备制造厂的设计和制造知识、科研院所的模型和原型试验知识，水泵运行知识及行业专家的知识进行客观的分析和整合，形成故障诊断的体检标准。经过数据编码，将标准样本转化为计算机可读的语言，通过泵站机组传递来的参数，经运算、分析，并结合机组的运行工况，准确判定机组所处的状态。因为每台机组所采用的传感器件不同，因而要生成不同的诊断标准样本。

2. 创建故障案例

故障案例基于故障树分析（FTA）技术，采用逻辑链路方法，用事件符号、逻辑门符号和转移符号描述系统中各种事件之间的因果关系，形象地将故障进行逻辑分解，直观、明了，思路清晰，逻辑性强，可以做定性分析，也可以做定量分析。逻辑门的输入事件是输出事的“因”，逻辑门的输出事件是输入事件的“果”。

大型水泵的故障现象分析需利用水泵运行的测点参数，采用自上而下逐层展开的图形演绎的分析方法，在系统设计过程中通过对可能造成系统失效的各种因素（包括硬件、软件、环境、人为因素）分析画出逻辑框图（失效树），从而确定系统失效原因的各种可能组合方式或其发生概率，计算系统失效概率，采取相应的纠正措施，提高系统可靠性。通过建立故障树的方法，找出故障原因，分析系统薄弱环节，以改进原有设备、指导运行和维修，防止事故的发生。

系统构建的水泵故障诊断专家知识库还具有较强的扩展性，能够随着系统运行过程中数据量和故障案例的积累，不断优化和丰富故障判断规则，为用户提供更加全面可靠的机组运维建议。

5.1.5 机组故障智能诊断及预测推理系统

考虑到故障知识的复杂性，水泵远程故障诊断融合了两种方法进行故障诊断：模式一是基于传统的产生式规则、故障树的方式，进行溯源分析，比对专家知识库，判断故障；模式二是基于健康状态变化趋势特征的诊断方式，通过将运行参数与机组的初始健康参数进行比对，来进行故障诊断与预测。

1. 模式一工作流程

故障诊断推理引擎是数据驱动的推理，推理从工作内存中已知的事实开始，使用知识库中的规则，来证明目标的成立。算法的具体执行步骤描述如下：

（1）将用户输入的初始事实加载到工作内存。

（2）检查工作内存中是否包含目标的解，有则推理成功，结束；否则进行下一步。

（3）将工作内存中的事实和知识库中的规则匹配，将匹配的规则加入冲突集，若冲突集不为空，进行下一步；否则，跳转到步骤（5）。

（4）按照设置好的冲突消解策略，在冲突集中选择一条规则并执行，将执行结果写入工作内存，然后跳转到步骤（2）。

（5）询问用户能否提供新的事实，若能，则将新事实写入工作内存，跳转到步骤（2）；否则推理失败，结束。

大型水泵设备故障诊断系统的基本工作逻辑流程如图 5.1-5 所示。故障诊断过程可以根据用户需要时启动，也可以一直在线工作。整个故障诊断系统完成一次诊断过程的基本工作逻辑流程描述如下：启动故障诊断推理引擎，系统在诊断中心的数据库服务器中抽取需要的数据；然后，初始化环境，包括加载知识库、导入初始事实、初始化推理机环境等；之后，推理机开始进行故障诊断推理，若根据现有数据，能够得出合理结果，则进行下一步，否则，专家系统与工作人员进行交互，以获取更多推理需要的数据，直到能得出结果，在这之后，领域专家需要对推理的结果进行合理性评估，并考虑是否需要调整知识库中的知识，最后，专家系统向用户提供必要的解释。

2. 模式二工作方法

故障诊断与预测使用数据分析模型有：个性化阈值算法、相关性算法、异常检测算法、趋势分析算法、聚类算法等。

（1）个性化阈值算法。根据不同运行工况条件（功率、水头/扬程、流量）等因素对每个变量进行统计分析，建立健康运行基线，在此基础上计算个性化阈值，并将结果保存在个性化阈值数据库中，根据运行工况选择对应的阈值模

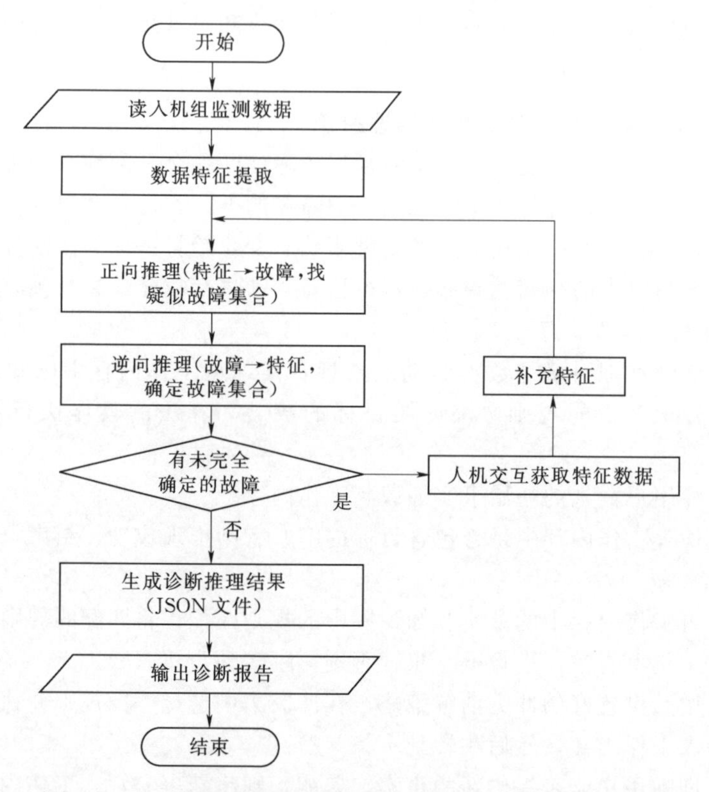

图 5.1-5　大型水泵设备故障诊断系统基本工作逻辑流程图

型进行实时监测。

个性化阈值克服了传统的固定阈值判断方法所固有的与机组实际运行状况、环境因素无关的缺点，针对每台机组分别设置阈值，实现个性化监测。

(2) 相关性算法。相关性算法通过计算两个或者多个变量数据的相关性系数和皮尔逊系数，得出任意两个变量间是否存在几何相关性，并统计数据的相关区间特性。对超出设定相关性阈值的变量对，相关性算法可监测并校验数据是否在正常分布区间且是否呈现合理的相关性。

(3) 异常检测算法。异常检测算法是通过建立数据常态分布模型，将模型用于校验机组是否存在偏离常态的数据。异常检测算法关注部件层级及更高的整体机组运行状态，且不依赖于数据标签，是通过数据的常态分布来检验非正常运行状态。异常检测算法能有效适应工业数据的少标签特点，并能有效表征机组是否为常态运行。

偏离常态的程度反映了机组健康的程度，异常检测算法的输出也可以作为机组的健康度指标。

(4) 趋势分析算法。趋势分析算法是对变量历史变化趋势进行统计分析，并给出合理的趋势变化区间。监测趋势变化的目的是监测变量本身还处在正常范围，但其变化趋势是否超出正常范围的状态。趋势分析算法对过去数据变化趋势分布进行统计分析，并对未来的趋势变化有一定的预测性。趋势分析将计算实时数据的变化趋势，并与趋势模型的阈值进行比较，趋势的劣化速度若超过阈值则产生报警记录存入异常数据库中。趋势分析算法原理如图 5.1-6 所示。

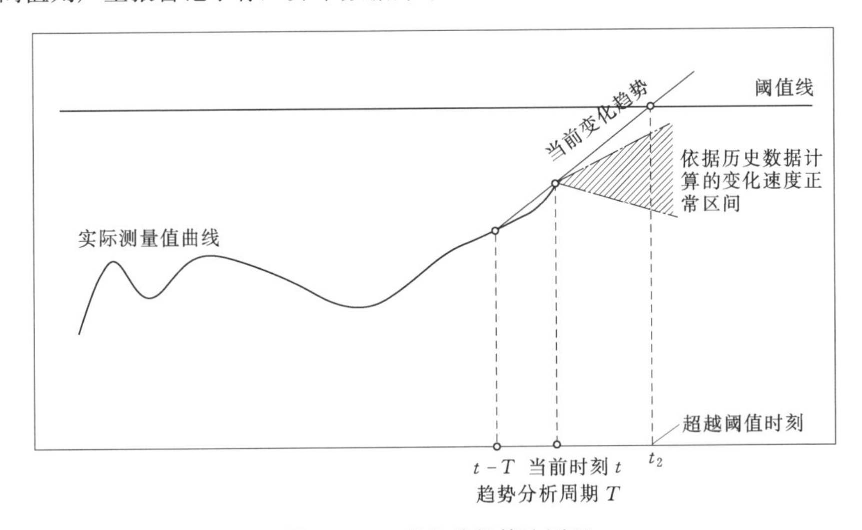

图 5.1-6 趋势分析算法原理

（5）聚类算法。聚类算法是基于数据自身的特性对数据进行智能分类的算法，是无标签数据进行分类分析的先导算法。个性化阈值算法根据聚类子集中数据的统计学特性来计算个性化阈值，根据运行工况状态的自适应阈值标准对数据进行实时监测。聚类算法减少了人为干预分类数据的偏差，提升了数据分析效率。

5.2 流量调节阀健康诊断技术

5.2.1 流量调节阀系统开展健康诊断技术的必要性

流量调节阀包括阀主体、操作机构（电动、液压操作型等）以及附属部件（包括检修阀门、旁通阀、压力与流量测量元件等）。流量调节阀是管道输水工程中对水流流量进行调控的关键设备，任何一部分发生故障，整个管线都会受影响，尤其是对高压差、大流量的长距离大型输水管线的影响会更深远。

国内早期的阀门维修观念是让阀门尽可能长时间地工作，一旦发现故障，立即对设备进行维修或更换。由于缺乏诊断技术，这种被动的维修方式会浪费大量的时间和成本。国外一项统计数据表明 60%的阀门维修是无效的。设备被动的事后维修或更换一般会比有计划的主动维护花费的时间更长、成本更高，损失也更大。

目前，在长距离调水工程的压力管线设计中，大家认识到如果分水设备发生故障，可能引起或加剧压力管线的水锤、泄漏、爆管甚至供水中断，会带来很大的损失。

在压力管线系统的运行过程中，由阀门故障引起的事故占很大比例，因此，对基于水力模拟稳态和瞬态仿真分析提出的阀门的运行阈值、运行参数等根据实际运行监测得到的数据进行比对，对阀门健康状态进行诊断在生产过程具有至关重要的现实意义。阀门健康诊断的研究方向是在智慧平台的基础上建立阀门的健康管理模块，告诉用户阀门的运行状态如何、哪些部分已经或预计出现故障、如何改善或维修以解除故障。通过实时监测运行和预见性告警，用户可提前采取防护和针对性维修措施，可以提高阀门的使用寿命、降低维护成本、提高压力管线或泵阀系统的安全可靠性。

随着数字式、智能化阀门的推出，利用测控技术，阀门的诊断技术已经从“修理箱”移植到了阀门控制单元，并集成在物联网终端设备或者上层平台中，这意味着基于测控技术的“传感器-控制器-物联网终端单元-平台系统”形成了阀门设备的健康管理体系，使之达到自检、自校、自诊断以及自修复并形成健康管理知识库，把现场监测的数据进行组态、校验和快速分析，给出阀门维护或调整建议，可以显著提高阀门和压力管线的安全可靠性。

5.2.2 流量调节阀系统健康管理体系

1. 理论基础

设备健康诊断，包括故障诊断和趋势预测，是用各种检测方式的数据采集对设备运行状态进行有效的监测、分析和记录，结合设备的历史和现状，考虑环境的因素，对设备的运行状态进行评估，对故障进行诊断。根据所获得的信息，结合已知的结构特性、参数和环境条件，以及该设备的历史记录，对设备运行状态的发展趋势进行预测，并对可能从正常状态转为故障状态的情况做出报警。

流量调节阀系统故障诊断的理论基础有三个方面：

(1) 阀门功能原理。阀门动作特征由阀门本身的机械结构和操作规程所决定，比如由电动操作装置驱动的流量调节阀，电动操作装置电机转速与阀门鼠笼位置的关系，鼠笼位置与阀门开度的关系曲线，是在阀门设计或出厂时就已经确定的。

(2) 阀门的特性参数。每一个阀门的运行参数都会在产品研制和市场应用的过程中，通过大量的数据积累，形成该阀门的特性参数曲线，比如流量调节

阀的 K_v 特性曲线，在生产完成时和在现场安装后的性能曲线可能不一致，需要在出厂时进行调整、在现场进行校核等环节来保障工程的需求。

(3) 阀门稳态和瞬态下的水力特性。对于流量调节阀来讲，在不同流量或流速的稳态工况下，以及进行流量调节或控制的瞬态过程下，阀门的压差和出口的压力不同，其稳态的和瞬态的参数变化是否与水力仿真分析成果、阀门运行的水动力参数阈值一致，表征了流量调节阀的水动力性能。

基于流量调节阀系统故障诊断的理论，进一步细化故障明细及其判断条件，可以将其转化成为阀门设备健康体系的诊断策略；同时根据诊断策略，对已然发生的故障或不安全的运行方式提出应对的调整策略，即控制策略，以避免故障的发生，即所谓自诊断后的自修复。

流量调节阀系统的故障诊断应实时对设备的运行状态进行自动监测，获取诊断对象的故障模式、提取故障特征，在此基础上，根据预定的诊断策略，对故障信息做出综合评估，并向系统的控制者提示修复策略和所要采取的维护措施。

2. 健康诊断方法

一般来说，流量调节阀系统的故障诊断方法分为运行监测、分析诊断和趋势分析、后处理、评价四个步骤：

第一步，通过各类传感器、仪器仪表等监测设备，实时采集设备的运行参数，并清理和分类整理。

第二步，对分类整理的数据进行诊断分析，与设备动作特征、特性参数以及水力模拟运行参数阈值等进行比对分析，并得出结构化的分析结果。同时，根据既定的诊断策略的趋势分析方法，周期性地对数据进行趋势分析，识别故障的发生规律和预警。

第三步，根据设备健康诊断结构为故障告警，提出维修需求或调整运行策略；根据趋势分析进行预警，提出主动维修策略。

第四步，对故障诊断和趋势分析后调整的维护和运行策略进行效果评价，并整理知识库。

常用的智能故障诊断技术和趋势分析方法，大致可分为以下三种：

(1) 基于结构化的故障明细在线诊断分析方法。在线诊断分析方法是基于全工况的阀门原理特性、特性曲线以及水力模拟运行阈值等基本理论梳理结构化的故障明细，根据特定的失效条件，做多层深入的分析，得出目标与条件之间的逻辑关系，判断故障所在，最终找出故障原因的过程，是一种图形演绎法，是失效事件在一定条件下的逻辑推理方法。

(2) 基于知识库案例的诊断方法。通过修改相似问题的成功结果来求解新问题，能通过将获取新知识作为案例的方式进行学习，不需要详细的应用模型。

（3）基于专家系统对历史数据的趋势分析方法。专家系统在知识库和数据库的基础上，根据历史监测数据、判断结果、处理方法等数据及大数据分析，通过推理机综合利用各种规则，找出故障源或风险趋势。趋势分析方法主要由分析规则库、动态数据库和推理算法组成。基于规则的趋势分析方法属于反演诊断，它的缺点是可能会得出错误的结论，因为反演不是一种确保唯一性的推理形式。趋势分析方法通常用于分析单个风险的趋势，在诊断多重风险时难度较大。

3. 特点

设备健康管理系统基于有效地采集、处理、分析诊断、告警、建议策略、后处理以及评价等，对压力管线运行设备进行正确的状态识别、诊断和预测。系统能力越强，诊断的智能水平就越高，其“智能化”程度体现在建立于理论依据上的数学模型与真实系统间的贴近程度，以及专家系统、知识库的人工智能在线表示与应用情况。设备健康管理系统的特点如下：

（1）能利用多种信息和多种诊断方法，以灵活的诊断策略和趋势分析来诊断问题、提出告警建议。

（2）采用模块化结构，具有多种获取诊断信息的途径。

（3）具有人机交互诊断功能，维护和调整策略可由人工判断。

（4）具有在线和离线两种模式。

（5）具有自学能力。

5.2.3　流量调节阀系统知识库

人工智能技术的发展，特别是在故障诊断和趋势分析领域中的应用，为设备的故障诊断和主动维护的智能化提供了可能性。原来以数值计算和信号处理为核心的诊断过程正在被以知识处理和知识推理为核心的诊断过程所代替。因而，智能故障诊断和趋势分析是当前设备健康管理的发展方向。智能诊断的目的是通过使用领域知识，进行诊断推理，识别系统状态，查明故障原因，这是智能故障诊断的实质，而趋势分析，是根据设备长期的运行和故障所积累的运行数据以及综合判断的结果形成知识库，属于人工智能的高级应用。因此，人工智能需要基于完善的知识库方能完成故障诊断和趋势分析等高级处理工作。

知识库的建立是软件系统开发中最重要、最艰难的工作之一。知识的数量与质量是一个专家系统性能是否优越的决定性因素，所以建立专家系统的关键就是要建立不仅符合软件运行要求、还要满足业务需求的知识库。

从软件系统的应用架构和数据库结构出发，知识库需具备以下核心条件：

（1）知识库的各部分之间在逻辑上应保证完备性、一致性和无冗余性，保证推理的正确性和高效率。

(2) 知识库的组织应能保证故障诊断与预测的需要，有利于进行检索，具有较高的推理效率。

为了满足知识库的功能要求，核心资源包括基础理论和历史数据，见表5.2-1。

表5.2-1　流量调节阀系统知识库核心资源表

序号	核心数据	资源信息说明	数据形式
1	基础理论数据	产品特性，结构知识、功能知识、工艺流程、整体设计、操作规程、维护要求等资源数据	更新
2	基础理论数据	运行特性，产品研制、市场应用等过程中，通过大量的数据积累，形成的特性参数曲线	更新
3	基础理论数据	水力模拟仿真系统特性，全工况的水力模拟稳态和瞬态仿真分析，阀门运行的水动力参数阈值	更新
4	历史数据	案例数据形式，对阀门或管线系统的运行数据，故障分析数据及其分析过程数据，分析结果、调整策略以及后处理数据，评估数据	新增
5	历史数据	运行模式形式，全工况运行良好的阀门、管线系统运行规律数据	新增/更新

5.2.4 三河口水库流量调节阀系统健康诊断建设方案

1. 总体设计原则

在压力供水管线的泵阀系统中，通过智能阀门、感知设备、智能RTU、水力模拟计算引擎、泵管阀安全管控系统，实时监测泵管阀系统中的流量、压力、振动、噪声、视频等参数以及来自全管线其他及上层平台的监测数据，建立数据库，并与水力模拟分析数据进行实时比对，提供预警阈值动态设定、调度策略优化、应急方案制定等功能，实现设备健康状态实时监测、故障诊断预警、趋势预测等功能，对长距离调水工程运行状态的实时监控、实时预警、应急处置、辅助决策，提升泵管阀系统的安全性、可靠性。

泵管阀健康管理解决方案，可以解决长距离调水工程中的水量水压调度、设备健康状态监测、实时监控预警和应急处置等问题。

在系统的正常调度运行以及断网、断电应急工况下，通过自检、自校、自诊断等手段，对水锤防护与空蚀监测、阀门健康状态的监测预警，使用泵管阀安全管控平台为用户的运维管理提供支撑，同时智能RTU提供控制策略专家库和分布式控制方式，保障泵管阀系统持续安全的运行。

2. 总体设计方案

引汉济渭工程三河口水库流量调节阀室的阀门与监测设备布局见图5.2-1。流量调节阀系统健康诊断建设方案的总体架构包括三层：基于流量调节阀的设备层、基于智能RTU的控制网络，以及基于泵管阀安全管控系统的平台层。三河口水库流量调节阀健康诊断系统总体架构如图 5.2－2 所示。

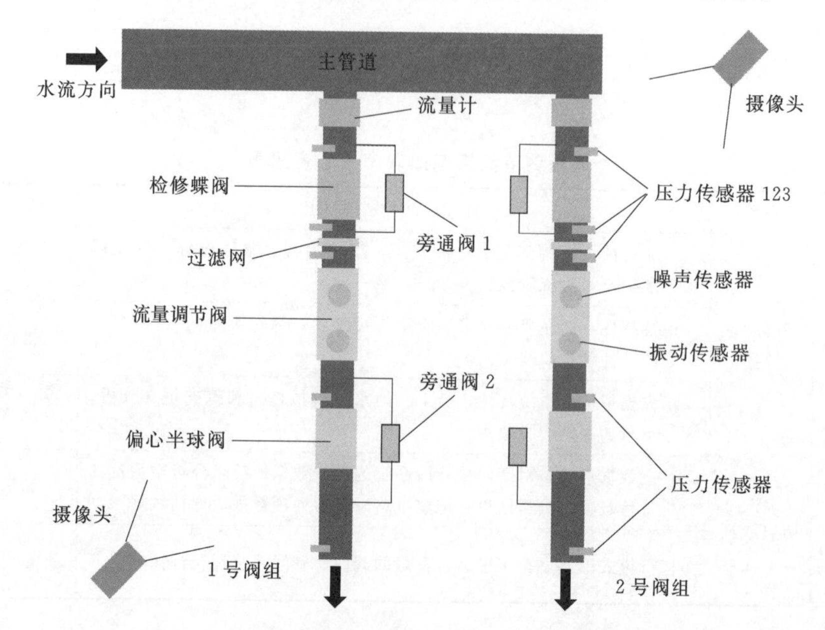

图 5.2－1　三河口水库流量调节阀室的阀门与监测设备布局图

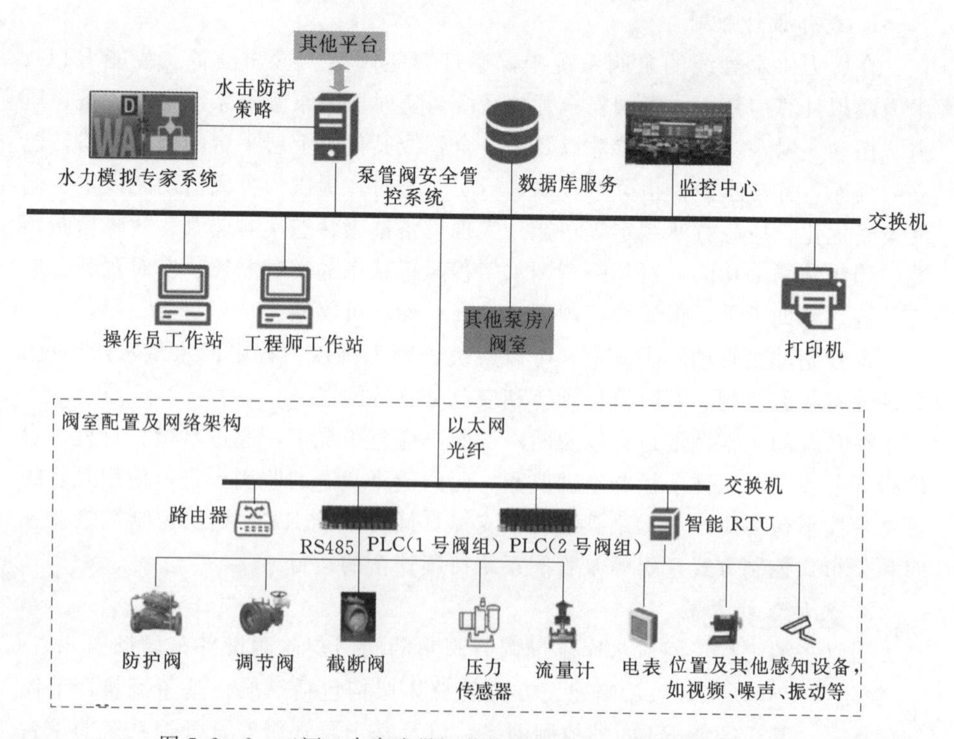

图 5.2－2　三河口水库流量调节阀系统健康诊断系统总体架构

网络架构包括信息网络与控制网络两部分。信息网络即平台系统信息网络，主要实现设备健康管控系统、数据库服务器、监控室等信息通信，与下层以智能 RTU 为核心组成的控制网络通过交换机连接。控制网络是以智能 RTU 为核心将数据采集、控制策略下达执行过程中的网络，涵盖了智能 RTU、PLC 及其控制相关的设备。控制网络和信息网络的连接框图如图 5.2-3 所示。在网络连接方面，信息网络中主要采用 TCP/IP 协议、MQTT 订阅方式，连接可使用以太网/光纤，也可通过无线网络，如 WIFI、GPRS/4G 等网络。在组网过程中，可以建立局域网，长距离可以采用公共通信网络。

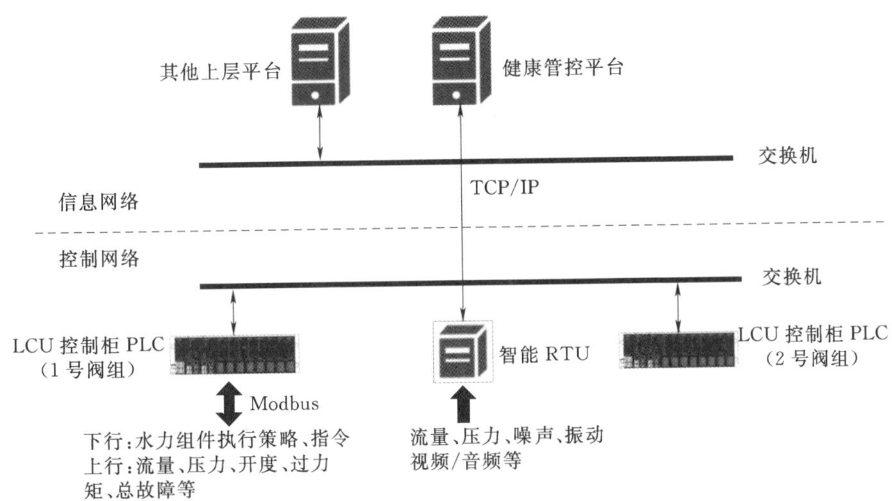

图 5.2-3 三河口水库流量调节阀系统健康诊断系统控制网络和信息网络连接框图

3. 数据采集

数据采集来自总体架构的流量调节阀设备层，包括需采集的泵管阀系统运行数据以及接收的来自系统上层的数据，需采集的数据见表 5.2-2。

表 5.2-2 三河口水库流量调节阀系统运行数据采集表

序号	数据名称	采集位置	信号类型	采集与上传频率
1	压力 1	检修蝶阀阀前压力	模拟量	50Hz，5min/次
2	压力 2	检修蝶阀阀后压力	模拟量	50Hz，5min/次
3	压力 3	流量调节阀阀前压力	模拟量	50Hz，5min/次
4	压力 4	偏心半球阀阀前压力	模拟量	50Hz，5min/次
5	压力 5	偏心半球阀阀后压力	模拟量	50Hz，5min/次
6	流量调节阀开度	电动操作装置反馈	模拟量	1Hz，5min/次
7	流量调节阀位移	角度传感器反馈	模拟量	1Hz，5min/次

续表

序号	数据名称	采集位置	信号类型	采集与上传频率
8	流量	支管或主管流量	模拟量	50Hz，5min/次
9	检修阀全开信号	阀门全开点信号	开关量	即时采集，事件上传
10	旁通阀全开信号	阀门全开点信号	开关量	即时采集，事件上传
11	流量调节阀全开信号	阀门全开点信号	开关量	即时采集，事件上传
12	检修阀全关信号	阀门全关点信号	开关量	即时采集，事件上传
13	旁通阀全关信号	阀门全关点信号	开关量	即时采集，事件上传
14	流量调节阀全关信号	阀门全关点信号	开关量	即时采集，事件上传
15	检修阀过力矩信号	阀门超过力矩信号	开关量	即时采集，事件上传
16	旁通阀过力矩信号	阀门超过力矩信号	开关量	即时采集，事件上传
17	流量调节阀过力矩信号	阀门超过力矩信号	开关量	即时采集，事件上传
18	检修阀总故障信号	阀门故障信号	开关量	即时采集，事件上传
19	旁通阀总故障信号	阀门故障信号	开关量	即时采集，事件上传
20	流量调节阀总故障信号	阀门故障信号	开关量	即时采集，事件上传
21	视频/音频	不同位置的监控	视频/音频	支持在线播放
22	振动	流量调节阀振动值	模拟量	10Hz，5min/次
23	噪声	流量调节阀噪声值	模拟量	10Hz，5min/次

4. 控制网络

控制网络接收来自设备层采集的、上层平台下发的数据，以及来自其他系统的数据。控制网络通过水力模拟仿真计算复核阀门和管线的运行状态，为了满足计算和校核的要求，不仅需要阀室内设备的监测数据，还需要管线其他监测点和健康管控平台的数据，主要包括管线其他监测点的流量、压力和关键设备的开停状态等。控制网络可通过数据采集与监视控制系统（SCADA）接收原始数据，或经上层平台处理后的状态数据，数据传输应满足无时间差异（数据时间戳与实际保持一致）和及时性要求。

智能RTU的特点：集成专用的CPU，支持Linux系统，支持485串口、RJ45网口以及4G/LoRa/NB-Iot等无线网络，具有较强的物理扩展和功能扩展性，具备数据汇聚清理、处理、分析、存储、无线收发、远程维护、智能预警等功能，断网断电数据重发、适应于局域网和公网，具备集成（或部分集成）健康诊断知识库和控制策略的专家库，在识别到极端工况时，满足设备安全模式的运行。

在控制网络中水力组件/传感器、PLC/智能RTU以及平台服务器等设备硬件的连接方式如图5.2-3所示。数据通信采用下列方式：

（1）RTU与感知设备（如传感器、影像采集设备等）之间的数据通信。所有传感器通过电缆线与RTU链接，采用Modbus通讯协议，由A/D模块将传感器的4～20mA的电流信号转换为数字信号。

（2）PLC与水力组件执行机构、传感器之间的数据通信。执行机构与PLC通过RS485串口链接，采用Modbus通信协议，包括上行的阀门执行机构的开关、故障等开关量信号的采集以及下行控制策略、指令的下达。

（3）RTU与PLC之间的数据通信。PLC与RTU通过RJ45网络通信，通过RTU对PLC的上传数据进行组态、数据清理、存储和管理。

（4）RTU与管控平台数据库服务器的通信。RTU将来自感知设备和PLC的数据，经过清理、处理分析之后，通过阀室到信息网络中的以太网/光纤传输至管控平台，采用TCP/IP协议、MQTT订阅方式。

5. 泵管阀系统健康管控平台

泵管阀安全管控系统作为长距离调水工程安全管控类软件，承载了安全管控解决方案核心的水力模拟集成、GIS/BIM平台集成、应用故障诊断趋势分析核心计算引擎，同时具有开放性的其他软件集成平台（如上层中央平台、数据采集SCADA）和智能RTU软件系统等，具体功能框架见图5.2-4。

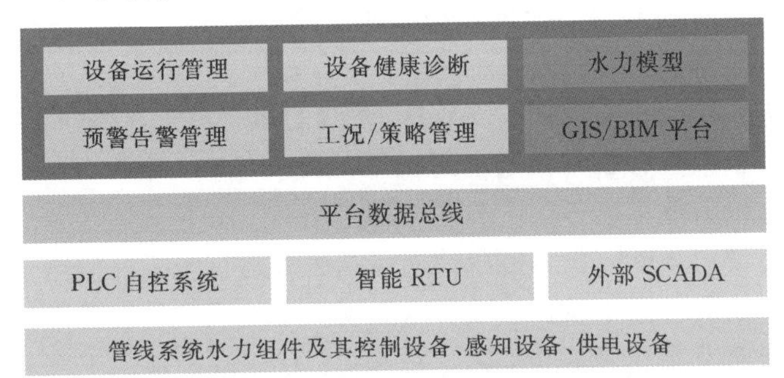

图5.2-4　三河口水库流量调节阀系统健康诊断系统管控平台框架图

泵管阀安全管控系统是基于物联网平台，B/S架构，采用基于SOA架构的模块化设计，JAVA语言开发。泵管阀安全管控系统平台分为数据管理层、推理诊断层、前端展示层，整合大数据存储分析技术、工业云平台、互联网、信息采集处理技术、故障诊断预测技术等多学科、跨行业的知识，以信息采集系统、工业云、互联网为基本支撑。

泵管阀安全管控系统具有兼容性强、通信灵活、操作简单、无缝对接等系统特点。阀室现场存在多种控制设备、感知设备等，系统可匹配各类执行机构、电磁阀、传感器、仪器仪表的数字量、模拟量、开关量等接口等；可根据现场的网络条件，实现以太网、光纤、各类无线网络（如GPRS/4G/LoRa/NB-Iot等）等各类网络的接入；通过GIS/BIM一张图从宏观到微观的图形化监测、操控界面进行操作，既简单又方便；应用MySQL数据库，实现API软件接口与各类应用系统和同构异构数据库的无缝对接。

管控平台的功能如下：

(1) 管线水力组件及其控制设备、感知设备、供电设备等现场设备层。由阀门、水泵等管线设备及其控制设备，管线和设备上部署的感知设备（传感器、仪器仪表等）以及阀室的供电设备等组成的现场设备层。

(2) 智能RTU/PLC。智能RTU或PLC自控系统基于采集感知设备的数据信号和集成的控制策略专家库、历史数据知识库等数据，完成正常的控制、极端工况的策略控制以及应急工况的应急处理等操作。

(3) SCADA。泛指所有对安全管控系统的运行提供数据支撑的所有外部软件系统数据对接平台，SCADA负责采集数据和向上层模块提供数据。

(4) 基于水力模拟的工况管理/策略管理。对泵站的运行工况进行分析，依据不同的工况进行离线的稳态/瞬态水力模拟分析，分析出各种正常和紧急工况下的开、关阀策略，将工况/策略数据内置到系统、智能RTU以及阀门控制PLC中作为专家策略数据并保持同步。

(5) 基于GIS/BIM平台的设备运行监测。提供BIM图形化的运行监测手段，根据泵阀设备和管道运行的实时数据，进行设备健康告警和控制异常告警，并展示和管理。

(6) 水力模拟分析与应用。对管网/管线的运行进行离线的稳态/瞬态水力模拟分析，分析出各种正常和紧急工况下的处理策略，将工况/策略数据内置到系统中作为经验数据。

(7) 设备健康诊断。设备健康诊断包括管线运行全工况监测、设备运行故障诊断和趋势预测。基于设备特性、水力模拟全工况的稳态瞬态仿真分析运行阈值、控制策略专家库等基础资源，对管线极端工况、应急工况和设备的运行的监测、故障诊断等异常数据进行分析，分析、预测设备的运行故障趋势，并根据分析结果给出相应的调整策略、控制策略以及维护建议，可用于水锤防护、设备运行故障诊断、空蚀监测等核心功能的辅助决策。

基于平台的案例分析、模式分析等大数据分析引擎，以及长期运行中对各类工况的统计分析形成的经验数据，将上述资源信息、案例、模式等建立知识库，通过实时采集到的各种数据进行业务相关性分析，可以准确地对泵管阀系统的运行安全、设备健康度进行诊断。

(8) 预警或告警。通过预警或告警的方式展示管线运行安全、设备健康等异常的结果或状态。

5.2.5　三河口水库流量调节阀系统设备的健康管理

从广义上讲，设备健康管理包括设备的健康诊断、安全防护两部分。对阀门的健康管理不仅对单个阀门（如流量调节阀）的健康诊断，同时对相关设备进行整体运行安全诊断和趋势预测并提出安全告警、调控策略以及维护要求，目的是确保流量调节阀系统的安全运行。

1. 流量调节阀的安全健康管理

关于流量调节阀的故障信号有欠流量、过力矩、振动和噪声等。

（1）欠流量。各开度下的过流量在阈值以下。该阈值运行初期按照理论分析数据确定（见表5.2-3），运行一段时间后，形成专家数据库，再用于指导阀门的运行和调节。

表5.2-3　　三河口水库流量调节阀不同压差下流量阈值

相对开度/%	不同压差下流量/(m^3/s)			
	110kPa	160kPa	610kPa	960kPa
5	0.429	0.517	1.010	1.267
10	0.838	1.004	1.949	2.445
15	1.287	1.552	3.030	3.802
20	1.692	2.041	3.961	4.965
25	2.145	2.587	5.051	6.336
30	2.555	3.088	6.011	7.535
35	3.431	4.139	8.081	不推荐使用
40	4.308	5.203	10.150	
45	5.149	6.210	12.125	
50	5.962	7.229	14.296	
55	6.863	8.277	16.161	
60	7.944	9.380	18.292	
65	8.579	10.347	不推荐使用	
70	9.382	11.477		
75	10.292	12.412		
80	11.181	13.441		
85	11.991	14.462		
90	13.019	15.281		
95	13.741	16.572		
100	14.760	16.868		

（2）过力矩。流量调节阀开、关力矩在设定阈值以上，额定力矩阈值初期按141680N·m的60%设定，即85008N·m。

（3）振动过大。振动加速度阈值初期按0.05g（g为重力加速度）设定。

(4) 噪声过大。噪声阈值初期按100dB设定。

2. 水力组件之间的健康管理

三河口水库阀室内的管阀系统由两条配置相同的并联管线系统组成，每条管线由流量计、上游检修蝶阀、过滤器、流量调节阀、下游检修半球阀以及连接附件等组成，系统所需的感知设备主要有流量计、压力传感器、振动传感器以及噪声传感器等。阀室中与流量调节阀相关的水力组件之间一旦出现不符合规定的操作规程的要求，也属于异常、故障或不健康的运行。除流量调节阀外，阀室内的管阀系统可能发生的故障信息见表5.2-4，阀室其他阀门的健康诊断要求见表5.2-5。

表5.2-4　三河口水库阀室设备可能发生的故障信息

序号	名　称	型号	故障信号	阈值/MPa
1	流量计		信号丢失	
2	压力传感器1	KD40	信号丢失	1.6
3	检修蝶阀	*DN*2000，PN16	过力矩、平压信号丢失	
4	检修蝶阀旁通阀	*DN*150，PN16	过力矩、误动作	
5	压力传感器2	KD40	信号丢失	1.6
6	过滤器	*DN*2000，PN16	堵塞	0.5
			滤网破损	0.05
7	压力传感器3	KD40	信号丢失	1.6
8	流量调节阀	*DN*2000，PN16	欠流量/过力矩/振动过大/噪声过大	
9	压力传感器4	KD40	信号丢失	
10	偏心半球阀	*DN*2000，PN16	过力矩、平压信号丢失	
11	半球阀旁通阀	*DN*150，PN16	过力矩、误动作	
12	压力传感器5	KD40	信号丢失	1.6

表5.2-5　三河口水库阀室设备其他阀门的健康诊断要求

序号	设备名称	健康诊断要求
1	检修蝶阀旁通阀	启闭顺序：检测到平压信号后，旁通阀关闭，主阀开启
2	过滤器	检测到压差信号超过设定值，提供报警检修的信号
3	偏心半球阀旁通阀	启闭顺序：检测到平压信号后，旁通阀关闭，主阀开启

3. 安全预警参数与诊断策略设计

三河口水库流量调节阀系统中任何一个设备发生故障，都会产生报警信号。主要的报警信号见表5.2-6。

表 5.2-6　　三河口水库流量调节阀系统报警信号

序号	设备名称	报警信号	说明
1	检修蝶阀	过力矩、平压信号丢失	阀门卡阻或电动操作装置损坏，发送过力矩报警信号；当旁通阀无法正常运行或传感器信号丢失（传感器或线路故障），发送平压信号丢失的报警
2	偏心半球阀	过力矩、平压信号丢失	
3	流量调节阀	过力矩、堵塞、磨损	出现卡阻或电动操作装置损坏，发送过力矩报警信号；当系统运行流量与预先设置流量出现很大偏差，如某一开度下流量超过设定值的50%，则将发送鼠笼磨损的报警信息；如某一开度下，流量低于设定值的30%，则将发送鼠笼堵塞的报警信息
4	过滤器	堵塞、破损	过滤器两端的压差值高于或低于设定和设定阈值，发送堵塞或破损的报警信号
5	各传感器	信号丢失	表示传感器全部故障或供电端出现断电的情况

4. 工况识别与健康诊断策略设计

通过各种传感器采集的数据以及电气元件自身的参数进行分析判断，识别不同的工况并诊断管阀系统是否健康运行。不同设备的健康判断见表5.2-7。

表 5.2-7　　三河口水库流量调节阀系统设备的健康判断

序号	设备名称	监测数据	诊断说明
1	检修蝶阀	阀门出口侧压力值、力矩大小、平压信号丢失	关闭阀门，阀门一侧压力仍然不断变化，说明阀门有泄露；阀门无法通过正常力矩开关，说明电动操作装置故障或阀门卡阻；阀门无法读取平压信号，可能是旁通阀或传感器发生故障。只有这三种情况都正常，说明阀门健康运行
2	检修蝶阀旁通阀	力矩大小、动作与否	
3	偏心半球阀	阀门出口侧压力值、力矩大小、平压信号丢失	
4	偏心半球阀旁通阀	力矩大小、动作与否	
5	流量调节阀	阀门出口侧压力值、力矩大小、流量值与设定阈值对比	阀关闭，出口侧压力仍然升高，说明阀门有泄露；阀门无法通过预先设定的开关阀力矩阈值进行开关操作，可能是旁通阀或传感器发生故障；通过流量计流量数据与预先设定值进行对比，分析鼠笼是否出现损坏或堵塞。只有这四种情况均正常，流量调节阀才属于正常工作
6	过滤器	过滤器两端压差	两端压差值高于或低于设定阈值，判断其是否发生堵塞或损坏。压差值在设定的上下阈值之间，说明流量调节阀正常运行
7	流量计	流量值与经验值比对	流量计正常工作与否可以通过流量值与数据库中的经验数据进行比对来判断，如果超过经验数值10%以上，说明流量计出现故障。另外，如果没有流量计的数值输入，说明流量计损坏或线路故障

续表

序号	设备名称	监测数据	诊断说明
8	压力传感器	各压力传感器之间的关系	通过各个压力变送器之间的逻辑关系，可以判断某个压力变送器是否正常工作。如压力变送器1与2之间的差值不大于0.05MPa（假设）；压力变送器3与4之间的压差值为流量调节阀两端的压差值，与数据库中的经验数据进行对比不能超过10%的偏差；在运行状态下，压力变送器4与5之间的差值很小，如果差值较大，可能是某个压力变送器出现故障

5. 水锤防护

采用模拟和测试水力组件的特性曲线作为水力模拟边界条件进行稳态和瞬态仿真分析，结合对管线的实时监测，通过流量、压力、阀门开度等参数的实时监测与模型分析结果的比对，可以验证控制策略的正确性，达到提升系统安全运行水平和水锤防护可靠性的目的。通过现场测试流量调节阀的K_v值和动作特性，验证阀门特性参数与水力模拟边界条件的匹配性，以及不同阶段管线糙率与模型边界条件的匹配性，对水力模拟进行修正。

（1）通过监测管线系统沿线关键节点的压力，作为紧急控制的条件：①压力高于高压设定值；②压力低于低压设定值；③压力在60s内增加10%以上，连续5s以上；④压力在60s内降低10%以上，连续5s以上。

①和②触发因素是保护管道免受管路末端阀门关闭、开启而导致的压力升高或降低的危害，这是正常的触发因素。③和④触发因素用于检测管线末端阀门的紧急关闭或紧急打开。

（2）对管线分水口的压力进行监测，作为紧急控制条件：①压力高于高压设定值；②压力低于低压设定值；③流量在60s内增大或减少10%以上，连续10s以上。

触发的最大和最小压力条件见表5.2-8。

表5.2-8　三河口水库供水系统分水口应急工况触发条件

应急工况	触发的最小压力/MPa	触发的最大压力/MPa
紧急关闭所有阀门	0.045	1.27
开启所有阀门	0.006	1.04
紧急关闭某分水口阀门及主管线末端阀门	0.045	1.20
仅紧急关闭主管线末端阀门	0.05	1.23

系统调试时，检查系统是否按照水力模拟的设计进行施工并进行校核（如水头损失和管道摩擦系数）。智能控制系统的实施需要模拟操作工况，如启动

或关闭，以验证在正常操作期间是否触发了紧急控制条件；还需进行极端工况的试验（例如全关阀、全开阀），通过调试期间的监测数据与水力模拟结果比对，验证长距离调水工程的系统安全性。

6. 空蚀监测

空蚀现象主要对流量、压力脉动、振动、噪声等进行监测。

空蚀现象的在线监测，是对产生空蚀的关键参数及其关系进行模拟，如管道内的流量、压力脉动、阀体的外部现象振动、噪声等，结合流量调节阀的CFD仿真分析成果（见第3章），将发生空化现象时的关键参数作为管控系统的监测阈值，阀门运行中实时采集流量、压力脉动、振动、噪声等参数并与阈值进行对比分析，对长期积累的表征参数进行趋势分析和与阈值的趋向关系分析，形成空蚀现场分析判断和趋势预警信息；根据告警和趋势分析的结果，进行设备的维护和更换。由于趋势分析存在一定的不确定性，因此还需要人工的辅助，通过定期对流量调节阀空蚀现象的检查，比如磨蚀量测量、超声波探伤等，并辅以系统的监测，可以及时、有效地对阀门空蚀和磨损进行监测和处理。

第 6 章　长距离调水工程水锤自适应控制与防护

6.1　研究缘由

由于社会经济发展，仅凭流域内调水已难以满足经济社会发展的用水需求，跨流域调水不仅能满足供水需求，还能在发电、生态、防洪等方面产生经济效益和社会效益，因此，跨流域调水工程应运而生。据不完全统计，在国外已建和在建的大规模、长距离、跨流域调水工程达 160 多项，分布在 24 个国家。已建成调水工程调水量较大的有巴基斯坦西水东调工程，年调水量 140 亿 m^3。美国已建成调水工程的年调水总量超过 200 亿 m^3，距离较长的有美国加州北水南调工程，输水线路长达 900km，调水总扬程 1151m，年调水量 52 亿 m^3，其他比较有名的调水工程还有中央河谷、中部亚利桑那工程等。

长距离调水工程具有输水调度涵盖多水源、多过程，系统运行工况切换频繁，涉及多流态，输水线路长、埋深大，泵站级数多、功率大、调控精度要求高等特点。长距离调水工程属于典型的非线性、高维度、多过程、多相流和多约束的水力系统，需要预防产生泵站（管线）水锤、阀门破坏、管线爆管或吸瘪、管网漏损以及水泵飞逸、管道喘振等问题。

安全运行是长距离调水工程的关键技术问题之一，其中管线和设备的安全、稳定和长期运行是工程业主、设计、施工等各方最为关心的问题，因此，长距离调水工程对泵管阀设备的要求很高，如何设计、使用安全性能更加可靠的设备以确保供水安全已成为流体设备行业研究的热点。比如由荷兰三角洲研究院主持设计的阿联酋舒威哈特输水项目，使用水力模拟贯穿整个项目的全生命周期，在建模仿真的基础上设计了控制系统，并基于水力模拟对控制策略进行设计与校核，在施工和调试阶段对水力组件特性曲线进行校核，并且在 100 多 km 的压力管线上完成了全关阀和全停泵等极端工况试验，不仅验证了水力模拟和控制系统的有效性，更保证了管线的运行安全。

水锤自适应控制与防护系统是基于水力模拟计算、智能终端、机械自适应控制、策略自适应控制以及指标评价在内的泵管阀安全管控集成的智能防护方案，通过对具有复杂内边界的长距离调水工程明满流交替的一维非恒定流水动力学系统进行研究，考虑水库、加压泵站、分水口、隧洞、暗涵等水工建筑物，建立高效、可靠的管线水力模拟，通过试验验证和现场采集的大量数据，优化有压管流和自由表面流以及这两种流动状态的过渡流等理论模型，以解决长距离调水工程水力模拟安全可控的难题。水锤自适应控制与防护系统依托新兴的AI、物联网、无模型自适应控制（MFA）技术，力图通过云端智能设备解决长距离输调水管线调度困难、安全预警困难等一系列问题，进一步实现设备健康诊断和安全预测、节水节能、自主安全防护等功能。

6.2 水锤自适应控制与防护系统总体设计

长距离调水工程水锤自适应控制与防护系统主要包括水力模拟、自适应控制防护以及指标评价三大关键环节，其总体架构如图6.2-1所示。

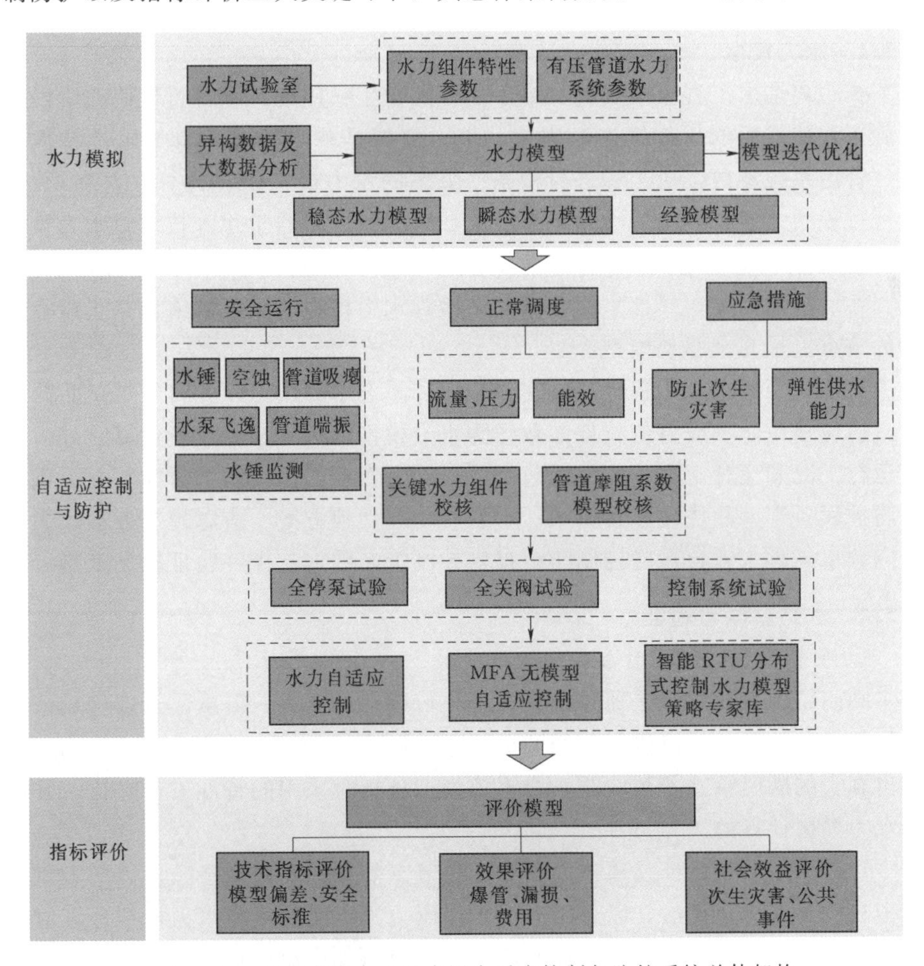

图6.2-1 长距离调水工程水锤自适应控制与防护系统总体架构

长距离调水工程水锤自适应控制与防护关键技术以机械自适应和无模型自适应控制（MFA）为核心，以自适应止回阀、空气阀等设备为点解决所在区域的水锤、水泵飞逸等问题；以水力模拟计算、MFA算法以及分布式控制模式为线构成策略层的控制，解决区域的流量和压力调度均衡，防止水锤、管线喘振等问题；以大数据、专家系统为面，解决水系统的运行安全，实现水系统的健康管理、安全风险预测以及节水节能等。鉴于长距离调水工程运行安全控制难度大，采用多级安全防护，以有效控制爆管、机组破坏、泵站淹没、环境地质次生灾害等严重事故，同时可有效延长管道、阀门等设备设施的使用寿命，降低安全维护工作。

6.3　水力模拟和验证

6.3.1　水力模拟

长距离调水工程水力模拟贯穿于工程的全生命周期，从可行性研究阶段开始到工程建成后的运行维护过程中，水力模拟是基于精确的水力组件特性参数、管道系统参数，对工程进行稳态、瞬态的水力模拟仿真计算，并在调试、运行过程中，通过异构的数据采集、大数据分析、机器学习等技术对水力模拟进行优化，最终形成经验模型，使其模拟结果更加接近于真实管线的运行工况。在后台应用中，局部采用管网动态微观水力模拟，大区域采用基于压力驱动的节点能量冗余驱动模型。

对于长距离调水工程，通过建立稳态和瞬态水力模拟，并将经过试验测定的自适应水锤防护设备的特性参数作为水力模拟的边界条件进行计算，分析不同运行工况和应急工况下的水锤包络线，确定合理的水锤防护方案，并提供水锤防护设备选型和优化配置方案、水泵启动和切换方案、应急控制方案，为长距离调水工程水锤自适应控制防护提供控制策略数据支撑并验证控制策略。

6.3.2　水力模拟与验证

1. 泵管阀系统特性参数在线验证

阀门特性参数验证是通过预设的各类传感器（压力、流量、开度等）采集阀门的相关信息（如流量调节阀的 K_v 特性曲线），并对数据进行整理和分析，得出真实的阀门特性参数曲线，与水力模拟分析时采用的特性进行对比，并调整水力模拟计算的边界条件。

管道摩阻系数验证是通过采集管道各节点的压力和流量参数，以压力驱动模拟和粒子群优化算法，以各工况下管线压力测点实测值与水力模拟计算值的差值的平方和最小化来构建目标函数，经不断迭代优化计算，直至满足模拟校核标准。

其他边界条件（如水泵机组的飞轮力矩、飞逸特性）验证也是通过现场采集的各类数据，经过分析整理后，与模拟预设的边界条件进行对比，调整模拟中与实测不相符的部分参数，提高模拟的计算精度。

利用工程试运行的机会，对水力模拟进行校核验证，可以实现如下目的：

（1）水力模拟分析结果准确性的判定。

（2）工程调试运行期间发现问题并及时优化改进。

（3）工程长期运行情况下各种控制策略的模拟分析验证。

利用建立的泵管阀系统水力模型，在前期对建设项目或改造工程进行水力模拟仿真分析，对全工况控制策略的安全性进行仿真校核，实际运行中不断通过获得的监测参数来实时校正管道的摩阻系数、调流阀 K_v 等特性参数，使水力模拟更加接近工程的实际情况，使水锤控制防护策略更加安全，并同步更新到智能远程监测预警与控制终端，即智能 RTU。

2. 极端工况验证

极端工况包括泵管阀系统在事故条件下引起的全停泵、全关阀等极端暂态工况。

全停泵试验的目的是测试泵站内全部工作水泵事故掉电情况下管线内的压力和流量变化情况，验证控制阀门关闭模式是否与水力模拟的关闭规律一致，用于检验停泵的安全防护措施是否合适。

全关阀试验的目的是测试末端流量调节阀或分水口阀门全部关闭对管线流量和压力的影响，验证系统的各项水锤防护措施是否完备，各阀门的关闭规律是否与水力模拟分析时设定的关闭规律一致。

根据实际工程建立的泵管阀系统水力模型，以数值模拟分析系统在全停泵、全关阀等极端工况下的水力过渡过程特性，与实际测试获得的管线压力和流量变化过程以及水泵、阀门的特性参数进行校核，可以使水力模拟能更准确的反映系统的实际水力特性，为泵站和管线的水锤防护提供了更切合实际的支撑。另外，运行人员可以从泵管阀系统测试和水力模拟分析中获得停泵和关阀等极端工况的应对经验，熟悉泵管阀系统的水力响应特点，不仅能为他们提供必要的知识和经验，还可以为泵管阀系统制定更有效的安全操作规程。

泵站掉电全停泵工况是泵站设计必须考虑的重要条件之一，其引起的泵管阀系统水力过渡过程关系到泵站的运行安全。由于工程设计中泵管阀系统水力模拟分析采用的边界条件（如水泵和阀门的特性）与实际存在差异，加之模拟分析计算还存在一些误差，因此，利用系统调试或实际运行中实测的数据对泵管阀系统水力模拟进行校正不仅可以提高计算的精度，还可以为泵站实际运行条件的变化（如管线糙率）进行监测。

下面以一泵站掉电全停泵案例就极端工况校验进行说明。

贵州省某水库内的取水泵站到其出水池的水平为距离为586m，采用3台长轴深井泵（2工作1备用），水泵设计扬程为218m，单泵流量460m³/h。水泵出水支管为*DN*300钢管；泵站输水总管管径为*DN*600，其中前段327m为钢管，后段为球墨铸铁管。

在泵站全停泵试验开始前，使用水力模拟软件对稳态运行的初始工况进行模拟，将实测结果和模拟结果进行比较，确定稳态模型的准确性。实际测试完成后对水力模拟进行校核，以与实测结果相匹配。按需输水时（两台泵全开），泵站总输水量为920m³/h。水泵出口压力为1.913MPa，沿程水头损失2.7m，主管道实际运行水流流速为1.09m/s。水泵启动运行后止回阀出口压力的模拟结果和实际测量结果分别见图6.3-1和图6.3-2。可以看出，水泵稳态运行时，实测的水泵出口压力波动幅度明显大于模拟分析值，而且实测的出口平均压力（1920kPa）也稍稍大于模拟分析的平均压力（1913kPa）。

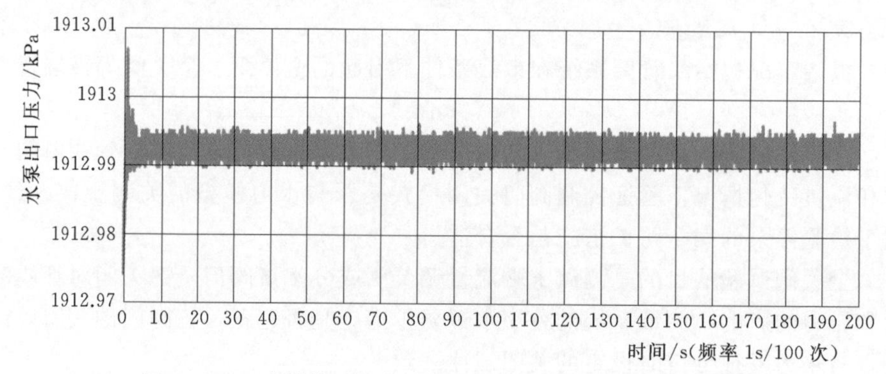

图6.3-1　贵州某泵站水泵启动后止回阀出口压力模拟结果

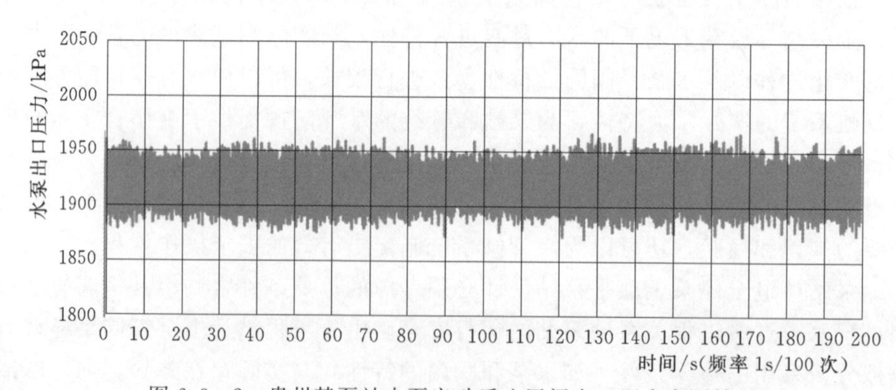

图6.3-2　贵州某泵站水泵启动后止回阀出口压力实测结果

对泵站两台工作泵进行全停泵水锤数值模拟分析，分析结果表明管线全线水锤增压较小，且波幅平稳，管线后半段部分管段中存在负压，最小压力为

—1.2mH_2O，止回阀后产生的最大压力为 2.21MPa，为稳态水泵出口压力的 1.15 倍，水锤增压未超过水泵额定扬程的 1.5 倍，满足设计要求。模拟分析获得的水泵出口止回阀后的压力变化见图 6.3-3。

在泵站运行时进行断电停泵试验，利用泵站已有的检测设备和本试验准备的高频压力传感器及数据采集仪对水泵出口止回阀（多功能水泵控制阀）后的压力进行监测，实测的水泵出口止回阀后的压力变化见图 6.3-3。

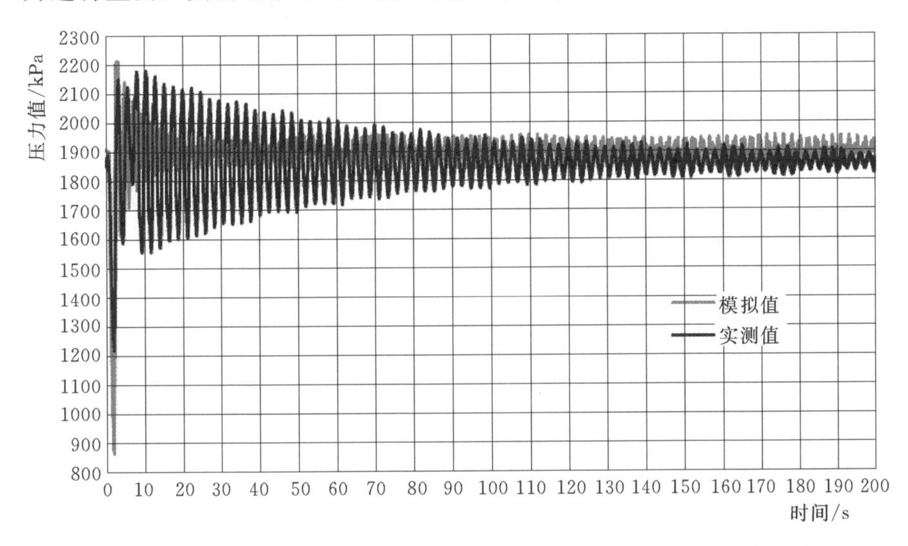

图 6.3-3 贵州某泵站全停泵后止回阀出口压力模拟分析和实测结果对比

根据现场测试，停泵后多功能水泵控制阀后压力峰值为 2.2MPa，与模拟计算值 2.21MPa 几乎相当，实测的阀后最小压力为 1.2MPa，明显大于模拟计算值 0.86 MPa。对比模拟分析和实测的压力变化过程，可以看出，模拟分析得到的阀后水锤压力衰减很快（断电后约 20s 接近稳态压力），实测的水锤压力衰减则慢得多（断电后约 170s 接近稳态压力）。

总体上分析，根据水力模拟数值分析的压力极值比实测结果更恶劣些，设计采用数值模拟分析结果可使工程的安全裕度更大一些。由于泵管阀系统的边界条件较多，实测的水力过渡过程结果是各边界条件发生变化后的综合体现，因此，实际系统的调试和运行中应根据边界条件的特点分别进行相关测试，掌握各边界条件对水力模拟分析的影响程度，为进一步完善水力模拟、提高模拟计算精度奠定基础。

3. 控制系统验证

根据分布式控制系统搭建的网络、节点以及执行机构等，从数据、策略、控制效果以及异常告警等方面进行逐步检查和验证。具体来讲，对数据库采集的数据采集频率、采集条目、存储数据库、上传频率、上传标记、上传条目，对控制策略专家库的同步条目及其一致性、下达条目及其一致性、控制策略分解结果、最终的执行结果及其反馈和异常告警等各个环节进行检查和验证。其中，控制结果与控制策略一致性最为关键，检查分为以下三步：

第一步，软件及程序完成开发后，通过软件和执行机构程序的模拟验证系统响应的速度和结果，在数据流层面，根据信号输入、信号输出、策略执行（尤其是 PID 控制）以及结果反馈等过程，检查、核对各路 AI/AO/DI/DO 的信号和频率。

第二步，实际安装后，在充水前通过信号模拟器模拟监测数据来实现控制策略的制定和结果比对，比如利用分水口压力变送器无压来模拟爆管，对阀门的关闭执行结果进行验证，对整个系统功能的准确性、响应速度等进行验证。

第三步，试运行阶段，也是系统验证最重要的阶段，通过实际工况测试，在验证水力组件功能、泵管阀系统设备操作规程的基础上，在保证管线安全的情况下验证响应的速度和功能性，通过一系列的控制模式、工况模拟的方式来验证，包括正常运行、分布式控制和紧急控制等方面的验证。系统正常运行采用安全启动模式，验证水泵启动到设计流量过程中水泵和各分水口阀门的动作过程，包括开启过程和顺序时间等；系统正常运行的安全关闭模式，当水泵正常停机时，验证分水口各阀门的关闭过程、自动控制下的设备操作规程是否符合程序设定的要求并达到安全标准。分布式控制模式是对典型的分布式控制场景的验证，比如对某分水口阀门关闭来验证水泵降频到停泵或其他分水口关阀控制策略的响应速度和控制效果进行验证。紧急控制是对极端工况和应急工况的验证，需要在大量的水力模拟仿真和系统基本运行数据的基础上进行验证。

值得注意的是，即使在正式运行前进行过多次的测试验证，并不能代表其系统性能的达标，还需在长期的运行过程中进行不断的监控和改善。

6.4　水锤自适应控制与防护

6.4.1　机械自适应控制

机械自适应控制是指基于物理学原理，不需要外力、仅依靠自身的物理特性和管道水力条件完成自适应的动作对水锤风险进行防护。

1. 离心泵的自适应调节

（1）相同水泵的串联运行。图 6.4-1 中，H_1-Q_1 是单台水泵的扬程与流量特性曲线，H_2-Q_2 是两台水泵串联工作时的合成特性曲线，它是在同一流量下两台水泵相应扬程相加得到的。R 是装置特性曲线，单台水泵运转时工作点为 A，两台泵串联时工况点为 B，而此时两泵各自的运行点在 C 点。

由图 6.4-1 可知，2 台泵串联运行时扬程增加，其增加程度和装置特性曲线的形状有关，但小于单独运转时的 2 倍。串联运行后，单泵运行工况点的流量大于没串联时的运行流量。

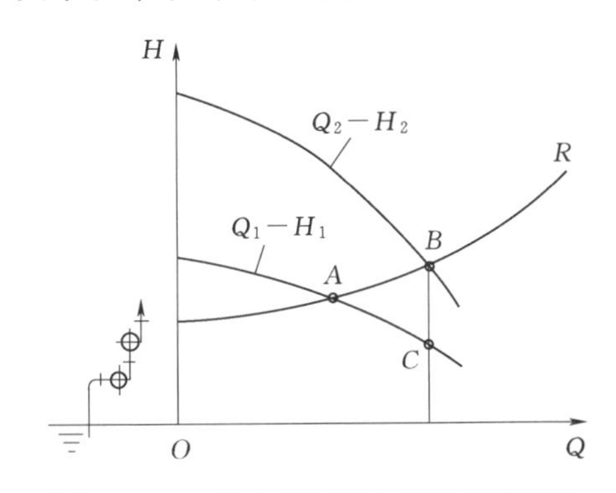

图 6.4-1 两台相同离心泵的串联运行

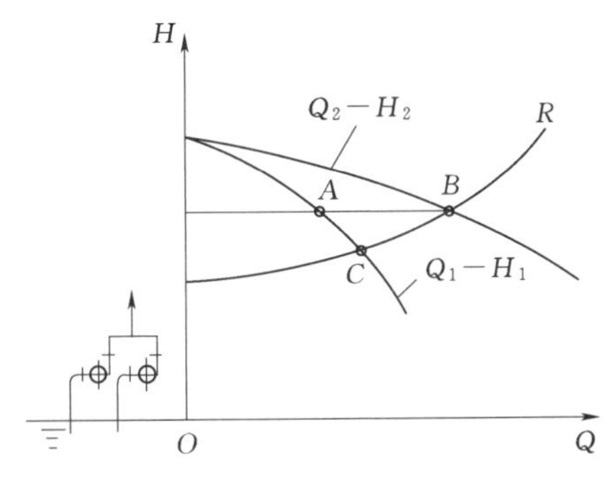

图 6.4-2 两台相同离心泵的并联运行

(2) 相同特性水泵的并联运行。图 6.4-2 中，H_1-Q_1 是单台水泵的特性曲线，H_2-Q_2 是两台泵并联合成的特性曲线，它是在相同扬程下 2 台水泵相应流量相加得到的。在同一装置特性曲线 R 上，一台泵单独运转时的工况点 C，合成工况点是 B，并联后 2 台水泵各自实际的运行工况点在点 A。一台泵运转时流量为 Q_C，2 台泵并联运转时，合成流量 Q_B，Q_B 小于 2 倍的 Q_C；并联运行后，单泵运行工况点的流量小于没并联时的运行流量。

(3) 两台不同特性水泵的串联运行。图 6.4-3 中 H_{I}、H_{II} 为两台离心泵单独运转时的特性曲线，H_{III} 是串联合成的特性曲线，R_1 和 R_2 是 2 条装置特性曲线。当装置特性曲线为 R_1 时，合成工况点为 A，2 台水泵的工况点分别为 A_1、A_2；如果装置特性曲线为 R_2 时，合成工况点 B，2 台水泵的工况点分别为 B_1、B_2。当阻力曲线在 R_2 以下时，其运转状态是不合理的。在 $Q>Q_B$ 时，2 台水泵合成的扬程小于泵Ⅱ的扬程，若泵Ⅱ作为串联工况的第二级，则泵Ⅰ变为泵Ⅱ吸入侧阻力，使泵Ⅱ吸入条件变坏，有可能发生空蚀；若把泵Ⅰ作为串联工况的第二级，则泵Ⅰ变为泵Ⅱ排出侧的阻力，消耗了一部分泵Ⅱ的扬程。

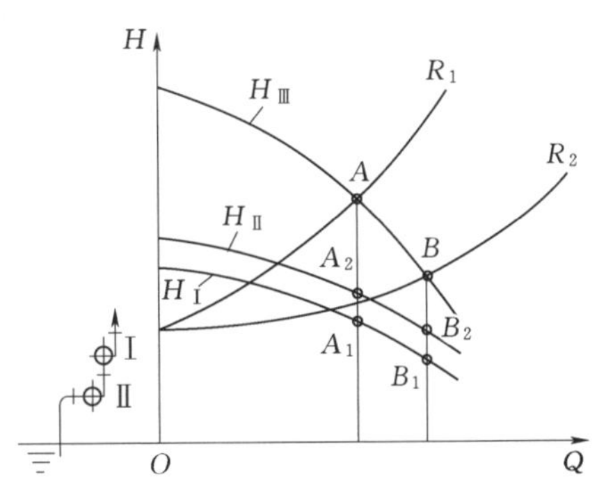

图 6.4-3 两台不同离心泵的串联运行

两台泵串联工作，第二级的压力增高，应注意校核轴封和壳体强度的可靠性，泵串联工作，应按照相同的流量分配扬程。

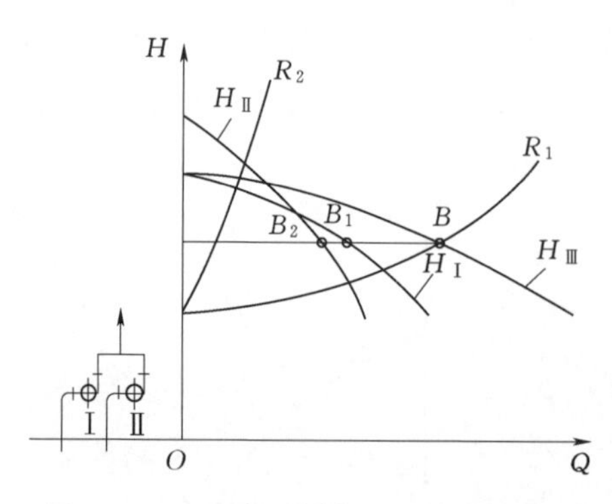

图6.4-4　两台不同离心泵的并联运行

(4) 两台不同特性水泵的并联运行。图6.4-4中$H_{Ⅰ}$、$H_{Ⅱ}$为两台泵单独运转时的特性曲线，$H_{Ⅲ}$是并联合成的特性曲线，R_1和R_2是2条装置特性曲线。当装置特性曲线为R_1时，合成工况点为B，实际2台泵的工况点分别为B_1、B_2点，其流量小于两台泵单独运行流量Q_{B1}和Q_{B2}之和。当装置特性曲线为R_2时，关死点扬程低的水泵Ⅰ在流量为0的工况下运转。这台泵消耗的功率使液体加热，有可能出现事故；如泵Ⅰ无逆止阀，水将通过泵Ⅰ倒流，使该泵反转，泵并联运行按照扬程相等分配流量。

(5) 单台水泵变频运行。单台水泵变频运行分析的关键，在于水泵进出口水位的高度差，也就是水泵的净扬程H_0。水泵的扬程只有大于净扬程时才能出水，因此，管网阻力曲线的起始点就是该净扬程，见图6.4-5。在图6.4-5中，额定工作点仍然为A，理想管网阻力曲线R_1与流量平方成正比。变频后的特性曲线F_2，工作点为B，变频运行实际工作点H_B与净扬程的差$\Delta H = H_B - H_0$为克服管网阻力达到所需流量Q_B时的附加扬程。图6.4-5中的工作点A为水泵额定工作点，满足水泵的额定扬程和额定流量，因此R_1成为理想的管网阻力曲线。但是由于实际管网阻力曲线不可能为理想曲线，因此实际的最大工作点会偏离A点。如果实际最大工作点向A点右下方偏移，则由于流量增加较大，容易造成水泵过载。因此实际额定工作点应该向A点左上方偏移，见图6.4-6。在图6.4-6中，在阀门全部打开，管网阻力曲线R_2为实际管网阻力曲线。变频器在50Hz下运行时的实际工作点为点C，实际最大流

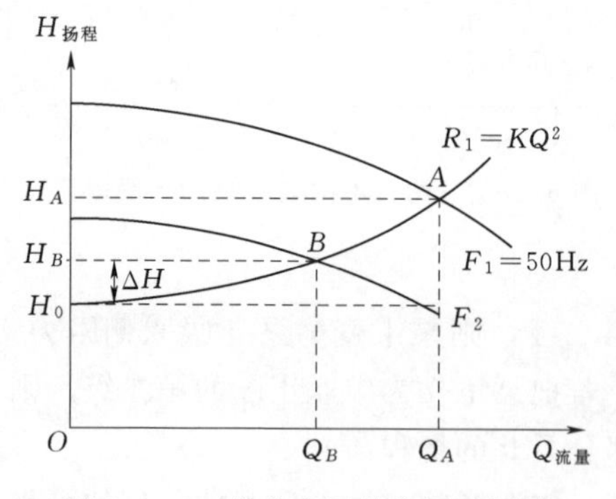

图6.4-5　单台水泵的变频运行图

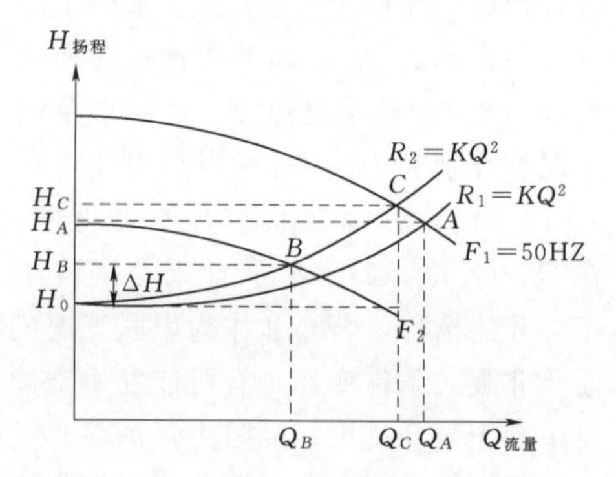

图6.4-6　单台水泵变频后的实际运行

量 Q_C 比水泵的额定流量 Q_A 小，最大流量时的扬程 H_C 比水泵实际额定扬程 H_A 高。实际工作点 C 的参数只能通过实际测试才能得出。当在变频器频率为 F_2 时水泵的特性曲线为 F_2，实际工作点为点 B。

(6) 变频水泵与工频水泵并联运行。变频泵与工频泵并联运行时总的性能曲线，与两台流量不同的水泵并联运行时的情况非常类似，可以用相同的方法来分析，见图 6.4-7。图 6.4-7 中，F_1 为工频泵的性能曲线，即变频泵在 50Hz 下运行时的性能曲线，工频泵单泵运行时的工作点 A_1；F_2 为变频泵在频率 F_2 时的性能曲线，变频泵在频率 F_2 单独运行时的工作点 B_1；F_3 为变频和工频水泵并联运行的合成性能曲线，工作点 C，扬程为 H_C，流量为 $Q_C=Q_{A2}+Q_{B2}$。

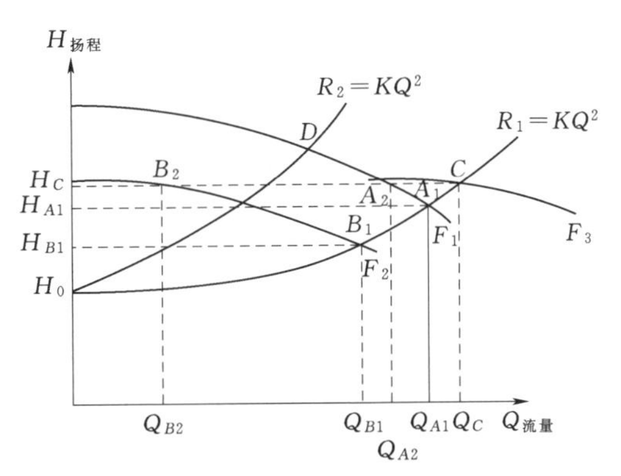

图 6.4-7　变频水泵和工频水泵的并联运行

变频泵与工频泵并联运行时的特点：

1) F_2 不仅仅是一条曲线，而是 F_1 性能曲线下方偏左的一系列曲线族。F_3 也不仅仅是一条曲线，而是在 F_1 性能曲线右方偏上的一系列曲线族。

2) F_2 变化时，F_3 也随着变化。工作点 C 也跟着变化。因此变频泵的扬程 H_{B2}、流量 Q_{B2}，工频泵扬程 H_{A2}、流量 Q_{A2}，以及总的扬程 $H_C=H_{B2}=H_{A2}$，和总流量 $Q_C=Q_{A2}+Q_{B2}$ 都会随着频率 F_2 的变化而变化。

3) 随着变频泵频率 F_2 的降低，变频泵的扬程逐渐降低，变频泵流量 Q_{B2} 快速减少；工作点 C 的扬程也随着降低，使总的流量 Q_C 减少；因此工频泵的扬程也降低，使工频泵流量 Q_{A2} 反而略有增加，此时要警惕工频泵过载。

2. 多功能水泵控制阀

多功能水泵控制阀用于流体加压输送系统中，融电动阀、止回阀和水锤消除器三种设备的功能于一体，能有效地提高泵管阀系统的安全可靠性。多功能水泵控制阀具有速闭、缓闭以及吸能腔三种消除水锤措施，而且动作完全连锁，不会产生误动作；当水泵启停时，巧妙地利用阀门前后介质的压力变化作为控制动力，无须操作控制，使阀门自动按预定的要求进行动作；阀门动作不受水泵扬程及流量变化的影响，适应范围广，使用寿命长。

多功能水泵控制阀由主阀和外装附件组成，主阀由阀体、膜片、阀杆组件、阀盖、主阀板、缓闭阀板、膜片座等主要零件组成，外装附件主要有控制阀、过滤器、排气阀、微止回阀，其中微止回阀是特制配件，在其止回方向设有限流孔。多功能水泵控制阀典型结构如图6.4-8所示，启闭过程如图6.4-9所示。

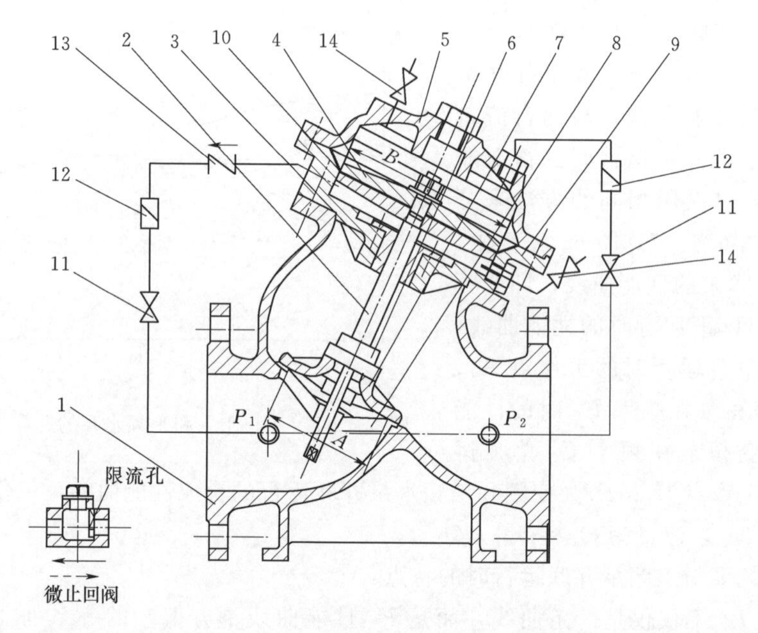

图6.4-8　多功能水泵控制阀结构示意图

1—阀体；2—阀杆；3—密封圈；4—膜片压板；5—阀盖；6—缓闭阀板；7—主阀板；8—主阀板座；9—膜片座；10—膜片；11—控制阀；12—过滤器；13—微止回阀；14—排空阀

3. 多功能斜板阀

多功能斜板阀是一种用于水泵出口控制的斜板式止回阀，采用直线流道、低流阻节能、膜片式自动控制和水锤吸纳器结构，具有闭闸轻载启泵、零流速快关、可调缓闭消减水锤压力、自适应水泵工况、全自动运行、流阻系数小、基本免维护等特性的新型水泵控制阀产品。多功能斜板阀的主阀板系利用重力自闭，故应使其主阀板的阀轴呈水平状态安装，不可立装。

多功能斜板阀主要由左右阀体、大阀板组件、小阀板组件、阀座、密封圈、左右阀轴、左右端盖、膜片控制机构、开度指示机构等组成，见图6.4-10。

左右阀体通过斜法兰连接，圆锥形的阀座密封面位于左右阀体的连接处，一般与水流方向成55°夹角。大阀板为偏心设计，其轴孔位于阀板直径的1/3处，通过阀轴悬挂在左阀体上的轴孔上，偏置的重心使阀板能从开启的任何角度回落、与阀座接触实现密封。大阀板上开有一个泄流孔，泄流孔面积满足最

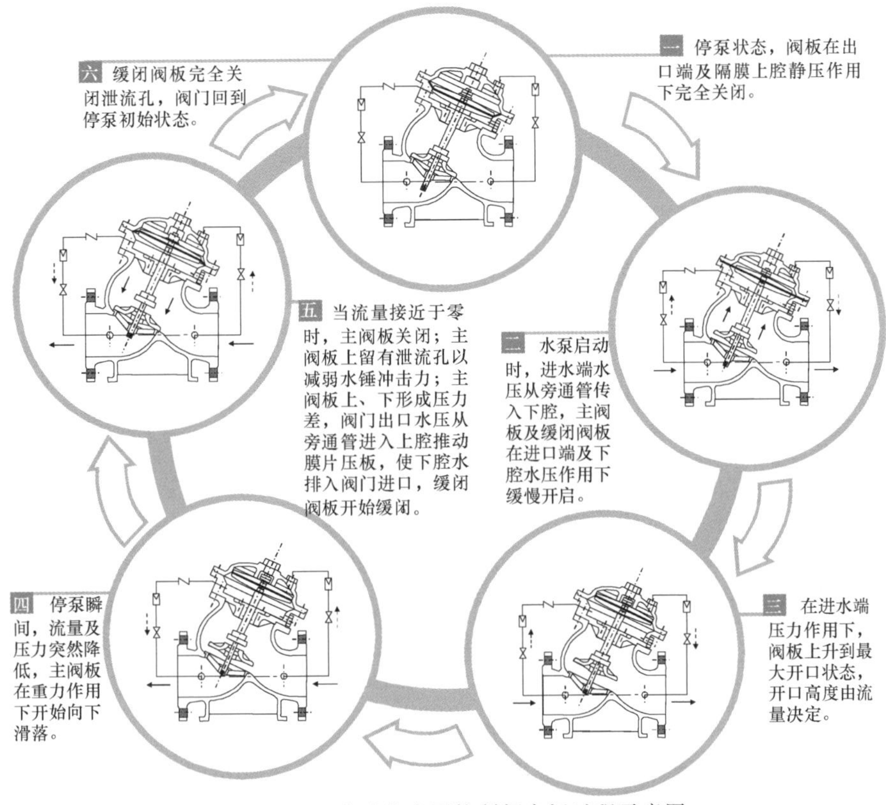

图 6.4-9　多功能水泵控制阀启闭过程示意图

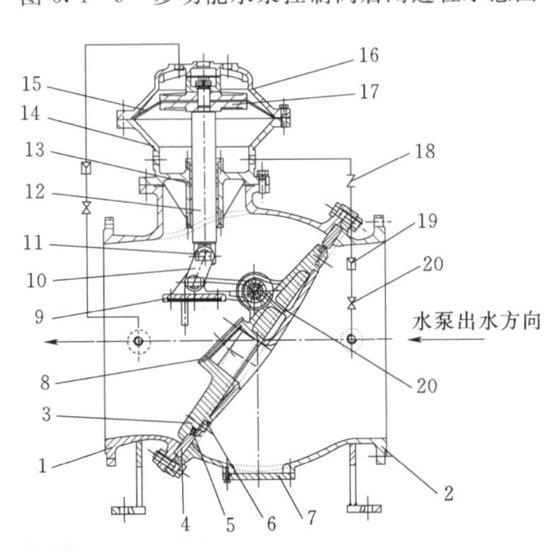

图 6.4-10　多功能斜板阀结构示意图

1—左阀体；2—右阀体；3—大阀板；4—阀座密封圈；5—阀板密封圈；6—压圈；7—封盖；8—阀板密封座；9—小阀板组件；10—链板组件；11—锁紧卡块；12—阀杆；13—阀杆衬套；14—膜片座；15—膜片；16—阀盖；17—膜片压板；18—微止回阀；19—过滤器；20—调节阀

优的停泵水锤压力消减效果，受膜片控制机构驱动的滑块控制小阀板在膜片室上、下腔水压差作用下绕安装在大阀板上的销轴旋转升降，开启或关闭泄流孔。

当水泵启动时，泵出口压力逐渐上升，此时斜板阀的大、小阀板在阀后背压及膜片上腔背压的联合作用下，保持关阀状态。当水泵转速上升、出口压力升高时，大阀板受正向水流推力的作用，克服背压开始开启，此时膜片下腔充水、上腔排水。通过控制膜片上、下腔充排水的速度可以控制大阀板的开启速度。这种结构实现了水泵闭闸轻载启动，可大幅减少水泵电机的启动电流。

在水泵正常运行时，大、小阀板处于最大开启位置，大阀板设计为流线型结构，水力损失小。大阀板只需很小的水流推力即可保持最大开度，且在其最大开度位置时被限位块限制，使大阀板不会随水流扰动而产生震颤。小阀板通过阀杆受膜片控制机构的完全控制，在阀门开启后，膜片在上、下腔水压差的作用下始终处于最高位置，因此小阀板也不会因水流扰动而摆动。整个阀门的关闭件在阀门开启后均不会因水流的扰动而抖动。

当水泵停机时（包括意外失电），正向水流流速逐步下降，大阀板所受水流推力也下降，其开度随之变小。当正向水流趋近于零流速时，在逆流发生前大阀板落回到关闭位置，截断95%以上的通流面积，留下不到5%的通流面积让逆流通过，防止停泵时产生的直接锤击；通过调节膜片室上、下腔的充排水速度，可以控制小阀板关闭泄流孔的时间（该时间大于水锤波在管路中往复传递的时间），从而消除管路的间接水锤。小阀板关闭后，阀门完成关阀。

4. 轴流式止回阀

轴流式止回阀也称静音式止回阀、速闭式止回阀、快关式止回阀，内部水流通道采用流线型设计，具有关闭快速、防止流体倒流、关闭振动小且噪声低、水力损失小、可降低管道水锤等特点。根据阀瓣开关操作结构的不同，轴流式止回阀分圆盘式、环盘式两种形式。轴流式止回阀主要由阀体、阀座、导流体、阀瓣、弹片弹簧、轴承等主要零部件组成，见图6.4-11。

轴流式止回阀开关行程短，特别是大口径阀的相对行程更短，可以实现快速关闭，阀瓣关闭时几乎无撞击，机械振动小、噪声低。轴流式止回阀的关闭完全伴随着流体的反向流动，短行程保证了阀瓣快速动态响应，并将通过阀门的反向流速降到最低，不仅可预防水锤发生，还可防止由于流体的倒流造成转动设备的破坏。

当水泵启动时，泵出口压力逐渐上升，当作用在阀瓣进口侧的水压力超过出口侧的水压力与弹簧施加的压力之和时，阀瓣开启，水流通过阀门流出、流速增大，当水流速度超过一定值后，阀瓣完全打开。当水泵机组掉电后，泵出口压力和流速逐渐降低，当水流速度低于一定值后，阀瓣在弹簧施加的压力作

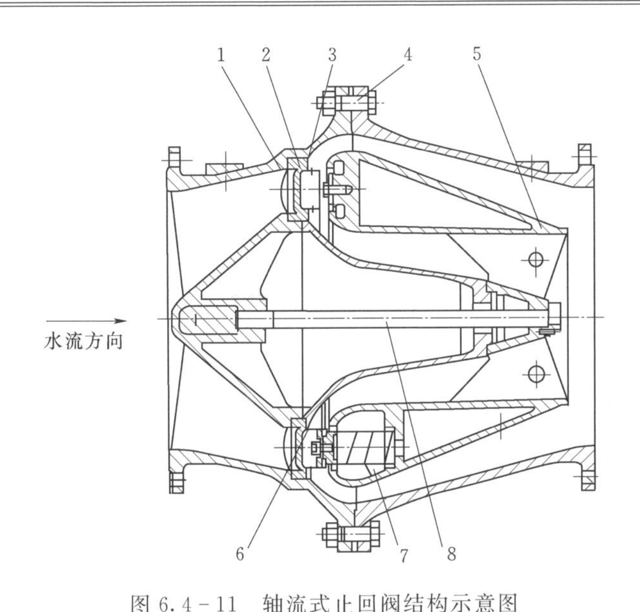

图 6.4-11 轴流式止回阀结构示意图

1—阀体；2—阀座；3—阀瓣；4—螺栓；5—导流体；6—导流体座；7—弹簧；8—螺栓

用下开始关闭，当水流速度进一步降低至接近于0时，阀瓣在弹簧压力作用下完全关闭，截断水流。阀瓣全开、全关时的水流速度均受弹簧施加的压力控制，一般而言，阀瓣全开时的流速为1.0～1.2m/s，阀瓣全关时的流速为0.1～0.2m/s。

5. 防水锤空气阀

防水锤空气阀是具有高速排气、防水锤节流排气、微量排气及高速吸气等多种功能的新型空气阀，应用于给排水管线上，用于提高输水效率、保护管线运行的安全。防水锤空气阀应安装在水泵出水管或管线的局部高点，在管线充水时高速排气、充水过快时节流排气，水流满管时持续微量排气，管道放空时高速吸气、破坏真空防止管道形成过大负压。

防水锤空气阀由阀体、护筒、浮球、微排阀座、滑动体、密封圈、阀盖、节流塞、节流筒、导向螺杆、密封板、防护罩和连接件组成，见图6.4-12。阀体、护筒、浮球、滑动体、密封圈和阀盖组成高速进排气装置；浮球、微排阀座和滑动体组成微量排气装置；节流筒、节流塞、导向螺杆和密封板组成高速排气节流装置。

防水锤空气阀工作原理为：

(1) 初始状态时，带配重的浮球位于护筒底部，其密封面始终朝上，且与微排阀座的密封面接触，通过微排阀座支撑起滑动体。节流塞位于节流筒的底部，节流筒与节流塞之间的排气通道为最大通流面积状态。

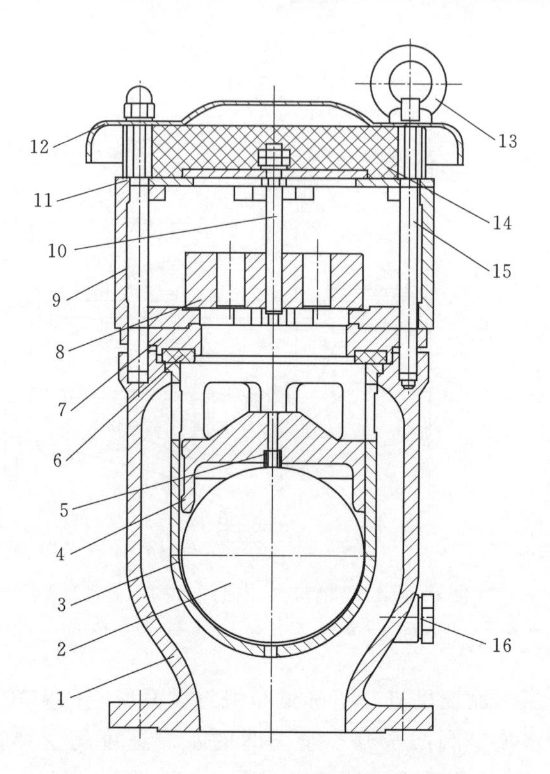

图 6.4-12　防水锤空气阀结构示意图

1—阀体；2—浮球；3—护筒；4—滑动体；5—微排阀座；6—阀座密封圈；7—阀盖；8—节流塞；9—节流筒；10—导向螺杆；11—密封板；12—防护罩；13—吊环螺母；14—防护网；15—连接螺杆；16—放气螺塞

(2) 当管线充水时，高速气流通过阀体下部入口进入阀体，沿阀体与护筒之间的环形通道进入到阀体上部，再通过护筒窗口、阀盖孔、节流塞和节流筒之间的通道、密封板、防护罩，排入大气；高速排出的气流基本不直接吹向浮球和滑动体，故高速排气时不会发生吹堵现象，在高速排气压差低于设定值前，节流塞保持不动。

(3) 当充水速度过快，排气压差增大到设定值时，节流塞被气流吹起，封堵节流筒的排气口，只留下节流塞上的数个小排气口排气。此时排气面积减少（减少约80%以上）使排气量下降，在管路中被截留的部分空气将形成缓冲气囊，减缓充水速度，消减水柱弥合能量，防止充水过快产生水锤。但此时节流塞的排气仍在继续，空气阀并未关闭，故不会造成空气阀关阀水锤。

(4) 当管中水体充满，水位上升进入阀体淹没浮球和滑动体时，浮球和滑动体（均比水轻）将上浮，滑动体的密封面与橡胶密封阀座接触形成高速排气口的密封，浮球密封面与微排阀座接触形成微排孔的密封，阀门关闭，水和气体均不能通过阀门排出，此时节流塞因无排气压差支撑而下落到节流筒底部，排气节流装置回到初始位置。

(5) 压力管线运行时，当管线中有气体未排净或析出时，将聚集到安装在管路局部高点的防水锤空气阀内。当此处积聚的气体增加，气压上升大于此处水的压力时，此气压一方面将滑动体顶住使高速排气口继续保持密封状态，另一方面将迫使淹没浮球的水位下降，浮球随之下落打开微量排气口，微排阀座开始微量排气。随着微量排气的进行，集聚此处的气压随之下降，水位上升，浮球随水位上升又封住微排阀座。故微排阀座可使气体通过微排阀座排出，但水却不能排出，实现了有气即排、排完即关、间隔排气、只排气不排水等功能，可最大限度排尽管线中出现的气体。

(6) 当管线因停泵、泄水排空而出现负压时，水位下降，外界空气压力大于管线内水压，滑动体和浮球下落，高速进排气口打开，可以立即大量吸入外界空气而消除管线真空。滑动体采用超高分子量聚乙烯材料，密封表面光滑且永不生锈，与橡胶密封圈形成平面密封，不会因长时间密封而发生黏合现象，因此在出现负压时能与密封面瞬间脱离。

6. 水锤预防阀

水锤预防阀用于供水和输水系统，可对压力波快速反应和快速释放，防止压力急剧增高或降低而损坏压力管线及设备，确保系统安全不超压。水锤预防阀可准确地保持不变的安全稳定压力，一旦超压或压力降到设定值以下，泄压阀能充分打开及时排水、泄压，反应速度快，响应时间短，灵敏度高；关闭速度可调，可消除关阀时的压力波动。

水锤预防阀是由主阀和高压设定先导阀、电接点压力表、电磁阀、控制箱及其他外装附件组成，其主阀由阀体组件、膜片、阀杆组件、主阀板组件、膜片座、阀盖等组成，见图 6.4-13。水锤预防阀通过外装附件及高压先导阀实现在管路低于设定值或高于设定值时压力泄放，其工作原理为：

(1) 管道压力超过高压设定值。进口压力的变化反馈到高压设定先导阀上，由高压设定先导阀来控制主阀板的启闭，使管路中的压力能保持安全稳定的状态，一旦超压，能及时泄压。

当管路中的压力超过高压设定先导阀的设定值时，进口压力水从控制管进入高压设定先导阀膜片下腔内，使其压力增高，推动高压设定先导阀阀杆上移，高压设定先导阀阀板打开，主阀控制室上腔的水从高压设定先导阀和控制管排泄，在进口压力水的作用下，主阀板打开。

当管路中的压力下降至低于设定值时，高压设定先导阀膜片下腔的压力降低，高压设定先导阀阀杆下移，使其阀板关闭，使从控制管进入高压设定先导阀再到主阀控制室上腔的水的压力增高，在上腔水压作用下主阀板关闭。

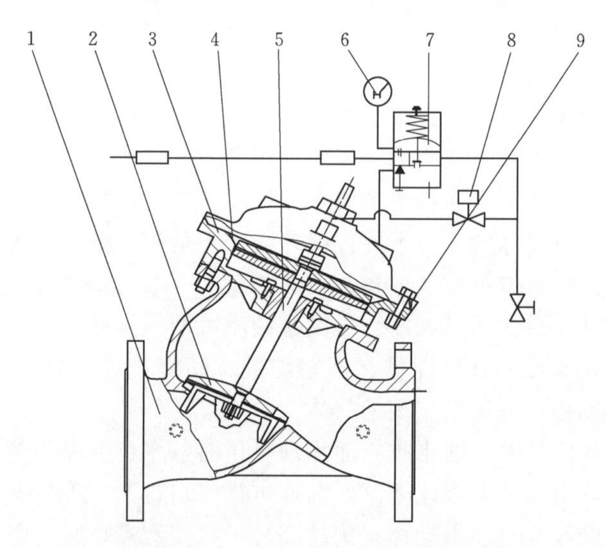

图 6.4-13　水锤预防阀结构示意图

1—阀体；2—阀板；3—膜片座；4—膜片；5—阀杆；6—压力表；7—先导阀；8—电磁阀；9—阀盖

(2) 管道压力低于低压设定值。电气控制系统实时对压力传感器信号进行检测，当检测到进口压力小于或等于低压设定值时，系统自动驱动电磁阀通电，主阀控制室上腔的水从电磁阀上排出，在进口压力水的作用下，主阀板打开。当电磁阀通电时间达到预设时间时（电磁阀的通电时间可通过电气控制系统程序延时进行设定），系统切断电磁阀电源，电磁阀关闭。主阀控制室上腔的压力水的压力增高，在上腔水压作用下主阀板关闭。

7. 持压泄压阀

持压泄压阀用于供水和输水系统，可对压力波快速反应和快速释放，防止压力急剧增高或降低而损坏管线及设备，特别适用于输水管路系统，确保系统安全不超压。

持压泄压阀是由主阀和高压设定先导阀、低压设定先导阀及其他外装附件组成，其主阀由阀体组件、膜片、阀杆组件、主阀板组件、膜片座、阀盖等组成，见图 6.4-14。持压泄压阀通过外装附件及高压设定阀和低压设定阀实现在管路低于设定值或高于设定值时压力泄放。

其工作原理为：

(1) 管道压力超过高压设定值。进口压力的变化反馈到高压设定先导阀上，由高压设定先导阀来控制主阀板的启闭，使管路中的压力能保持安全稳定的状态，一旦超压，能及时泄压。

当管路中的压力超过高压设定先导阀的设定值时，进口压力水从控制管进

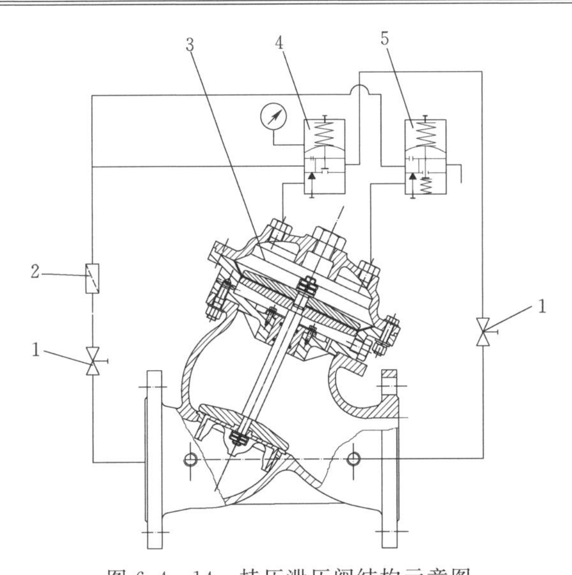

图 6.4-14 持压泄压阀结构示意图

1—调节阀；2—过滤器；3—主阀；4—高压设定先导阀；5—低压设定先导阀

入高压设定先导阀膜片下腔内，使其压力增高，推动高压设定先导阀阀杆上移，高压设定先导阀阀板打开，主阀控制室上腔的水从高压设定先导阀和控制管排泄，在进口压力水的作用下，主阀板打开。

当管路中的压力下降至低于设定值时，高压设定先导阀膜片下腔的压力降低，高压设定先导阀阀杆下移，使其阀板关闭。从而导致从控制管进入高压设定先导阀再到主阀控制室上腔的水的压力增高，在上腔水压作用下主阀板关闭。

(2) 管道压力低于低压设定值。进口压力的变化反馈到低压设定先导阀上，由低压设定导阀来控制主阀板的启闭，使管路中的压力能保持安全稳定的状态，一旦低压超压，能及时泄压。

当管路中的压力低于低压设定先导阀的设定值时，低压设定先导阀膜片下腔的压力降低，低压设定先导阀阀杆下移，低压设定先导阀阀板打开，主阀控制室上腔的水从低压设定导阀和控制管排泄，在进口压力水的作用下，主阀板打开。

当管路中的压力上升至高于设定值时，低压设定先导阀膜片下腔的压力升高，低压设定先导阀阀杆上移，回位弹簧使其阀板关闭。从而导致从控制管进入低压设定先导阀再到主阀控制室上腔的压力水的压力增高，在上腔水压作用下主阀板关闭。

8. 爆管紧急切断阀

爆管紧急切断阀是当发生管道破损时，将重要蓄水的流失以及随之而产生的二次灾害的影响控制在最小限度的阀门，安装于各类压力流给排水管路中，作为管道工程的安全配套装置。流速检测机构自动检测管道破损时的异常流速，通过与阀体直接连接的重锤迅速、及时地切断。爆管紧急切断阀主要结构如图6.4-15所示。

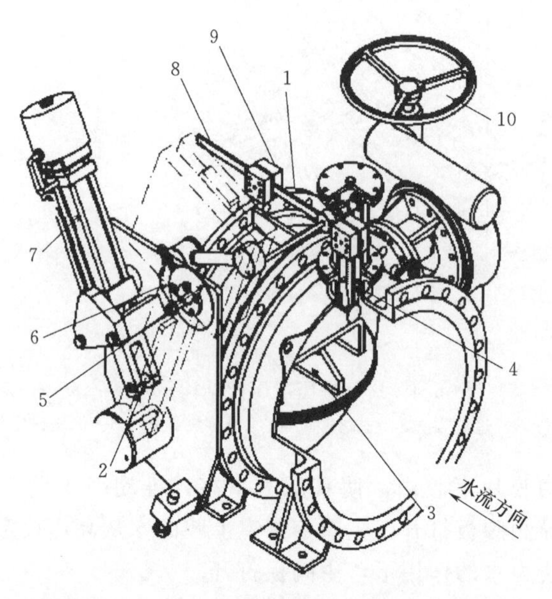

图6.4-15　爆管紧急切断阀结构示意图

1—阀体；2—阀轴；3—阀板；4—流速检测板；5—重锤保持机构；6—固定销轴；7—缓冲油缸；8—调节杠杆；9— 调节滑块；10—手动涡轮箱

爆管紧急切断阀一般采用蝶阀形式，以重锤的重力势能驱动关阀，不需要压力油源，节省电能。阀门全开后，重锤被锁定，举起的重锤不下掉，阀板保持在全开位置不抖动；阀门的流速检测机构为纯机械式，无须外部提供电能；设置缓冲油缸，阀门关闭时间可调，可以有效抑制紧急切断时产生的水锤；移动调节杠杆上的滑块，就可以在不停水的状态下变更切断设定流速，以适应不同的流速工况；爆管事故发生时，检测机构感应到流速变化，触发阀门快速关闭，及时防止恶性事故的发生。

9. 调压罐

调压罐是内部有一定量压缩空气的金属水罐装置，它直接安装在水泵出口附近的管路上，如图6.4-16所示。调压罐消减停泵水锤升降压的原理是：当管道发生水锤压力升高时，原压缩的空气被再度压缩，起到气垫消能作用；当管内压力降低甚至可能发生水柱分离时，罐内被压缩的空气膨胀使罐中的水注入管道中，因而有效地消减了水锤的危害。

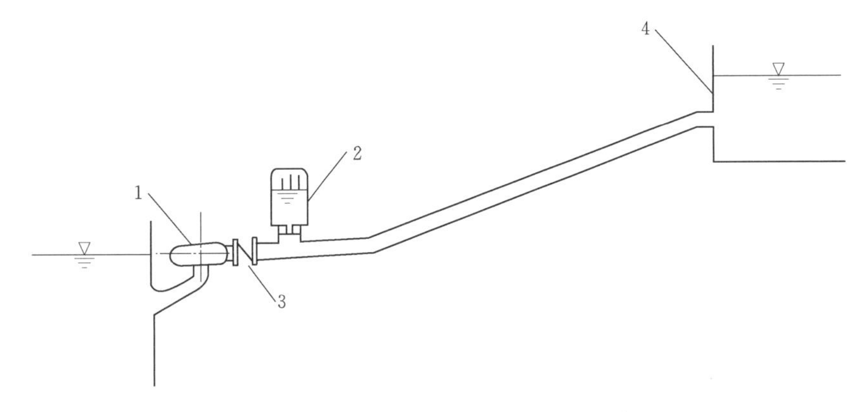

图 6.4-16 调压罐在泵管阀系统中的布置

1—水泵；2—调压罐；3—止回阀；4—水池

目前，调压罐常采用充气分离型空气罐（见图 6.4-17），罐内空气是通过人工合成材料制成的橡胶气囊间接地与水相接触，这种富有弹性的气囊能有效地吸收或抑制输水管路中发生的各类水锤。气囊中一般充入惰性气体以延缓橡胶的老化，充存压力一般为水泵出口正常压力的 90%左右。调压罐顶部设有可向气囊充气的气门装置，底部设有常开的阀板或固定的多孔板，用以防止管路中压力过低时，橡胶气囊自底部管口压出而破坏。

当水泵正常工作时，管路中压力水可通过罐底常开的阀板进入空气罐内，气囊在水中呈起浮状态。当管路中压力突然急降时，气囊膨胀将容器内的水体压入管路低压段，起到补水稳压作用；同样，当反射回来的正压波到达时，气囊压缩起到气垫消能作用，使升压过程大大缓和。

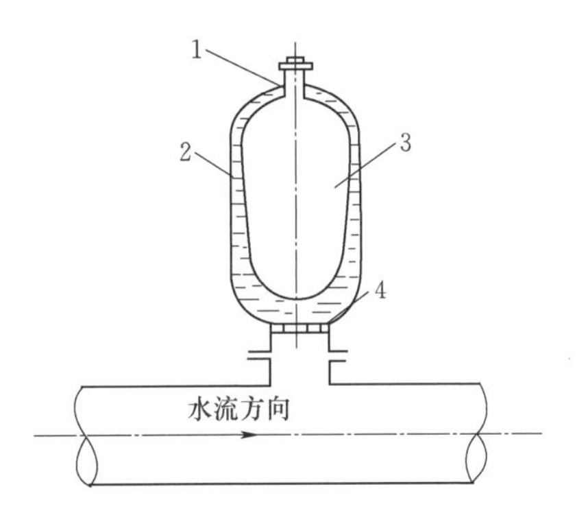

图 6.4-17 充气分离型调压罐结构示意图

1—充气装置；2—钢罐；3—人造橡胶气囊；4—阻力嵌板

6.4.2 策略自适应控制

策略自适应控制是基于水力模拟计算引擎、智能阀门、感知设备、分布式控制以及泵管阀安全管控系统等的集成智能控制方案。在长距调水工程中，通常有泵站、水池/水库、分水口以及退水口等设施，如图 6.4-18 所示，部署着自适应设备、智能设备和感知设备等，泵管阀系统安全策略自适应控制以水力模拟计算和 MFA 控制算法构成安全防护策略的核心，通过智能 RTU 为核心的分布式控制来实现监测数据、控制参数和控制策略的传递、执行和更新。泵管阀系统安全策略自适应控制系统结构如图6.4-19所示。

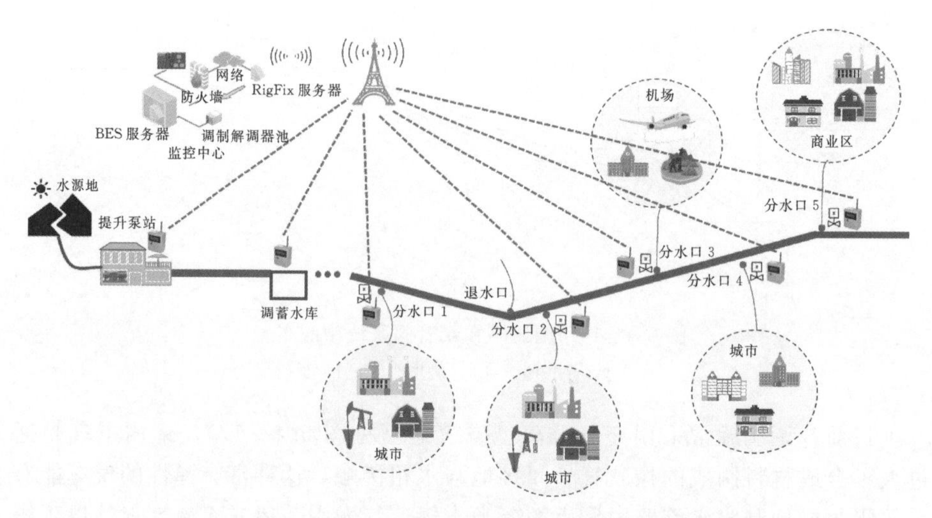

图6.4-18 典型泵管阀系统线路与信息采集示意图

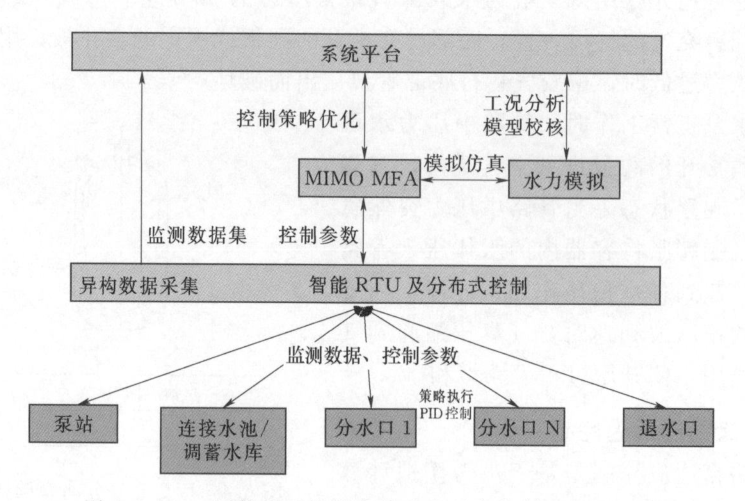

图6.4-19 泵管阀系统安全策略自适应控制系统结构图

在泵管阀系统安全策略自适应控制系统的上层平台系统中，部署了水力模拟专家系统和基于MFA的控制算法引擎，在长距离调水工程日常运行时由底层设备的PID控制为主，在断网、断电以及极端工况下，由分布式控制系统通过策略控制来完成。在这个过程中，当来自管线系统的监测数据，识别出紧急控制的触发条件，分布式控制系统通过策略解耦技术，对各点水力组件（如泵站、阀室、水池/水库等）进行控制，在完成操作后，系统依据管线监测数据对控制结果进行确认，若MFA在偏微分分析中的操纵变量和被控变量存在差异时，MFA将再次将纠正变量的控制参数下发给智能RTU进行再控制，并同时将模拟策略（操纵变量）传给水力模拟进行仿真计算，确认策略结果（被控变量）的安全性。若因为管线系统（模型边界条件）发生变化使控制结果仍然存在差异时，上层平台系统会接收到监测数据和MFA的请求，上层平台通过大数据分析，结合基于异构数据集和知识库，挖掘获取水力模拟边界条件的实际变量，重新组织边界条件并对模型进行校核，通过往复的执行，并在对水力模拟、控制策略不断校核的过程中，不断更新策略专家库并下发更新策略给智能RTU，在调节、维护管线等特殊工况下获得更加及时和精确的控制，来保障长距离调水工程运行的安全性。

6.4.3　分布式控制

长距离调水工程对管线系统的操作和控制，数据上传频率和平台反应在实际过程中都可能有滞后，流体力学中的控制都是多被控变量和多操纵变量，其耦合性非常强，单点作用对整个系统都是有影响的，传统的总控方式对多约束和多控制的领域应用效果不佳。管线上极端事故的发生往往就在一瞬间，因此对其响应速度、策略控制以及结果反馈等过程有着更高的时间、精度要求，对于多个泵站、分水口、调蓄水库/水池等位置的联合控制，根据控制策略和实时采集的参数，对两个或多个设备（加压水泵、阀门等）的联合控制需由分布式控制基于MFA的控制算法在物联网级的策略解耦技术来实现。典型的应用场景有基于智能流量调节阀对重力流系统分水口流量的控制，基于智能液控球（蝶）阀对泵加压系统的联合控制，以及其他如泵站、水库、分水口等更大范围的所有设备的联合控制。分布式控制分以下三种工况进行控制：

（1）正常运行工况控制。正常运行工况由设备的总线控制或PLC控制方式，通过预置的PID控制程序（来源于控制策略专家库）来控制，如流量调节阀根据设定的流量或压力控制范围，作为PID的控制目标实现正常工况的运行。

（2）极端工况控制。极端工况下，当智能RTU对运行参数采集、分析后识别到全关阀、全停泵或水锤爆管等极端工况的触发条件，根据控制策略专家库适配控制策略，上传系统平台后（可人工确认后下发），下发控制策略至执行机构的PLC或控制总线来执行。

（3）应急工况控制。应急防护控制是在断网断电、水锤事故已然发生等应急条件下为确保管线和设备的安全而采取的分布式控制方式，智能RTU作为物联网中的边缘节点，通过就地响应，结合当前工况和供水需求以相对安全的模式运行，并对已经发生的事故采取应急处理，通过设备防护和智能应急防护结合，避免次生灾害的发生并有效地减少损失。

1）断网、断电应急工况。在控制网络意外断开的情况下，由智能RTU对识别到的断网范围和层次信息，结合水资源配置的业务需求，以相对安全的模式继续运行，对所有可控的设备进行统一控制。

生产断电的情况下，智能RTU基于水力组件供电电源情况（如泵站机组、电动操作阀门等使用市政用电，部分低功耗的控制阀门通过智能RTU供电）进行综合判断，给出安全的运行策略。

2）水锤事故已然发生的应急工况。在水锤事故已然发生的情况下，为减少损失、防止发生次生灾害（如地质冲刷、农田和道路浸渍等），通过爆管紧急切断阀切断爆管位置前端的管线，或由智能RTU和上层平台的自动监测或由人工输入来识别水锤事故的发生，根据管线拓扑结构来远程关闭相关截断阀门，实现水锤事故的应急控制。

6.4.4　智能终端

在策略自适应控制和分布式控制的解决方案中，智能终端必不可少，主要原因有两个：一是物联网中的智能节点，具有数据采集、分析功能和决策功能，专家库和分析数据与系统平台保持同步，即智能RTU；二是底层的执行设备，采集自身的工作状态参数并进行异常识别，正常情况下实现自身的PID控制，并可接受上层不同的控制要求并完成执行，即智能设备，比如智能流量调节阀、智能空气阀、智能液控球（蝶）阀等。

1. 智能RTU

智能RTU具备独立存储、计算能力，内嵌linux操作系统，并部署应用软件和数据库，作为分布式控制物联网的边缘节点。智能RTU具有对泵管阀系统感知设备和控制设备的数据接收、分析、远传、供电管理以及策略控制或分布式控制的功能，支持模拟量、开关量、格式文件等类型和485、RJ45等接口类型的输入输出，支持GPRS/4G/NB-Iot等无线网络以及Modbus、TCP/IP、MQTT等接口和通信协议，并可向低功耗感知设备提供9V～30VDC供电。

智能RTU作为边缘计算节点，可分布式部署，实时监测泵管阀系统中的流量、压力、振动、噪声等参数以及来自全管线其他平台的监测数据，建立数据库，通过与水力模拟分析数据进行实时比对，提供预警阈值动态设定、调度策略优化、应急方案制定等功能；通过对设备产品特性、设备运行特性曲线等数据和对实时监测的设备运行数据的分析，实现设备健康状态实时监测、故障预警、趋势预测等功能。智能RTU工作流程如图6.4-20所示。

智能RTU可对泵管阀系统的运行安全、设备健康进行实时监测预警、应急处置、辅助决策、趋势预测，提升泵管阀系统的安全性、可靠性：

（1）初始数据阶段，同步了系统平台的专家库，由系统平台的水力模拟分

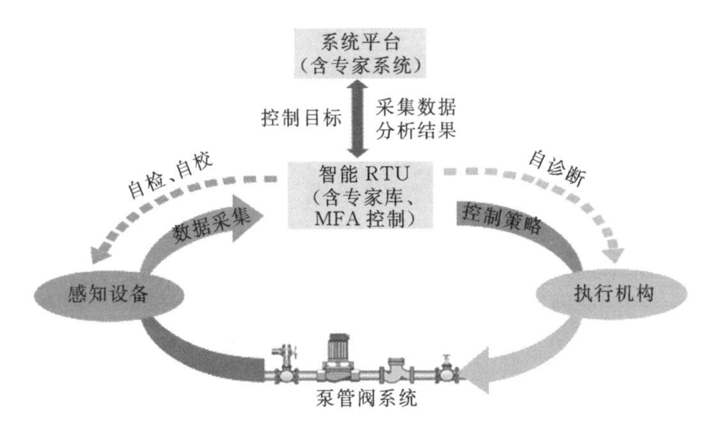

图6.4-20 泵管阀系统智能RTU工作流程图

析稳态和瞬态过程，得到系统的运行参数阈值，以及正常运行工况、极端工况的控制策略和应急工况的安全运行模式等数据。在系统运行过程中，不断同步和更新上层平台的仿真数据。

（2）采集处理阶段，智能RTU采集、汇聚、存储、处理、传输系统的运行参数和设备特性参数，结合水力模拟稳态和暂态仿真参数阈值和水力组件特性，对管线、设备进行自检、自校、自诊断，同时作为物联网边缘节点实现主从交互，对其他智能RTU的数据进行同步、综合处理和应用。

（3）控制决策阶段，智能RTU将数据采集处理阶段完成的自诊断或系统平台完成的管线运行状态监测、预警结果，针对性地在专家库中适配合理的控制策略并将策略下达给底层执行机构，也可直接将上层平台下达的控制目标进行分解并下达。

根据泵管阀系统的实际需求，日常运行时由智能RTU通过预置的PID控制程序（来源于控制策略专家库）来控制，同时由智能RTU对实时运行参数进行汇聚、清理、分析和存储，并上传给系统平台。

当识别到极端工况的触发条件，智能RTU将运行参数上传系统平台后，由系统平台根据瞬态模型的控制策略来辅助决策，并下发控制策略（可由人工确认后下发），经智能RTU下达给PLC或Modbus控制器的执行机构，或由智能RTU直接执行。

2. 智能流量调节阀

智能流量调节阀集成了智能电动执行机构和感知设备，具有4～20mA模拟量控制通道与现场总线控制单通道同时存在的冗余双通道总线控制功能，实现了热备份通信方式。智能流量调节阀运行时可上传设备执行过程中的管线参数（流量、压力、温度）、阀门参数（开度、振动、噪声、过滤网压差）、操作装置状态（全开、全关、过力矩信号和力矩）、视频和故障等信息，并接受来自智能 RTU 的控制策略和参数配置等指令，见图 6.4-21。

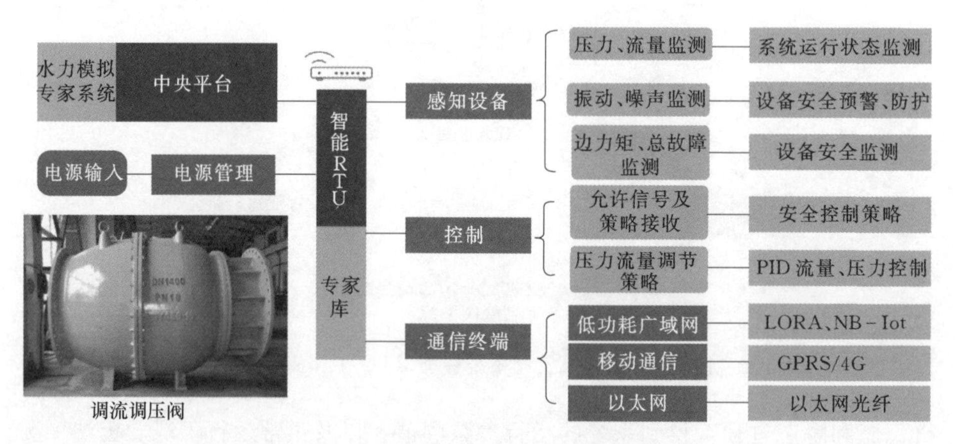

图 6.4-21　智能流量调节阀系统结构图

智能流量调节阀信息的输入输出可以用有线通信和无线通信的方式，采用 Modbus、TCP/IP、MQTT 通信协议，支持以太网 RJ45 的有线接口，无线采用 GPRS/4G（应急时短信消息网络）、NB-Iot、LoRa 等无线网络。需要说明的是，在多个阀室和泵房之间，智能 RTU 可与其他 RTU 实现信息通信、时间数据交互、信息共享等功能，满足单独控制和分布式控制的要求。

智能流量调节阀采用分布式部署实现系统压力、流量的安全控制。单台智能流量调节阀控制时，通过智能 RTU 的 PID 控制实现压力、流量控制；多台控制时，根据平台分析并结合水力模拟专家系统的控制策略，依据实时采集的参数，综合分析判断形成控制策略，对两个或多个设备（水泵、阀门等）进行联合控制，平台策略也可经人工确认后执行。实际管线的运行过程中，平台反应可能有滞后，响应速度和精准控制则有更高的要求，可由分布式控制来实现。

在分布式部署网络中，智能 RTU 之间的主从部署，可根据实际工况监测的设备操作、管线运行参数以及调度需求等（如水锤防护、压力调控、流量分配）对监测数据汇总、分析和统一控制，以达到更加快速和精准的控制。分布式的智能 RTU 具有边缘计算的能力，可智能切换主从控制，由主站 RTU 收集数据、分析、制定策略，并对从站 RTU 下达控制策略，由各从站 RTU 分解控制策略的指令并由执行机构执行。

3. 智能空气阀

长距离调水工程的空气阀除满足吸、排气功能外，还需具有在线监控功能，对智能空气阀的吸气、大量排气、节流排气以及微量排气的正常运行以及健康状态进行监测预警，以提升系统安全、输水效率以及智能程度。

智能多功能空气阀包括空气阀、传感器、采集、分析、通信、电源等功能模块。根据空气阀的吸气、大量排气、节流排气以及微量排气的运用工况，通过采集空气阀的压力、水浸、噪声、图片等数据，对卡阻、吹堵、不排气等故障进行判断，分析判断空气阀的工作状态及健康状态，并对水力模拟仿真数据和运行监测数据进行比对，对管线系统的安全进行分析和告警。智能空气阀的组成结构如图 6.4-22 所示。

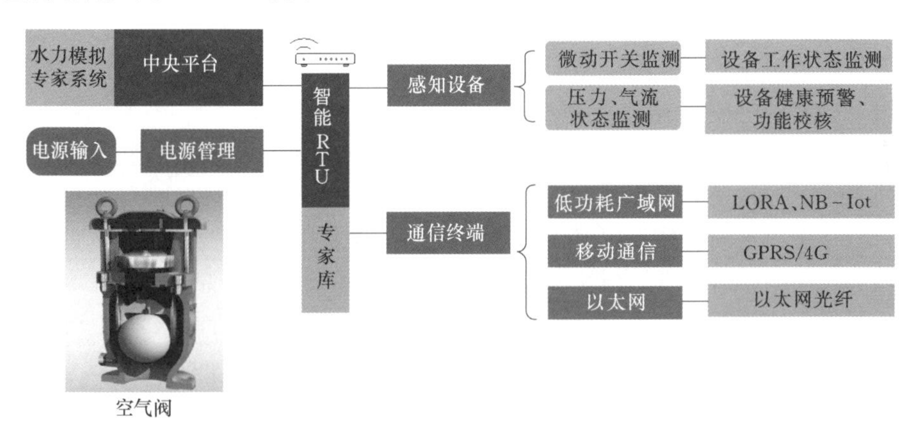

图 6.4-22　智能空气阀系统结构图

智能空气阀信息的输入输出一般采用无线通信方式，可根据现场信号情况选择 GPRS/4G/NB-Iot 等通信方式，设定频率上传数据，其中异常告警信息即时发送，紧急异常信息可以手机短信发送。为确保数据安全，采用数据模板、适配解析的普接入数据传输方式。

4. 智能液控球（蝶）阀

液控球（蝶）阀常用于高扬程或大流量或两者兼备的大中型水泵的出水断流。智能液控球（蝶）阀是大中型泵站自动化监控和智能化管理的核心设备，是在传统的液控球（蝶）阀基础上，集成传感技术、现代物联网技术、多数据融合技术，可实现实时数据采集传输、监测、预报以及控制等功能的智能化产品。

通过智能液控球（蝶）阀、感知设备、智能 RTU 来实时监测泵管阀系统中的流量、压力、动作位置等参数，实现设备健康状态实时监测、控制校核以及故障预警等功能，关键是在断电、故障停泵等应急工况下实现自动关阀，解决泵阀联调和应急处置等问题，以提升泵管阀系统的安全性、可靠性。

智能液控球（蝶）阀的系统网络架构包括信息网络与控制网络两部分。信息网络即监控系统信息网络，通过交换机与下层以智能 RTU 为核心组成的控制网络连接。控制网络以智能RTU、PLC为核心将控制指令下达执行的网络。网络通信方面，信息网络中采用TCP/IP协议和MQTT订阅，可使用以太网/光纤，在组网过程中建立局域网；控制网络采用Modbus通信协议，实现与智能RTU与PLC、感知设备的通信。

智能液控球（蝶）阀通过预置的操作规程实现开阀和关阀。作为断流工作阀的智能液控球（蝶）阀，需要满足停泵和关阀水锤的防护功能，为了避免或控制停泵和关阀时的水锤事故，通过水力模拟对泵管阀系统进行瞬态仿真分析，得出合适的阀门关闭规律并预置在控制PLC和智能RTU中。

智能液控球（蝶）阀采用远程、现地控制模式。通常情况下，由水泵启停来自动触发阀门控制PLC直接操作智能液控球（蝶）阀。远程控制模式通过物联网，经智能RTU将指令下达给阀门控制PLC执行，PLC将指令下达给液压系统，按预置的操作规程驱动阀门动作。现地控制通过触摸屏和按钮操作，直接按内置的操作规程对液控球阀操作，或通过触摸屏更改PLC的控制逻辑和控制指令后执行。现地触摸屏也可显示运行、报警信息。

为了保障关阀的安全可靠性，在关阀策略的基础上进行校核，由PLC完成正常的水泵控制信号、阀门逻辑控制信号的接收和对阀门的直接控制，同时通过智能RTU对阀门控制PLC以及控制逻辑信号的接收和控制结果进行校核，实现双重安全保障。

6.5　指标评价

长距离调水工程安全自适应控制关键技术的应用结果一般从技术指标、应用效果以及社会效益等方面评价。

1. 技术指标评价

（1）阀门（流量调节阀、空气阀、止回阀等）设备的健康状态监测和预警是否符合设备的技术特性要求。

（2）是否符合管线/泵站安全标准，如管线的工作压力峰值、最低压力、水泵反转转速、水锤衰减是否在允许的范围内。

（3）水力模拟分析与实际监测值的偏差是否在允许的范围内。

2. 经济指标评价

通过自适应控制防护关键技术的应用，不仅降低了管线运行的安全风险和事故率，还延长了泵管阀系统的使用寿命。经济指标评价主要从减少爆管次数和修复工作、降低漏损率、减少停水损失等方面节省的费用，以及延长系统使用寿命带来的经济效益等方面进行定量评价。

3. 社会效益评价

长距离调水工程的水锤事故不仅对工程自身造成破坏，还会引发次生灾害，如爆管引起的大面积淹水可能引发社会公共事件，引起社会关注。长距离调水工程自适应控制防护技术的社会效益评价主要是从泵管阀系统事故后对社会造成的影响进行评价。

第7章 大型泵阀系统安全控制智能平台

7.1 建设目标

引汉济渭工程大型泵阀系统安全控制智能平台以引汉济渭工程管理调度自动化系统为依托，根据调水工程设置的大型泵阀系统的主要功能、性能参数、结构布置以及调度控制要求，建设与之相适应的安全控制智能平台系统。智能平台应实现两大功能：一是为平台研究提供全面、可靠的现场数据，验证泵阀系统安全控制方案的正确性，并对多种新技术、新方法进行集中展示；二是为引汉济渭工程泵阀系统的调度运行提供实时分析和专家决策支持功能。

结合引汉济渭工程管理调度自动化系统设计方案，泵阀系统安全控制智能平台主要建设任务如下：

(1) 提出泵阀系统所需的传感器配置方案及其技术要求。

(2) 提出智能平台的总体结构、网络架构。

(3) 提出智能平台的功能设计、系统配置。

7.2 引汉济渭工程管理调度自动化系统建设情况

7.2.1 管理调度自动化系统管理模式

管理调度自动化系统采用两级管理模式，即陕西省引汉济渭工程建设有限公司（总公司）与下属4个分公司（黄金峡分公司、大河坝分公司、金池分公司、输配水分公司）负责工程的建设和运行管理。

7.2.2 管理调度自动化系统调度模式

管理调度自动化系统采用统一调度模式。管理调度自动化系统的调度机构主要由1个总调中心（西安总调中心）、1个备调中心（与三河口调度分中心合建）、4个调度分中心（黄金峡调度分中心、三河口调度分中心、金池调度分中心、输配水调度分中心）组成。西安总调中心负责统一编制水量分配方案，下达调度/控制指令，各分中心接收总调中心调度/控制指令，组织监督管理站和现地站执行情况。初期运行总调中心未建成时，由备调中心承担总调中心职能，编制水量分配方案，下达调度/控制指令。

7.2.3 管理调度自动化系统控制模式

根据对调度运行管理对象的分析以及考虑到机电设备、网络建设、实体环境建设规划和进度与系统磨合等条件的制约，管理调度自动化系统需要一定时间的运行才能进入稳定状态。引汉济渭工程运行初期，管理调度自动化系统采用三级控制模式，即总调中心（备调中心）、调度分中心和现地站具有控制权，现地站权限最高，总调中心次之，调度分中心权限最小；备调中心只在总调中心未建成或系统故障期间享有总调中心的控制权。引汉济渭工程进入稳定运行期后，管理调度自动化系统采用两级控制模式，即总调中心和现地站具有控制权，总调中心对现场的控制权限最高。但是，出于对控制安全性的考虑，当网络中断，现场控制站无法与监控中心、调度分中心建立连接时，权限控制模块会立即恢复现地站的最高控制权限，避免出现现场监控站无人可控的情况。

7.2.4 管理调度自动化系统总体结构

引汉济渭工程管理调度自动化系统主要由应用系统、应用支撑平台、数据资源管理中心、云计算中心、信息采集系统、计算机监控系统、综合通信网络系统以及保障系统建设与运行的实体运行环境、标准规范、安全体系、管理保障体系等组成，其总体框架如图 7.2-1 所示。

1. 应用系统

应用系统构包括 6 类业务应用系统和 3 类应用交互系统。6 类业务应用系统为监测预警管理、智能调水管理、水库综合管理、综合服务管理、工程管理、决策会商与应急处置；3 类应用交互系统是内部业务门户、外部信息网站以及移动应用门户。

2. 应用支撑平台

基于 SOA 架构的应用支撑平台提供了一个管理、监测并协调所有服务请求的环境，既是开发也是运行环境。平台建设内容应包括：应用服务器中间件、应用集成平台、应用构件平台、公共服务和监控管理平台。

应用支撑平台集中部署在总调中心和备调中心，先期在备调中心建设一个应用支撑平台，保障工程运行初期的应用系统建设运行需求；西安总调中心选址确定且具备安装条件后，再在西安总调中心建设一个应用支撑平台。

3. 数据资源管理中心

数据资源管理中心是基于 SOA 各类服务访问的数据库、文件和对外数据资源接口。建设内容涵盖系统的数据库、大数据、数据产品、数据库维护系统和数据库管理系统等。

数据资源管理中心集中部署在总调中心和备调中心，先期在备调中心建设

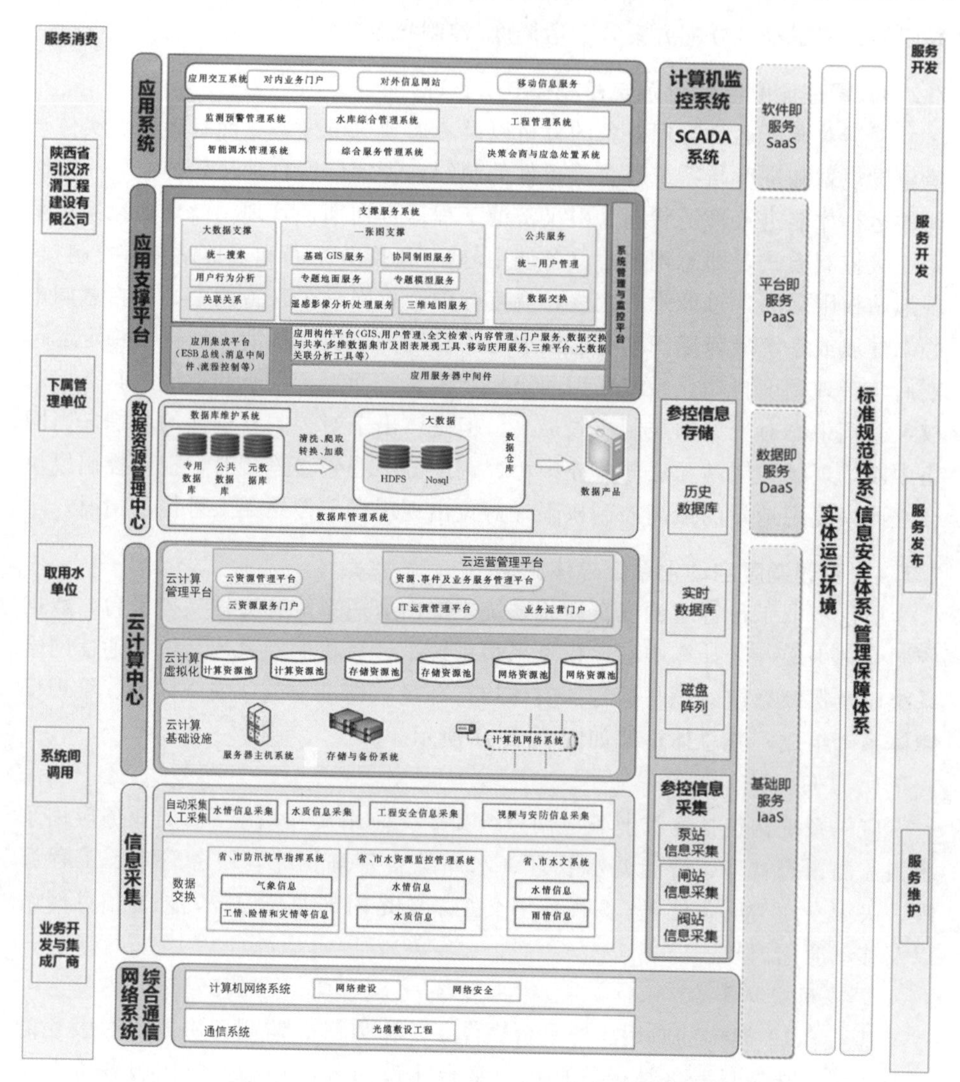

图7.2-1 引汉济渭工程管理调度自动化系统总体框架图

一个数据资源管理中心，保障工程运行初期的应用系统建设运行需求；西安总调中心选址确定且具备安装条件后，再在西安总调中心建设一个数据资源管理中心。

4. 云计算中心

云计算中心以服务器主机、存储备份、异地容灾等基础支撑设施建设为基础，采用云计算技术为数据服务中心、应用支撑平台和业务应用系统平台提供弹性计算服务和需要的存储空间。云计算中心的主要建设内容包括云计算基础设施、云计算虚拟化和云资源管理平台。

云计算中心集中部署在总调中心和备调中心，先期在备调中心建设一个云计算中心，保障工程运行初期的应用系统建设运行需求；西安总调中心选址确定且具备安装条件后，再在西安总调中心建设一个云计算中心。

5. 信息采集系统

信息采集系统主要完成水情、水质、工程安全、工程运行等监测信息和视频安防信息的采集入库工作。

信息采集系统需要完成引汉济渭工程自建部分的工程安全监测、工程水情监测和工程水质监测，以及通过数据共享，获取省水利厅、省水文局和受水区水务（利）局共享信息数据。

6. 计算机监控

计算机监控系统包括泵站监控系统和闸（阀）门监控系统。泵站监控系统是利用工程通信和网络平台，解决泵站的管理和调度问题，采用泵站的全微机监控方式实现自动控制。闸（阀）门监控系统是针对工程沿线分布的各种闸（阀）门，为满足工程整体安全和输配水要求，解决在总调中心远程启闭闸（阀）门和多闸（阀）联动的问题。计算机监控包括远程计算机监控系统和现地计算机监控系统。

7. 综合通信网络系统

综合通信网络系统的主要目标是为工程调度运行管理系统所涉及的各级管理机构之间提供语音、数据、图像等各种信息的传输通道。综合通信网络系统主要包括通信传输系统和计算机网络系统。综合通信网络通过自建光缆模式完成通信系统建设，通过控制专网、业务内网和业务外网模式建设计算机网络系统，为管理系统建设提供基础支撑。

8. 实体环境

实体环境需要完成机房配套工程和指挥场所实体环境两项建设工作，建设范围覆盖总（备）调中心、下属指挥机构和现地站。指挥场所、现地建筑物及机房的土建、消防、电气由整体工程设计负责，整体工程还负责预留进出机房的通信管道或通道、建筑物内部的其他综合布线设计。

9. 信息安全体系

在全面分析和评估工程调度运行管理系统各要素的价值、风险、脆弱性及所面对的威胁的基础上，遵照国家等级保护的要求，系统信息安全暂定为2级，信息安全体系规划应以策略为指导、以管理为核心、以技术为手段，通过构建技术体系、管理体系、服务体系，实现集防护、检测、响应、恢复于一体的整体安全防护体系。

10. 标准规范体系

标准规范体系的建设内容分为两部分：一是明确可以遵循执行的国家、国际和行业标准规范；二是制订或完善仅在本系统中应用的标准规范。本系统项目的标准规范体系框架由总体标准规范、技术标准规范、业务标准规范、管理标准规范、运营标准规范等部分组成。

11. 管理保障体系

管理保障体系的建设主要是实现组织机构保障、运行经费保障和管理制度保障。

7.3 智能平台总体设计方案

7.3.1 智能平台构成

从实现系统功能的角度出发，大型泵阀系统安全控制智能平台包括信息采集、分析和展示三个部分。

信息采集层面，泵阀系统安全控制智能平台以引汉济渭工程管理调度自动化系统为依托，按不重复设置监测元件的原则，除设置必需的传感器外，所需采集的信息尽可能利用引汉济渭工程管理调度自动化系统已采集的相关信息，实现完整的信息采集功能。

信息分析处理层面，泵阀系统安全控制智能平台需配置服务器等相应的硬件设备，以运行过程分析、预警和协同控制等应用程序。对于采集到的水泵机组、阀门等设备的运行信息，结合设备供应厂商的数据处理方法，优先在智能平台（或调度中心）进行数据的分析及处理，以充分保障安全平台的工控级响应。智能平台预留有远传接口，可将数据通过 VPN 方式传输至设备供应厂商的数据中心进行远程处理，处理完毕后再反馈结果至智能平台（或调度中心）。

信息展示方面，智能平台不仅可以通过自身配置的计算机设备进行分析结果的综合展示，还可打通与工程管理系统、三维 BIM 平台与基础 GIS 系统等工程管理调度自动化系统之间的接口，并利用管理调度自动化系统配置的大屏设备等实现信息的综合展示。

7.3.2 智能平台主要功能

1. 数据采集

泵阀系统安全控制智能平台布置于管理调度自动化系统的控制专网中，由控制专网提供智能平台数据采集和控制指令的下发功能，对控制专网已经采集的水泵机组和阀门的数据，智能平台可以同步获得完整的数据信息，对控制专网未采集而本平台特有的数据信息，则通过设置的监测设备进行信息采集并通过控制专网传至智能平台。

根据智能平台的需求和业务流程，数据采集包括水泵机组、流量调节阀等设备的运行信息、健康信息和维护信息、主要控制断面（控制闸门）或节点处的运行参数、调度计划及指令信息等。

黄金峡水利枢纽泵站水泵机组需采集的信息主要有：水库水位，出水池水位，水泵工作扬程，水泵流量，电动机输入有功功率，水泵转速，进水拦污栅压差，水泵进、出口压力，电动机定子铁芯和绕组的温度，轴承的油温和瓦温，机组冷却水的流量和水温，水泵压力脉动，机组振动，出水球阀的进、出口压力，出水蝶阀的进、出口压力，出水球阀的振动，出水蝶阀的振动，泵站流量等。

流量调节阀需采集的信息主要有：水库水位，出水池水位，阀门流量，阀门进、出口压力，开度（行程），阀门振动、噪声，水温，进口检修阀前压力，出口检修阀后压力，进、出口检修阀和旁通阀的位置信号，各电动操作装置的电流、电压、力矩等。

水泵机组、流量调节阀的运行状态信息由安装的传感器采集并转换成信息系统可识别的数字信号，经 PLC 对各种数据进行汇聚并上传至工程管理调度自动化系统。

主要控制断面（控制闸门）或节点处的运行参数、调度计划及指令信息等通过工程管理调度自动化系统的控制专网和业务内网进行采集。

2. 设备安全控制决策支持

根据工程调度计划和指令，结合设备运行状态和在线监测信息，提供对设备进行启停控制和检修的分析结果和建议，针对可能存在的安全风险进行预警提示，并提供相应的专家支持，以便于管理者决策，从而保证供水安全。

7.3.3 智能平台结构

1. 体系结构

泵阀系统安全控制智能平台采用单层体系结构，利用管理调度自动化系统完成泵阀等现场信号的采集和传输，不再单独设置现场监测层计算机设备，仅在调度中心层设置智能平台用于信息集中采集和分析处理的计算机设备，即仅设置智能平台中心监测层设备。泵阀系统安全控制智能平台与管理调度自动化系统的关系如图 7.3-1 所示，图中橙色部分即本智能平台建设部分。泵阀系统安全控制智能平台采用基于 SOA 架构的模块化设计，B/S 架构。

智能平台分为数据管理层、推理诊断层、前端展示层。数据管理层包括数据采集、数据存储、数据计算、数据分析、数据呈现及相应接口程序，见图 7.3-2；推理诊断层包括安全启动组态判断、系统运行状态监测、系统运行故障诊断、相应接口程序开发，见图 7.3-3；前端展示层包括页面交互、组件展示、报告推送、系统控制、权限控制等，见图 7.3-4。

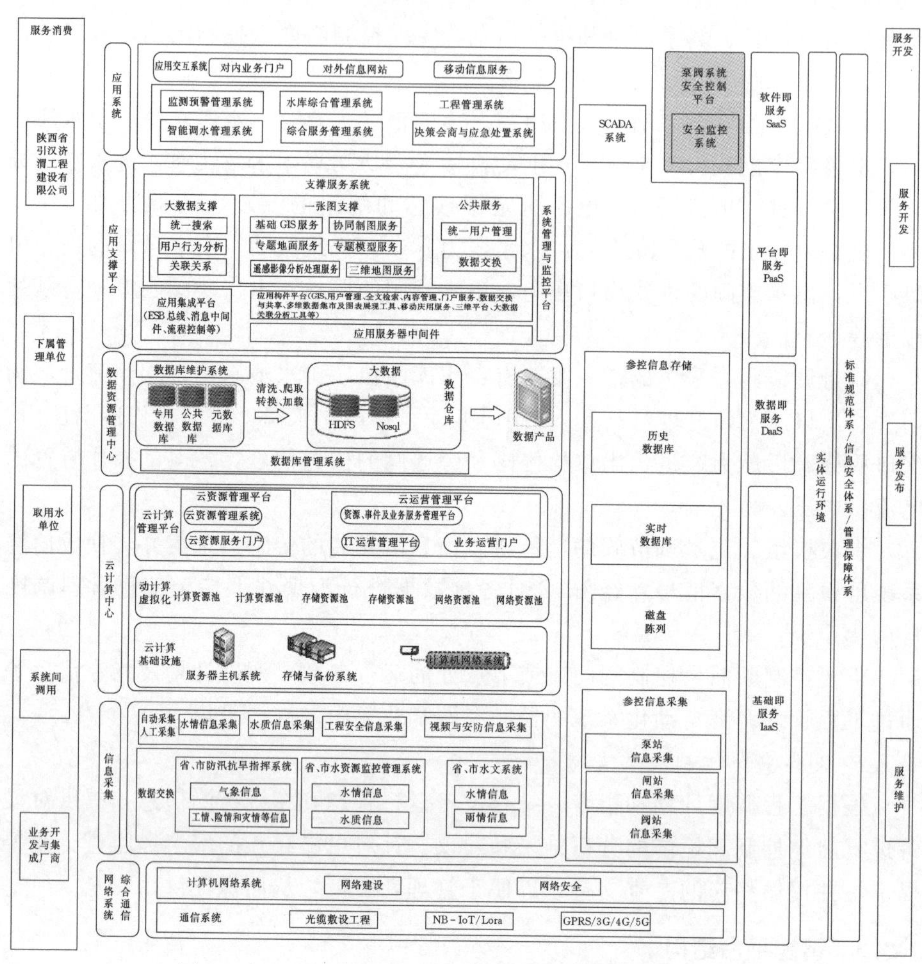

图 7.3-1 引汉济渭工程泵阀系统安全控制智能平台与管理调度自动化系统结构关系图

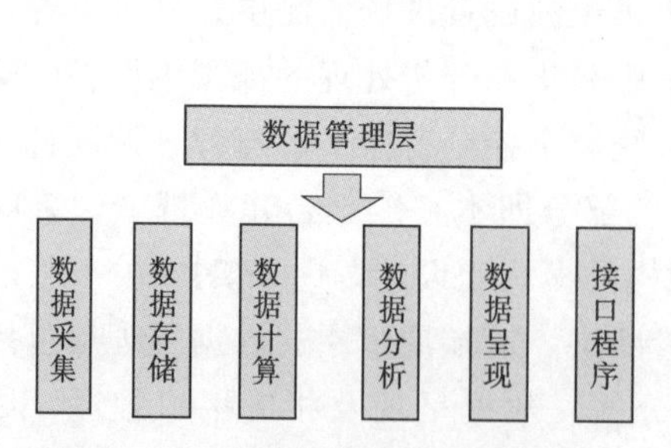

图 7.3-2 引汉济渭工程泵阀系统安全控制智能平台数据管理层结构图

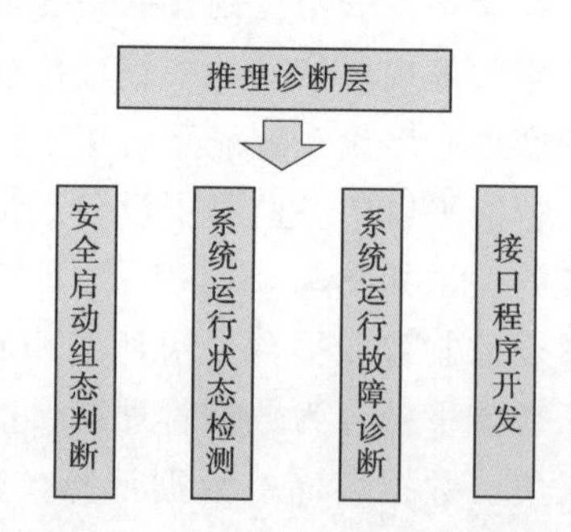

图 7.3-3 引汉济渭工程泵阀系统安全控制智能平台推理诊断层结构图

2. 系统网络结构

泵阀系统安全控制智能平台计算机设备利用工程管理调度自动化系统的计算机网络进行联网，如图7.3-1所示，平台部署于控制专网，不单独组建独立的计算机网络。智能平台的数据服务器与管理调度自动化系统的网络、泵阀设备的状态监测系统等进行通信，获取其运行信息。

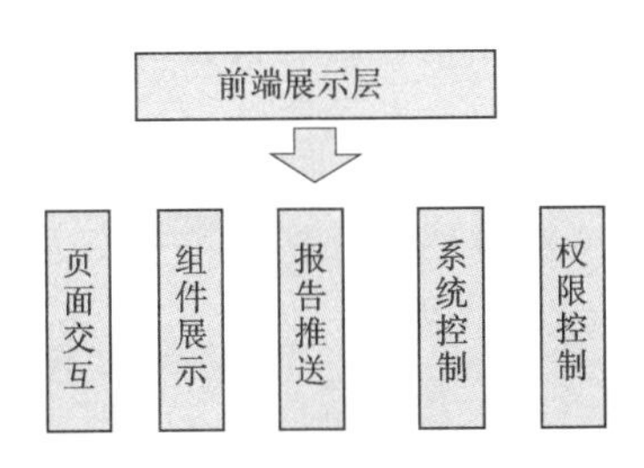

图7.3-4 引汉济渭工程泵阀系统安全控制智能平台前端展示层结构图

7.3.4 智能平台功能设计

1. 泵站安全控制

智能平台以信息采集系统、工业云、互联网为基本支撑，整合大数据存储分析技术、工业云平台、互联网、信息采集处理技术、故障诊断预测技术等多学科知识，设置有水泵机组安全启动监测、运行状态、故障诊断、数据分析、系统设置等功能，可提高泵站主要设备的安全运行及智能运维水平。

(1) 水泵机组安全启动组态智能判断。利用前端技术，搭建系统启动流程组态图（见图7.3-5)，后台运算组态逻辑，前台展现动态效果，智能分析机组启动安全指数，为用户提供安全启动决策支持。安全启动功能利用泵组开泵条件判断、进水侧球阀开启判断、技术供水泵开启判断、变频器运行判断等信号，智能分析当前情况是否满足安全启动条件，并给出科学合理的建议。

图7.3-5 黄金峡泵站水泵机组安全启动流程组态图

(2) 水泵机组运行状态监测。水泵机组启动运行后，对机组的关键部件和关键指标参数进行状态检测（图7.3-6)，每个测点匹配健康样本，包括设计值、警示值、报警值，全面监测系统运行情况。

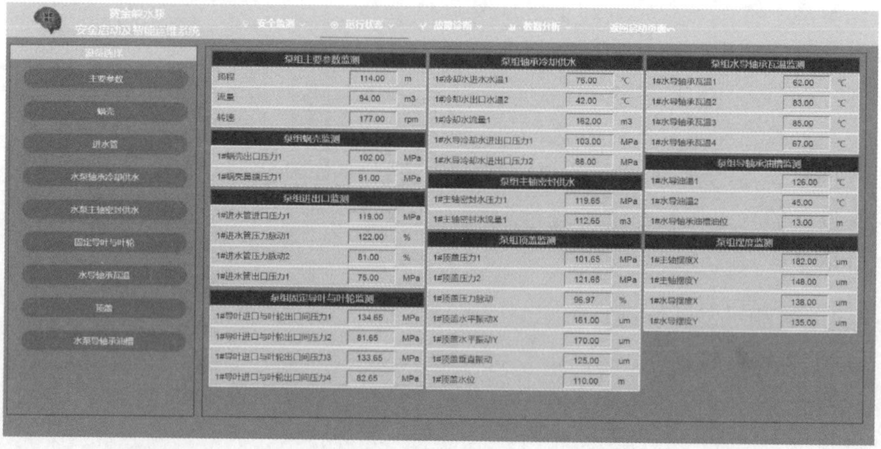

图 7.3－6　黄金峡泵站水泵机组运行状态监测界面

（3）水泵机组运行故障诊断。结合水泵机组设备供货厂商的研发、设计、生产、运维经验，创建故障诊断专家知识库，开发智库诊断程序。在水泵机组启动和运行过程中，实时地对机组进行监测和故障诊断，并将诊断结果以故障诊断报告的形式推送给用户，为用户提供运维检修决策支持。

智能平台将机组的振动、压力脉动、温度（升）、流量、压力等过程参数及涵盖机组所有部件的故障信息充分融合，提取出科学的控制指标，实现对机组设备的智能诊断，如图 7.3－7 所示。智能平台运用故障树（FTA）诊断分

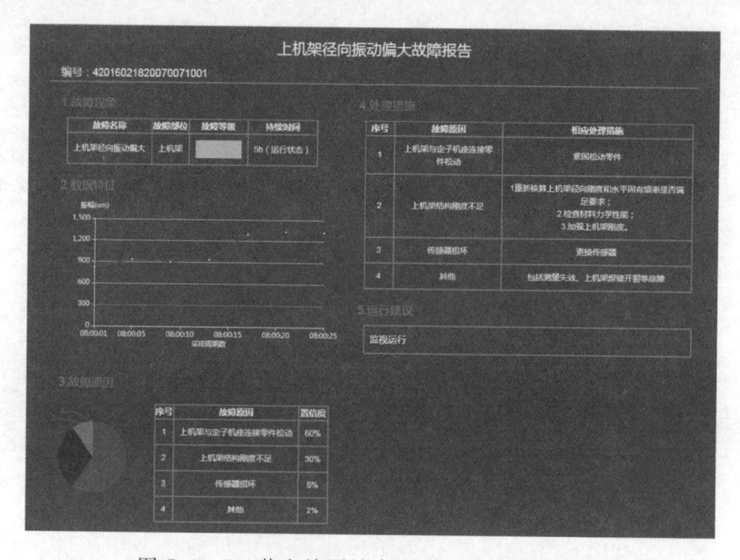

图 7.3－7　黄金峡泵站水泵机组故障诊断界面

析工具，面向机组的故障现象，结合泵站和水泵运行的测点参数，采用自顶而下、由粗到细的建模方法，按照主题、子题及因子关系的方式进行建模和逻辑运算，形成机组故障诊断的专家知识库。

(4) 数据分析。智能平台支持历史数据的波形展示（见图 7.3-8），并在大数据挖掘基础上进行趋势预测，及时通知用户可能出现的数据异常。

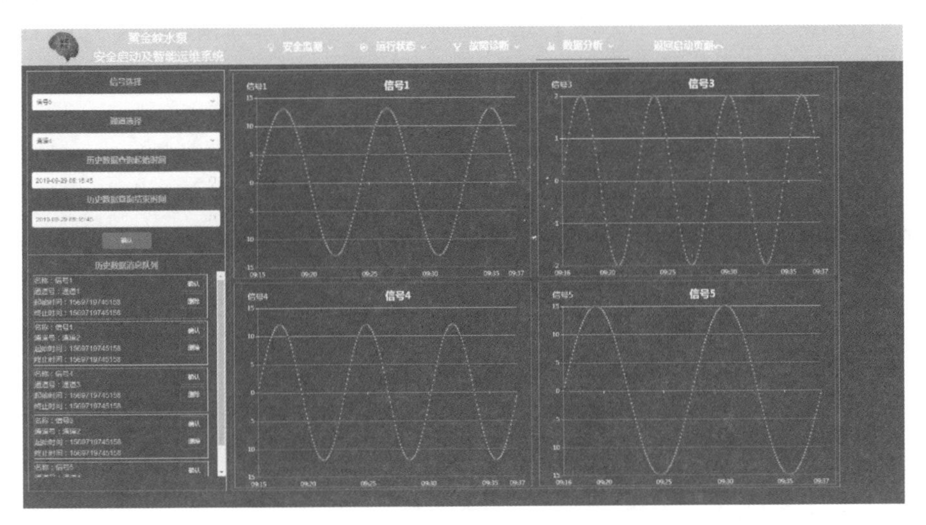

图 7.3-8　引汉济渭工程泵阀系统安全控制智能平台数据分析界面

(5) 系统设置功能。智能平台还设置有用户管理、权限设置、系统管理等功能，如图 7.3-9 所示。

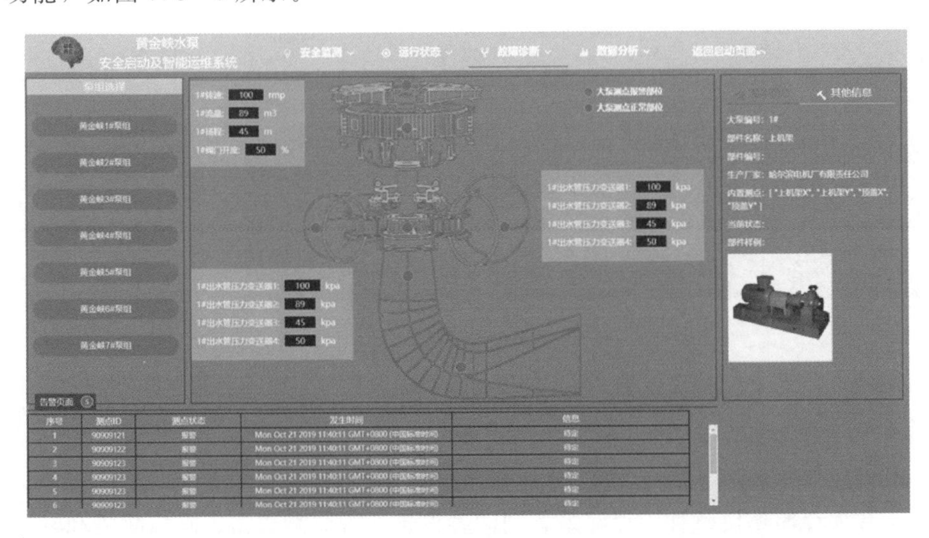

图 7.3-9　引汉济渭工程泵阀系统安全控制智能平台系统设置界面

2. 阀门安全控制

(1) 阀门健康度管理模块。阀门健康度管理模块是通过各种传感器采集的数据以及电气元件自身的参数进行分析判断，保障阀门设备健康、稳定运行。阀门健康度管理模块包括数据采集模块、健康与告警管理模块，以及数据存储模块三个子模块。

数据采集模块基于HTTP网络传输协议，以Rest API接口方式从中间数据服务器上持续采集稳态和暂态工况下阀门的压力、开度、流量、力矩和振动等实时监测数据。

健康与告警管理模块根据提供的阀门健康诊断方案（见图7.3-10），对采集的阀门监测数据进行分析，判别故障及其类型，评估阀门整体运行的健康度，如滤网淤塞故障，通过过滤网前后压差的设置值与实测值的比较进行判断。健康与告警管理的后台模块通过WebSocket通信，实时向前台监控中心、用户界面传输阀门故障信息，前台可通过restful接口查看整体健康度信息。

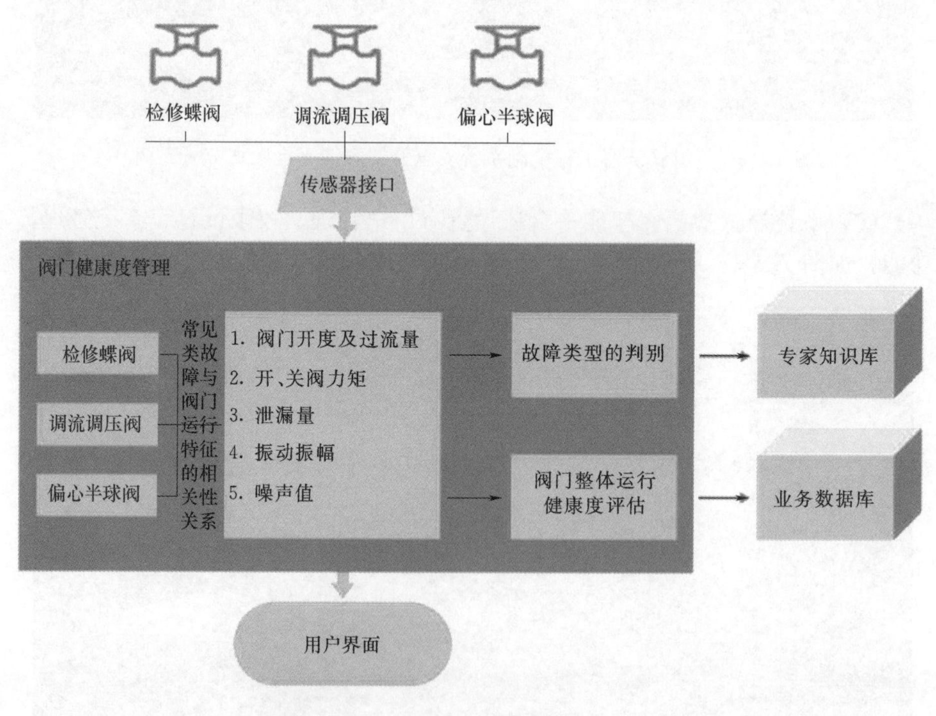

图7.3-10　阀门健康度管理结构图

数据存储模块整理、存储采集到的各设备运行监测数据、阀门故障和健康度数据、工况操作记录，作为中间数据缓存，供分析研究、补充知识库。为保障系统数据的可靠性，数据的存储时间为3个月。

（2）工况/策略管理模块。工况/策略管理模块从智能平台接口和传感器接口，采集阀门运行数据和工程中其他关键点位的流量、压力/水位、开度等数据，采集频率与控制专网的数据中心协调同步。

智能平台根据已构建的工况和控制策略数据库，对比分析采集的监测数据，如果检测到工况，识别工况类型，从策略库调取相应的控制策略，然后通过工单系统向运维人员提出运维的辅助决策，或者直接对阀门进行自动控制，如图7.3-11所示。如果控制策略库中没有对应的工况解决策略，后台模块会组织工况详细信息，将之推送到前台监控中心，由运维人员来决定控制策略。

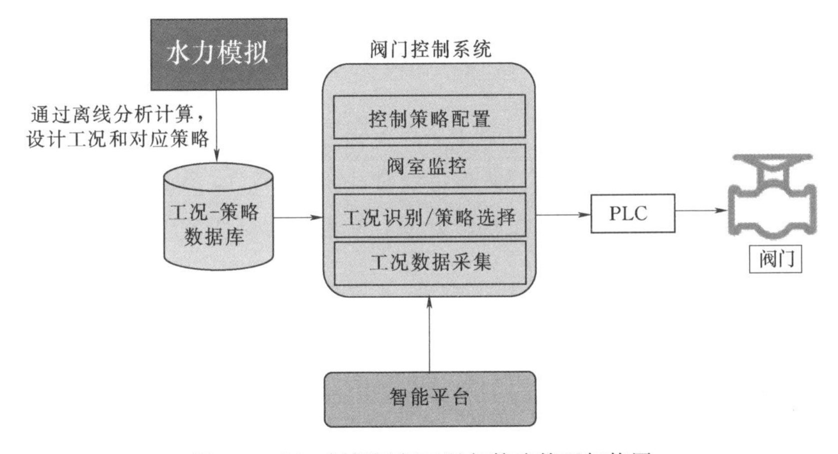

图7.3-11　阀门运行工况与策略管理架构图

自动控制方式就是模块通过识别控制策略中的预设定值，调用传感器接口向PLC发出操作或参数设置等指令，实现对阀门的控制，比如检修蝶阀、偏心半球阀以及旁通阀的开关操作，调节流量调节阀的开度以达到流量设定值等。

7.3.5　智能平台配置

1. 硬件配置

配置2台数据采集服务器以集群方式运行，主要负责网络通信、数据采集和处理、仿真分析和诊断、报警预警处理等；配置1台数据分析工作站，在数据分析工作站上开发专用的客户端软件，实现对泵阀系统所有设备进行全方位的监测与分析，同时还可以录入设备离线数据，包括设备性能试验数据、便携式监测仪数据、定检数据以及历史巡检数据等；配置1台工程师工作站，不仅可以完成数据分析的功能外，还可以完成系统数据库、人机界面等系统维护功能，并对软件进行修改。

现场根据泵站安全控制系统和阀门安全控制系统的需求关键点配置相应传感器。

2. 软件要求

智能平台中各计算机均采用具有良好的实时性、开放性、可扩展和可靠性等性能的Windows或Linux操作系统，采用具有高效压缩技术的大容量实时数据库，以满足泵阀系统监测的需要。

智能平台具有各类报警记录、运行报表的显示和打印，报警记录的显示能按设备类型和报警类型分类显示；具备故障在线检测及双机自动切换功能，在两台数据服务器中的任意一台发生故障时，系统任务能不中断运行。

3. 性能要求

(1) 集成性。智能平台中的功能模块具有相对的独立性，某一功能模块的故障不影响其他功能模块的功能。

(2) 开放性。智能平台采用开放的技术和标准，并与工程运行期管理调度自动化系统一致。在硬件方面，能保证对智能平台中已有设备功能的增加，或在智能平台中添加新的设备。在软件方面，易于进行系统软件和应用软件的扩展与升级。

(3) 可靠性。智能平台中任何设备的单个元件故障不造成平台关键性故障或外部设备误动作，能防止智能平台设备的多个元件或串联元件同时发生故障。智能平台设备（含硬盘）的平均无故障时间MTBF大于16000h。

参 考 文 献

[1] 关醒凡．现代泵理论与设计 [M]. 北京：中国宇航出版社，2011.

[2] 黄继汤．空化与空蚀的原理及应用 [M]. 北京：清华大学出版社，1991.

[3] 张兆顺，崔桂香，许春晓．湍流理论与模拟 [M]. 北京：清华大学出版社，2005.

[4] 王福军．流体机械旋转湍流计算模型研究进展 [J]. 农业机械学报，2008，47 (2)：1-14.

[5] 游超，郭建平，覃大清，等．牛栏江-滇池补水工程高扬程大型离心泵研究与实践 [M]. 北京：中国水利水电出版社，2017.

[6] McCloy D，McGuigan R H. Some static and dynamic characteristics of poppet valves [J]. Proc. Instn. mech. Engrs，1964：179-181.

[7] Guillermo Palau-Salvador，Pablo González-Altozano，Jaime Arviza-Valverde. Three-Dimensional Modeling and Geometrical Influence on the Hydraulic Performance of a Control Valve [J]. Journal of fluids engineering，2008 (1).

[8] Veeramany A，Pandey M D. Reliability analysis of digital feedwater regulating valve controller system using a semi-Markov process model [J]. International Journal of Nuclear Energy Science and Technology，2011，6 (4)：298-309.

[9] LAFOND A. Numerical Simulation of the Flowfield inside a Hot Gas Valve [J]. AIAA Journal，1989 (16)：1080-1087.

[10] J W. The impact of valve outlet velocity on control valve noise and piping systems [J]. 2001，6 (2)：4-5.

[11] Bortolin S D R. Condensation in a Square Minichannel：Application of the VOF Method [J]. Heat Transfer Engineering. 2014，35 (2)：193-197.

[12] 刘文国．汽轮机调节阀的数值计算分析 [D]. 济南：山东大学，2012.

[13] 李君海，俞南嘉，蔡国飙．双工况流量调节阀的设计与试验 [J]. 2013，28 (1)：220-221.

[14] 张月静．调节阀口径大小确定方案探析 [J]. 煤矿机械，2012，33 (3)：39-40.

[15] 张伟政．调节阀内部流场的数值模拟及优化分析 [D]. 兰州：兰州理工大学，2007，2-4.

[16] 芦绮玲．压力输水管道出口多孔射流消能特性研究与工程应用 [D]. 西安：西安理工大学，2008，107-128.

[17] 方鑫，童成彪．聚流式调节阀的数值模拟研究 [J]. 西北水电，2012 (1)：172-175.

[18] 杨开林．长距离输水水力控制的研究进展与前沿科学问题 [J]. 水利学报，2016 (3)：424-435.

[19] 刘之平，练继建，杨开林．长距离输水工程水力控制理论与关键技术 [J]. 中国科技成果，2017 (1)：66-68.

[20] 张成，倪春飞，刘林．输水系统闸前常水位控制下的区间调度研究 [J]. 应用基础

与工程科学学报，2015 (S1)：110-121.

[21] 王长德，张礼卫．下游常水位水力自动控制渠道运行动态过程及数学模型的研究[J]. 水利学报，1997 (11)：12-20.

[22] 杨开林. 电站与泵站中的水力瞬变及调节 [M]. 北京：中国水利水电出版社，2000.

[23] Lyn D A, Goodwin P. Stability of a General Preissmann Scheme [J]. Journal of Hydraulic Engineering, 1987, 113 (1): 16-28.

[24] Vasconcelos J G, Wright S J. Comparison between the two-component pressure approach and current transient flow solvers [J]. Journal of Hydraulic Research, 2007, 45 (2): 178-187.

[25] 杨开林，时启燧，董兴林．引黄入晋输水工程充水过程的数值模拟及泵站充水泵的选择 [J]. 水利学报，2000 (5)：76-80.

[26] 张土乔，邵煜．城镇供水管网漏损监测与控制技术及应用 [J]. 中国环境管理，2017，9 (2)：109-110.

[27] 郭新蕾，杨开林，郭永鑫，等．管道系统泄漏检测的瞬变水击压力波法 [J]. 应用基础与工程科学学报，2011，19 (1)：20-28.

[28] 郭新蕾，马慧敏，李甲振，等．管道系统漏损控制技术进展 [J]. 水利水电技术，2018，49 (6)：65-71.

[29] MPESHA W, GASSMAN S L, CHAUDHRY M H. Leak detection in pipes by frequency response method [J]. Journal of Hydraulic Engineering, 2001, 127 (2): 134-147.

[30] Lee P J, Lambert M F, Simpson A R, et al. Experimental verification of the frequency response method for pipeline leak detection [J]. Journal of Hydraulic Research, 2006, 44 (5): 693-707.

[31] Duan H, Lee P J, Ghidaoui M S, et al. Leak detection in complex series pipelines by using the system frequency response method [J]. Journal of Hydraulic Research, 2011, 49 (2): 213-221.

[32] Guo X, Yang K, Li F, et al. Analysis of first transient pressure oscillation for leak detection in a single pipeline [J]. Journal of Hydrodynamics, 2012, 24 (3): 363-370.

[33] MacDonald I. The numerical solution of free surface/pressurized flow in pipes [D]. Berkshire: University of Reading, 1992.

[34] 陈杨，俞国青．明满流过渡及跨临界流一维数值模拟 [J]. 水利水电科技进展，2010，30 (1)：80-84.